DIE GRUNDLEHREN DER
MATHEMATISCHEN WISSENSCHAFTEN

IN EINZELDARSTELLUNGEN MIT BESONDERER BERÜCKSICHTIGUNG DER ANWENDUNGSGEBIETE

HERAUSGEGEBEN VON

R. GRAMMEL · E. HOPF · H. HOPF · W. MAGNUS
F. K. SCHMIDT · B. L. VAN DER WAERDEN

BAND LXXXI

EINFÜHRUNG IN DIE TRANSZENDENTEN ZAHLEN

VON

THEODOR SCHNEIDER

SPRINGER-VERLAG
BERLIN · GÖTTINGEN · HEIDELBERG
1957

EINFÜHRUNG IN DIE TRANSZENDENTEN ZAHLEN

VON

DR. THEODOR SCHNEIDER

O. PROFESSOR DER MATHEMATIK AN DER UNIVERSITÄT
ERLANGEN

SPRINGER-VERLAG

BERLIN · GÖTTINGEN · HEIDELBERG

1957

ISBN-13: 978-3-642-94695-0   e-ISBN-13: 978-3-642-94694-3

DOI: 10.1007/ 978-3-642-94694-3

BRÜHLSCHE UNIVERSITÄTSDRUCKEREI GIESSEN

Vorwort

Über transzendente Zahlen gibt es nur sehr wenige zusammenfassende Darstellungen. Ein Grund dafür dürfte darin zu suchen sein, daß in der Originalliteratur über transzendente Zahlen nur vereinzelt allgemeinere Methoden entwickelt worden sind und zumeist die Transzendenzergebnisse durch recht spezielle, eigens auf die jeweilige Aufgabe zugeschnittene Gedanken bewiesen wurden. Erst seit einiger Zeit wurden in zunehmendem Maße umfassendere Beweisprinzipien deutlich.

Gerade auf die Herausarbeitung von allgemeineren Beweismethoden habe ich in dieser Schrift besonderen Wert gelegt und dabei sogar in Kauf genommen, daß einige Resultate durchaus nicht mit dem kürzestmöglichen, dafür aber einem verallgemeinerungsfähigen Beweis bestätigt werden. Aus solchen methodischen Gesichtspunkten heraus glaubte ich auch, mich auf die meines Erachtens wichtigsten Teile der Theorie der transzendenten Zahlen beschränken zu sollen, und konnte dabei manche geistvolle Einzeluntersuchung nicht berücksichtigen.

Ich habe mich bemüht, eine Einführung in das leider so wenig bekannte Gebiet der transzendenten Zahlen zu geben, bei der nur einige Grundkenntnisse aus der Theorie der algebraischen Zahlen und aus der Funktionentheorie vorausgesetzt werden. Die einzelnen Kapitel sind unabhängig voneinander lesbar, insbesondere stehen Kapitel I und III für sich, wenn auch teilweise auf Hilfssätze aus vorhergehenden Kapiteln zurückgegriffen wird. Im Literaturverzeichnis ist nur diejenige Literatur aufgeführt, auf die bereits im Text verwiesen ist.

Für wertvolle Hilfe bei der Durchsicht des Manuskripts und der Korrekturen bin ich Herrn Dr. LEOPOLDT zu Dank verpflichtet. Dem Herausgeber und dem Verlag schulde ich Dank für das Verständnis und die überaus große Geduld, die sie mir entgegengebracht haben.

Erlangen, im März 1957.

THEODOR SCHNEIDER.

Inhaltsverzeichnis

Erstes Kapitel

Konstruktion transzendenter Zahlen

§ 1. Der LIOUVILLEsche Approximationssatz

J. LIOUVILLE hat in seiner Untersuchung mit dem Titel «Sur les classes très étendus de quantités dont la valeur n'est ni algébrique, ni même réductible à des irrationelles algébriques» (LIOUVILLE [1]) darauf aufmerksam gemacht, daß sich algebraische Zahlen in gewisser Weise nicht beliebig gut durch rationale annähern lassen. Er konnte auf Grund dieser Erkenntnis leicht Zahlen bilden, bei denen die Annäherungsmöglichkeit durch rationale Zahlen im Widerspruch zu der von ihm festgestellten Approximationsfähigkeit algebraischer Zahlen durch rationale stand, und die demnach nicht algebraisch sein konnten. Damit waren erstmals nichtalgebraische oder transzendente Zahlen aufgezeigt.

Das Resultat von LIOUVILLE über die Annäherung algebraischer Zahlen ist präzisiert in

Satz 1 (LIOUVILLEscher Satz): *Ist α eine algebraische Zahl eines Grades $s > 1$, so existiert eine nur von α abhängige Zahl $c > 0$ derart, daß für alle ganzen rationalen Zahlen p, q mit $q > 0$ die Ungleichung*

$$\left| \alpha - \frac{p}{q} \right| > \frac{c}{q^s} \tag{1}$$

gilt.

Beweis: Ist bereits $\left| \alpha - \dfrac{p}{q} \right| \geqq \dfrac{1}{q}$ für alle $\dfrac{p}{q}$ richtig, so gilt die Behauptung des Satzes mit $c = 1$. Wir können darum im folgenden voraussetzen

$$\left| \alpha - \frac{p}{q} \right| < \frac{1}{q} . \tag{2}$$

Die Konjugierten*) der algebraischen Zahl α in bezug auf den Körper der rationalen Zahlen seien mit $\alpha^{(2)}, \ldots, \alpha^{(s)}$ bezeichnet. Eine feste natürliche Zahl q_0 sei so gewählt, daß die $s - 1$ Bedingungen

$$\frac{1}{q_0} < |\alpha - \alpha^{(\sigma)}| \qquad (\sigma = 2, \ldots, s)$$

erfüllt seien. Dann gilt für $q \geqq q_0$ und $\sigma = 2, \ldots, s$ die Ungleichung

$$\frac{1}{q} < |\alpha - \alpha^{(\sigma)}| ,$$

---

*) Zu den Begriffen: Konjugierte, Minimalpolynom u. a. s. S. 5.

und damit muß unter Beachtung von (2)

$$\left|\alpha - \frac{p}{q}\right| < |\alpha - \alpha^{\{\sigma\}}|$$

und folglich

$$\left|\frac{p}{q} - \alpha^{\{\sigma\}}\right| \leq \left|\frac{p}{q} - \alpha\right| + |\alpha - \alpha^{\{\sigma\}}| < 2\,|\alpha - \alpha^{\{\sigma\}}| \qquad (3)$$

für alle $\sigma = 2, \ldots, s$ sein.

Das Minimalpolynom von α sei mit

$$G(x) = a_0(x - \alpha)\,(x - \alpha^{\{2\}}) \ldots (x - \alpha^{\{s\}}) = a_0\,x^s + a_1\,x^{s-1} + \cdots + a_s$$

bezeichnet. Für $x = \frac{p}{q}$ liefert das Minimalpolynom die Abschätzung

$$\left|G\!\left(\frac{p}{q}\right)\right| = \left|a_0\!\left(\frac{p}{q} - \alpha\right) \ldots \left(\frac{p}{q} - \alpha^{\{s\}}\right)\right| = \left|a_0\!\left(\frac{p}{q}\right)^s + \cdots + a_s\right| \geq \frac{1}{q^s}, \quad (4)$$

denn die Koeffizienten von $G(x)$ sind ganze rationale Zahlen, und wegen $s > 1$ ist die Zahl $G\!\left(\frac{p}{q}\right) \neq 0$. Aus (4) erhalten wir zusammen mit der Ungleichung (3) die Abschätzung

$$\left|\alpha - \frac{p}{q}\right| > (|a_0|\, 2^{s-1}|\alpha - \alpha^{\{2\}}| \ldots |\alpha - \alpha^{\{s\}}| \cdot q^s)^{-1},$$

und schreiben wir abkürzend

$$c_1 = (|a_0|\, 2^{s-1}\, |\alpha - \alpha^{\{2\}}| \ldots |\alpha - \alpha^{\{s\}}|)^{-1},$$

so ist damit die Behauptung (1) mit $c = \mathrm{Min}\,(1, c_1)$ für alle $q \geq q_0$ bewiesen.

Für die endlich vielen $\frac{p}{q}$ mit $\left|\alpha - \frac{p}{q}\right| < \frac{1}{q}$ und $0 < q < q_0$ wählen wir

$$c_2 < \mathop{\mathrm{Min}}_{p,\,q\,\mathrm{mit}\,0 < q < q_0} \left(q^s \cdot \left|\alpha - \frac{p}{q}\right|\right),$$

womit schließlich Ungleichung (1) mit $c = \mathrm{Min}\,(1, c_1, c_2)$ für alle $\frac{p}{q}$ gezeigt ist.

§ 2. LIOUVILLEsche transzendente Zahlen

Wie schon bemerkt, ist es auf Grund des Satzes 1 möglich, transzendente Zahlen zu konstruieren.

Als Umkehrung zu Satz 1 läßt sich unmittelbar aussprechen:

Existiert zu einer irrationalen Zahl ξ keine Konstante $c > 0$, so daß die Ungleichung (1) bei festem $s > 1$ für alle p, q mit $q > 0$ gilt, so kann ξ keine algebraische Zahl eines Grades $\leq s$ sein, und existiert kein Zahlenpaar (c, s) mit $c > 0, s > 1$ derart, daß Ungleichung (1) für alle p, q mit $q > 0$ erfüllt ist, so ist ξ notwendigerweise transzendent.

Derartige auf Grund des LIOUVILLEschen Satzes zu bildende transzendente Zahlen werden LIOUVILLEsche Zahlen genannt.

Eine hinreichende Bedingung dafür, daß eine gegebene Zahl LIOUVILLEsch ist, wird im folgenden Satze ausgedrückt:

Satz 2: *Ist $\dfrac{p_n}{q_n}$ für $n = 1, 2, \ldots$ mit $(p_n, q_n) = 1$ und $q_n > 0$ eine unendliche Folge von Quotienten ganzrationaler Zahlen, s_n für $n = 1, 2, \ldots$ eine Folge reeller Zahlen mit $\varlimsup\limits_{n \to \infty} s_n = + \infty$ und ξ eine Irrationalzahl, für die*

$$\left| \xi - \frac{p_n}{q_n} \right| \leqq \frac{1}{q_n^{s_n}} \tag{5}$$

erfüllt ist, so ist ξ eine LIOUVILLEsche Zahl.

Beweis: Es ist evident, daß die Ungleichung (1) für kein festes s und festes $c > 0$ durch alle $\dfrac{p_n}{q_n}$ der unendlichen Folge erfüllt werden kann.

Zum Zwecke der Konstruktion transzendenter Zahlen auf Grund des Satzes 2 haben wir nur dafür zu sorgen, daß Ungleichung (5) gültig ist.

Ein einfaches Beispiel hierzu liefert

$$\xi = \sum_{\nu=1}^{\infty} \frac{1}{2^{\nu!}} .$$

Die Irrationalität von ξ folgt aus der Nichtperiodizität seiner dyadischen Entwicklung. Sei

$$\frac{p_n}{q_n} = \sum_{\nu=1}^{n} \frac{1}{2^{\nu!}} ,$$

so ist $q_n = 2^{n!}$. Daraus folgt

$$\left| \xi - \frac{p_n}{q_n} \right| = \sum_{\nu=n+1}^{\infty} \frac{1}{2^{\nu!}} < \frac{2}{2^{(n+1)!}} = \frac{2}{q_n^{n+1}} \leqq \frac{1}{q_n^{n}} ,$$

und damit sind die Voraussetzungen von Satz 2 mit $s_n = n$ erfüllt.

Dieses Beispiel läßt sich leicht verallgemeinern, indem statt einer dyadischen Entwicklung eine entsprechende Darstellung einer Zahl ξ nach einer Basis g gewählt wird. So ist für $g = 10$ natürlich auch $\sum\limits_{\nu=1}^{\infty} \frac{1}{10^{\nu!}}$, die sich sofort als Dezimalbruch schreiben läßt, eine LIOUVILLEsche Zahl.

Ebenfalls lassen sich leicht Beispiele für LIOUVILLEsche Zahlen, die in der Form regelmäßiger Kettenbrüche definiert sind, angeben. Sei

$$\xi = [b_0, b_1, \ldots] = b_0 + \cfrac{1}{b_1 + \cfrac{1}{b_2 + \cdots}}$$

und sei der n-te Näherungsnenner von ξ mit B_n bezeichnet. Dann gilt*)

$$|\xi - [b_0, b_1, \ldots, b_n]| < \frac{1}{b_{n+1} B_n^2} \, .$$

Gibt es nun eine Folge natürlicher Zahlen n_k mit $\lim\limits_{k \to \infty} n_k = \infty$ und

$$b_{n_k+1} \geqq B_{n_k}^{n_k-2} \, , \tag{6}$$

so folgt

$$|\xi - [b_0, b_1, \ldots, b_{n_k}]| < \frac{1}{B_{n_k}^{n_k}} \, ,$$

und *dann muß* ξ nach Satz 2 *eine* LIOUVILLE*sche Zahl sein.* Wir haben demnach nur die Bedingung (6) zu erfüllen und können so beliebig viele LIOUVILLEsche Transzendenten konstruieren.

Auf weitere Konstruktionsmöglichkeiten für LIOUVILLEsche Zahlen soll nicht eingegangen werden, zumal es gelungen ist, den LIOUVILLEschen Satz über die Approximation algebraischer Zahlen durch rationale erheblich zu verschärfen, wie noch später ausgeführt werden soll, und sich aus solcher Verschärfung weitere Möglichkeiten zur Erzeugung transzendenter Zahlen ergeben.

Literatur: MAILLET [1, 2, 4, 5, 6]; PERRON [1]; PERNA [1, 2]; GIGLI [1].

§ 3. Verallgemeinerung des LIOUVILLEschen Satzes

Bevor wir an eine Verschärfung des LIOUVILLEschen Satzes herantreten, seien zwei Verallgemeinerungen behandelt. Der LIOUVILLEsche Satz läßt sich als eine Aussage über die Approximation der Zahl 0 durch Absolutwerte der Linearform $|\alpha - x|$ für rationales x auffassen. Es ist daher naheliegend, in dieser Aussage die Linearform durch ein Polynom oder das rationale x durch ein algebraisches zu ersetzen.

Hierzu seien einige Begriffe und Hilfsbetrachtungen vorangeschickt.

Wir haben bereits von dem wohl allgemein bekannten Begriff einer algebraischen Zahl, deren Konjugierten, Grad und Minimalpolynom gesprochen, ohne ausdrücklich zu sagen, was hierunter zu verstehen ist. Da wir im folgenden noch einige, vielleicht weniger allgemein geläufige Bezeichnungen, die sich auf Eigenschaften von algebraischen Zahlen beziehen, benötigen, und um Mißverständnisse auszuschließen, sei es erlaubt, zur Erläuterung folgendes zusammenzustellen.

Eine Zahl α wird algebraisch genannt, wenn es zu α ein Polynom mit rationalen Koeffizienten $P(x)$ gibt derart, daß α Nullstelle dieses Polynoms ist.

---

*) Siehe z. B. in PERRON: Die Lehre von den Kettenbrüchen. 3. Aufl., S. 37. Stuttgart: Teubner 1954.

Ein Polynom niedrigsten Grades mit rationalen Koeffizienten, das für $x = \alpha$ verschwindet und dessen Koeffizienten ganzrational und ohne gemeinsamen Teiler sind, wollen wir Minimalpolynom von α nennen, wenn wir auch damit von der sonst vielfach gebräuchlichen Definition abweichen.

Der Grad des Minimalpolynoms wird als Grad von α und die übrigen Wurzeln des Minimalpolynoms als die Konjugierten von α bezeichnet.

Den höchsten Koeffizienten von α, das ist der Koeffizient der höchsten Potenz in x des Minimalpolynoms von α, nennen wir gelegentlich auch den Nenner von α. Ist dieser gleich ± 1, so heißt α ganzalgebraisch.

Unter der Höhe H eines Polynoms $P(x) = \sum\limits_{\sigma = 0}^{s} a_\sigma x^{s - \sigma}$, dessen Koeffizienten a_σ beliebig komplex sein dürfen, werde

$$H = \operatorname*{Max}_{\sigma = 0}^{s} |a_\sigma|$$

verstanden.

Die Höhe h einer algebraischen Zahl α sei dann gleich der Höhe des Minimalpolynoms von α. Das Produkt einer algebraischen Zahl mit ihren sämtlichen Konjugierten wird Norm von α genannt.

Wir benötigen nun die folgende Ungleichung zwischen dem Betrag einer algebraischen Zahl und ihrer Höhe, die enthalten ist in

Hilfssatz 1: *α sei eine algebraische Zahl, h ihre Höhe und a_0 der höchste Koeffizient von α, dann gilt*

$$|\alpha| \leq \frac{h}{|a_0|} + 1 \,. \tag{7}$$

Beweis: Ist $\alpha = 0$, so ist die Behauptung offensichtlich richtig. Wir können daher im folgenden $\alpha \neq 0$ voraussetzen. Da α Nullstelle des Minimalpolynoms $\sum\limits_{\sigma = 0}^{s} a_\sigma x^{s - \sigma}$ ist, gilt

$$a_0 \alpha^s = - a_1 \alpha^{s - 1} - \cdots - a_s \,.$$

Hieraus folgt durch Übergang zu den absoluten Beträgen und Anwendung der Dreiecksungleichung

$$|a_0| \, |\alpha|^s \leq |a_1| \, |\alpha|^{s - 1} + \cdots + |a_s|$$

und daraus

$$|a_0| \, |\alpha|^s - |a_1| \, |\alpha|^{s - 1} - \cdots - |a_s| \leq 0 \,.$$

Bezeichnen wir das Polynom

$$|a_0| \, x^s - |a_1| \, x^{s - 1} - \cdots - |a_s|$$

mit $F(x)$, so ist gezeigt: $F(|\alpha|) \leq 0$.

Andererseits ist für hinreichend große positive Werte von x sicher $F(x) > 0$. Folglich muß $F(x)$ eine Nullstelle β mit $\beta \geq |\alpha|$ besitzen. Aus der Gleichung

$$|a_0|\, \beta^s = |a_1|\, \beta^{s-1} + \cdots + |a_s|$$

folgt dann wegen der Bedeutung von h und $\beta > 0$:

$$\beta^s \leq \frac{h}{|a_0|}(\beta^{s-1} + \cdots + 1) = \left(\frac{h}{|a_0|} + 1\right)(\beta^{s-1} + \cdots + 1) - (\beta^{s-1} + \cdots + 1),$$

folglich gilt

$$\beta(\beta^{s-1} + \cdots + 1) \leq \left(\frac{h}{|a_0|} + 1\right)(\beta^{s-1} + \cdots + 1).$$

Wegen $\beta > 0$ ist auch $\beta^{s-1} + \cdots + 1 > 0$. Division durch diesen positiven Ausdruck liefert

$$\beta \leq \frac{h}{|a_0|} + 1,$$

und mit $|\alpha| \leq \beta$ folgt daraus (7).

Über den Zusammenhang zwischen algebraischen und ganzalgebraischen Zahlen benötigen wir im Augenblick nur den

Hilfssatz 2: *Ist α algebraisch und a_0 der höchste Koeffizient von α, so ist $a_0 \alpha$ ganzalgebraisch.*

Beweis: $G(x) = \sum\limits_{\sigma=0}^{s} a_\sigma x^{s-\sigma}$ sei das Minimalpolynom von α, dann ist $a_0 \alpha$ Nullstelle von $x^s + a_1 x^{s-1} + a_2 a_0 x^{s-2} + \cdots + a_s a_0^{s-1}$. Da mit $G(x)$ auch dieses Polynom irreduzibel ist und ganze rationale teilerfremde Koeffizienten besitzt und der höchste Koeffizient 1 ist, muß es Minimalpolynom von $a_0 \alpha$ sein, und daraus folgt die Ganzheit von $a_0 \alpha$.

Ebenso sind natürlich auch $a_0 \alpha^{\{\sigma\}}$ $(\sigma = 2, \ldots, s)$ ganzalgebraisch. Diesen Hilfssatz werden wir später verschärfen.

Schließlich noch ein Wort zur Norm einer algebraischen Zahl. Da das Minimalpolynom von α die Darstellung

$$G(x) = \sum_{\sigma=0}^{s} a_\sigma x^{s-\sigma} = a_0 \cdot \prod_{\sigma=1}^{s}(x - \alpha^{\{\sigma\}})$$

mit der Bezeichnung $\alpha = \alpha^{\{1\}}$ besitzt, ist

$$\frac{a_s}{a_0} = (-1)^s \prod_{\sigma=1}^{s} \alpha^{\{\sigma\}} = (-1)^s \cdot N(\alpha),$$

wenn $N(\alpha)$ die Norm von α bedeutet, also

$$N(\alpha) = (-1)^s \cdot \frac{a_s}{a_0}.$$

Ist $\alpha \neq 0$, so folgt aus der Irreduzibilität von $G(x)$, daß auch $a_s \neq 0$ ist. Ist ferner α ganzalgebraisch, also $|a_0| = 1$, so folgt die Richtigkeit von

Hilfssatz 3: *Ist α ganzalgebraisch und nicht Null, so folgt*

$$|N(\alpha)| \geqq 1 .$$

Nun können wir den Liouvilleschen Satz verallgemeinern, und wir ersetzen zunächst $x - \alpha$ durch ein Polynom in α und erhalten so den

Satz 3: *Es sei α eine algebraische Zahl vom Grade $s \geqq 1$ und $P(x)$ ein Polynom mit ganzen rationalen Koeffizienten vom Grade n und der Höhe H, für das $P(\alpha)$ nicht verschwinde. Dann gilt*

$$|P(\alpha)| > \frac{c^n}{H^{s-1}} \tag{8}$$

mit einer Konstanten $c > 0$, die nur von α abhängt.

Dieser Satz liefert im Spezialfall $n = 1$ offenbar den Liouvilleschen Satz.

Beweis: Bedeute a_0 den höchsten Koeffizienten von α, so ist nach Hilfssatz 2 die Zahl $a_0\alpha$ ganzalgebraisch. Folglich ist mit $q = |a_0|$ auch $q^n P(\alpha)$ ganzalgebraisch, und wegen $P(\alpha) \neq 0$ gilt auf Grund von Hilfssatz 3

$$|N(q^n P(\alpha))| \geqq 1 .$$

Die Beträge der Konjugierten $(P(\alpha))^{(\sigma)} = P(\alpha^{(\sigma)})$ können für $\sigma = 2, \ldots, s$ mit $P(x) = \sum_{\nu=0}^{n} b_\nu x^{n-\nu}$ durch

$$|P(\alpha^{(\sigma)})| \leqq \sum_{\nu=0}^{n} |b_\nu|\, |\alpha^{(\sigma)}|^{n-\nu} \leqq H \cdot \sum_{\nu=0}^{n} |\alpha^{(\sigma)}|^{n-\nu} \leqq H(n+1)\, \mathrm{Max}(1, |\alpha^{(\sigma)}|^n)$$

abgeschätzt werden. Für $|\alpha^{(\sigma)}|$ liefert aber Hilfssatz 1, wenn h die Höhe von α ist und $|a_0|$ durch 1 ersetzt wird,

$$|\alpha^{(\sigma)}| \leqq h + 1 .$$

Also erhalten wir

$$|P(\alpha^{(\sigma)})| \leqq (n+1)\, H(h+1)^n .$$

Damit folgt aus $|N(q^n P(\alpha))| = \prod_{\sigma=1}^{s} (q^n |P(\alpha^{(\sigma)})|) \geqq 1$

$$|P(\alpha)| \geqq ((n+1)\, H(h+1)^n)^{1-s}\, q^{-ns} > \frac{c^n}{H^{s-1}}$$

mit nur von α abhängigem, geeignetem $c > 0$.

Den Satz 3 benutzen wir, um eine Aussage über die Approximation der Zahl Null durch die Linearform $\alpha - x$ mit algebraischem x vom

Grade n zu gewinnen. Wir zeigen

Satz 4: *Ist α algebraisch vom Grad s und ξ algebraisch vom Grad n und H die Höhe von ξ, so gilt für $\alpha \neq \xi$*

$$|\alpha - \xi| > \frac{c_1^n}{H^s} \tag{9}$$

mit einer nur von α abhängigen Konstanten $c_1 > 0$.

Beweis: Ohne Einschränkung der Allgemeinheit kann im folgenden angenommen werden, daß α und ξ nicht zueinander konjugiert sind, da c_1 so gewählt werden kann, daß (9) für die endlich vielen Konjugierten von α gültig ist. Dann verschwindet das Minimalpolynom von ξ, welches mit

$$P(x) = \sum_{\nu = 0}^{n} b_\nu x^{n-\nu} = b_0(x - \xi)(x - \xi^{\{2\}}) \ldots (x - \xi^{\{n\}})$$

bezeichnet sei, nicht für $x = \alpha$. Es folgt für $x = \alpha$

$$|\alpha - \xi| = \frac{|P(\alpha)|}{|b_0|\,|\alpha - \xi^{\{2\}}| \ldots |\alpha - \xi^{\{n\}}|} \,. \tag{10}$$

In Satz 3 haben wir eine untere Abschätzung für den Zähler auf der rechten Seite. Es kommt nun darauf an, den Nenner nach oben abzuschätzen. Mit der Bezeichnung

$$\frac{P(x)}{x - \xi} = b_0(x - \xi^{\{2\}}) \ldots (x - \xi^{\{n\}}) = \delta_0 x^{n-1} + \cdots + \delta_{n-1}$$

gilt

$$P(x) = \sum_{\nu = 0}^{n} b_\nu x^{n-\nu} = (x - \xi)(\delta_0 x^{n-1} + \cdots + \delta_{n-1}) \,. \tag{11}$$

Koeffizientenvergleich liefert:

$$b_0 = \delta_0 \,, \quad b_1 = \delta_1 - \xi \delta_0 \,, \ldots, b_n = -\xi \delta_{n-1} \,.$$

Daraus folgt

$$\begin{aligned}
\delta_0 \;\; &= b_0 \\
\delta_1 \;\; &= b_0 \xi + b_1 \\
&\;\vdots \\
\delta_{n-1} &= b_0 \xi^{n-1} + b_1 \xi^{n-2} + \cdots + b_{n-1} \,.
\end{aligned}$$

Daher ist für $|\xi| \leqq 1$

$$\operatorname*{Max}_{\nu = 0}^{n-1}(|\delta_\nu|) = \Delta \leqq nH \,.$$

Für $|\xi| > 1$ setzen wir $x = \dfrac{1}{y}$ in (11) ein und multiplizieren (11) mit $-y^n \cdot \dfrac{1}{\xi}$.

Wir erhalten so

$$- \frac{b_n}{\xi} y^n - \cdots - \frac{b_0}{\xi} = \left(y - \frac{1}{\xi} \right) (\delta_{n-1} y^{n-1} + \cdots + \delta_0) \, ,$$

und auf Grund der gleichen Schlußweise wie oben ist jetzt wegen $\left| \frac{1}{\xi} \right| < 1$

$$\operatorname*{Max}_{\nu=0}^{n-1} (|\delta_\nu|) = \Delta \leqq \frac{nH}{|\xi|} < nH \, .$$

Mithin ergibt sich

$$|b_0| \, |\alpha - \xi^{\{2\}}| \ldots |\alpha - \xi^{\{n\}}| = |\delta_0 \alpha^{n-1} + \cdots + \delta_{n-1}| \leqq \Delta \cdot \sum_{\nu=0}^{n-1} |\alpha|^\nu < c_2^n \cdot H$$

mit einem geeigneten, von n und ξ unabhängigen Faktor c_2.

Aus (10) folgt nun unter Beachtung von (8) und der soeben erzielten Abschätzung

$$|\alpha - \xi| > \frac{c^n}{H^{s-1} \cdot c_2^n \cdot H} = \frac{c_1^n}{H^s} \, .$$

Dabei hängt c_1 nur von α, nicht von n oder ξ ab, und Satz 4 ist bewiesen.

Literatur: Brauer [1, 2].

§ 4. Eine Anwendung des einen verallgemeinerten Liouvilleschen Satzes

Mit Hilfe der Sätze 3 und 4 lassen sich wiederum transzendente Zahlen konstruieren. Es sei nur ein Beispiel hierfür als Anwendung von Satz 4 mitgeteilt.

Satz 5: Jede reelle positive Nullstelle der Funktion

$$F(x) = \sum_{\nu=0}^{\infty} \frac{(-1)^\nu a_\nu x^\nu}{(\nu!)^{\nu!}}$$

besitzt einen transzendenten Wert, wenn die natürlichen Zahlen a_ν mit einer Konstanten $B > 0$ die Eigenschaft $0 < a_\nu < B^\nu$ haben.

Beweis: Für algebraisches $x = \chi$ und genügend großes m, etwa $m > m_0$, gilt nämlich die Ungleichung

$$|F(\chi) - F_m(\chi)| < \frac{a_{m+1} |\chi|^{m+1}}{((m+1)!)^{(m+1)!}} \, , \tag{12}$$

wenn wir mit $F_m(\chi)$ den m-ten Abschnitt der Potenzreihe für $F(x)$ bezeichnen. Diese Abschätzung folgt aus der Tatsache, daß die Reihe für $F(x)$ alterniert und für hinreichend großes m die Absolutbeträge der Reihenglieder monoton fallen. Da χ algebraisch sein soll, ist auch $F_m(\chi)$ algebraisch, und machen wir nun die Annahme, daß auch $F(\chi)$ algebraisch sei, so liefert Satz 4 eine untere Schranke für den Betrag $|F(\chi) - F_m(\chi)|$. Diese Schranke wird im Widerspruch zu (12) stehen, und aus diesem Widerspruch folgt, daß $F(\chi)$ für algebraisches χ keine algebraische Zahl sein kann. Insbesondere kann also $F(\chi)$ für ein algebraisches χ nicht verschwinden.

In der Anwendung von Satz 4 auf den vorliegenden Fall ist $F(\chi)$ für α und $F_m(\chi)$ für ξ zu setzen. Es ist also der Grad und die Höhe von $F_m(\chi)$ zu bestimmen. Der Grad von $F(\chi)$ sei s genannt. χ habe den Grad n, dann ist der Grad von $F_m(\chi) = \sum_{\nu=0}^{m} \dfrac{(-1)^\nu a_\nu \chi^\nu}{(\nu!)^{\nu!}}$, da die a_ν natürliche Zahlen sind, höchstens n. Die Abschätzung der Höhe H von $F_m(\chi)$ bereitet etwas mehr Schwierigkeiten.

Zwischen der Höhe einer ganzen algebraischen Zahl und dem Maximum der Absolutbeträge aller Wurzeln des Minimalpolynoms dieser Zahl besteht ein einfacher Zusammenhang, den wir zunächst aufzeigen wollen. Sei β ganzalgebraisch und

$$G(x) = \sum_{\nu=0}^{n} b_\nu x^{n-\nu} = \prod_{\nu=1}^{n} (x - \beta^{(\nu)})$$

das Minimalpolynom, h die Höhe von β.

Aus der Bedeutung der b_ν als elementarsymmetrische Funktionen der $\beta^{(\nu)}$ ergibt sich unmittelbar mit der Bezeichnung $\underset{\nu=1}{\overset{n}{\mathrm{Max}}}|\beta^{(\nu)}| = \overline{|\beta|}$

$$h = \underset{\nu=0}{\overset{n}{\mathrm{Max}}}|b_\nu| \leq \underset{\nu=0}{\overset{n}{\mathrm{Max}}} \binom{n}{\nu} \cdot \overline{|\beta|}^\nu < 2^n \overline{|\beta|}^n .$$

Wir können also formulieren

Hilfssatz 4: *Sei β eine ganzalgebraische Zahl, n ihr Grad und h ihre Höhe, so gilt mit der Bezeichnung $\underset{\nu=1}{\overset{n}{\mathrm{Max}}}|\beta^{(\nu)}| = \overline{|\beta|}$ die Ungleichung*

$$h \leq (2\,\overline{|\beta|})^n .$$

Diesen Hilfssatz können wir nicht unmittelbar auf $F_m(\chi)$ anwenden, da $F_m(\chi)$ nicht notwendig ganzalgebraisch ist. Zu χ gibt es eine natürliche Zahl, sie sei g genannt, derart, daß $g\chi$ eine ganze Zahl ist. Dann folgt aus der Definition von $F_m(\chi)$, daß $g^m \cdot (m!)^{m!} F_m(\chi)$ ganzalgebraisch sein muß. Folglich gilt nach Hilfssatz 4 für die Höhe H_1 dieser ganzalgebraischen Zahl

$$H_1 \leq (2\,\overline{|g^m (m!)^{m!} F_m(\chi)|})^n$$

und wegen

$$\overline{|F_m(\chi)|} \leq \sum_{\nu=0}^{m} \frac{a_\nu \overline{|\chi|}^\nu}{(\nu!)^{\nu!}} < c_2 ,$$

wobei c_2 nur von χ abhängt, folgt daraus

$$H_1 < (2 g^m (m!)^{m!})^n \cdot c_2^n . \tag{13}$$

Um von H_1, der Höhe von $g^m(m!)^{m!}F_m(\chi)$, auf H, die Höhe von $F_m(\chi)$, schließen zu können, wollen wir $g^m(m!)^{m!}$ abkürzend mit q, $F_m(\chi)$ mit ξ, $\xi q = \zeta$ und der Deutlichkeit halber $H_1 = H(\zeta)$, $H = H(\xi) = H\!\left(\dfrac{\zeta}{q}\right)$ bezeichnen.

Es wird behauptet:

$$H \leqq q^n H_1 \, .$$

Ist $M(x)$ Minimalpolynom von ζ, so ist $\dfrac{\zeta}{q}$ Nullstelle von $M(q x)$, wobei die Höhe von $M(q x)$ kleiner oder gleich $q^n H(\zeta)$ ist. Da mit $M(x)$ auch $M(q x)$ irreduzibel ist, muß eine natürliche Zahl r existieren derart, daß $\dfrac{1}{r} M(q x)$ Minimalpolynom von $\dfrac{\zeta}{q}$ ist. Daher gilt für die Höhe die Ungleichung

$$H\!\left(\frac{\zeta}{q}\right) \leqq \frac{1}{r} q^n H(\zeta) \leqq q^n H(\zeta) \, ,$$

was behauptet war.

Daraus und aus (13) folgt dann

$$H < (g^m (m!)^{m!})^n \cdot (2 \, g^m (m!)^{m!})^n \, c_2^n < c_3^m ((m!)^{m!})^{2n}$$

mit einem geeigneten, nur von χ, nicht aber von m abhängigen c_3. Dies in Satz 4 eingetragen, ergibt

$$|\alpha - \xi| = |F(\chi) - F_m(\chi)| > \frac{c_1^n}{H^s} > \frac{1}{c_4^m ((m!)^{m!})^{2ns}}$$

mit einem von m unabhängigen c_4.

Dies steht aber für hinreichend großes m im Widerspruch zu (12), denn es ist für genügend großes m

$$\frac{1}{c_4^m ((m!)^{m!})^{2ns}} > \frac{1}{((m!)^{m!})^{3ns}} > \frac{1}{((m+1)!)^{\frac{1}{2}(m+1)!}} > \frac{a_{m+1} |\chi|^{m+1}}{((m+1)!)^{(m+1)!}} \, .$$

Der Beweis von Satz 5 ist damit vollständig erbracht.

Ähnliche Beispiele lassen sich unschwer aufzeigen. Jedoch soll darauf nicht eingegangen werden, da wir uns nun den Verschärfungen des Liouvilleschen Satzes zuwenden wollen, die weitere Anwendungsmöglichkeiten zur Erzeugung transzendenter Zahlen eröffnen.

Literatur: Cohn [1].

§ 5. Schärfere Approximationssätze.
Der Satz von Thue-Siegel-Roth

Die einfache Abschätzung des Liouvilleschen Satzes (Satz 1) wurde durch tiefere Betrachtungen ganz erheblich verschärft. Es seien hier nur die wesentlichen Fortschritte, die erzielt wurden, angegeben. Es handelt sich um die untere Schranke der Linearform $|\alpha - x|$ für algebraisches α und rationale Werte von x. Im einzelnen wurde gezeigt:

Für algebraisches α vom Grade $s > 1$ und ganze rationale Zahlen p, q; $q > 0$, hat die Ungleichung

$$\left| \alpha - \frac{p}{q} \right| < q^{-\mu} \tag{14}$$

nur endlich viele Lösungen in rationalen Zahlen $\dfrac{p}{q}$

     1. mit $\mu > \dfrac{s}{2} + 1$ (THUE [1, 2]),

     2. mit $\mu = \operatorname*{Min}_{\sigma=1}^{s} \left(\dfrac{s}{\sigma+1} + \sigma \right) + \varepsilon < 2\sqrt{s}$ *bei genügend kleinem* $\varepsilon > 0$ (SIEGEL [1]),

     3. mit $\mu > \sqrt{2s}$ (DYSON [1], siehe hierzu auch MAHLER [8], SCHNEIDER [6]),

     4. mit $\mu > 2$ (ROTH [1]).

Das letztgenannte Resultat, das K. F. ROTH kürzlich veröffentlichte, liefert bezüglich des Exponenten μ den schärfstmöglichen Wert.

Bereits C. L. SIEGEL gelang es, über sein oben genanntes Resultat hinaus, für einen Exponenten $\mu < \operatorname*{Min}_{\sigma=1}^{s} \left(\dfrac{s}{\sigma+1} + \sigma \right) + \varepsilon$ eine Aussage zu erhalten. Er bewies *für* $\mu = \operatorname*{Min}_{\sigma=1}^{s} \left(\sigma \sqrt[\sigma]{s} \right) + \varepsilon < e \left(\log s + \dfrac{1}{2 \log s} \right)$ *bei genügend kleinem* ε, *daß dann* (14) *entweder nur endlich viele Lösungen in rationalen Zahlen* $\dfrac{p}{q}$ *hat, oder daß, falls unendlich viele rationale* $\dfrac{p}{q}$ *der Ungleichung* (14) *genügen, für die nach wachsenden Nennern angeordnete Folge dieser Lösungen* $\dfrac{p_\nu}{q_\nu}$ *die Grenzbeziehung*

$$\overline{\lim_{\nu \to \infty}} \; \frac{\log q_{\nu+1}}{\log q_\nu} = \infty \tag{15}$$

gilt (SIEGEL [2]). Dieser SIEGELsche Satz wurde schon vor langem *auf den Exponenten* $\mu > 2$ *verschärft* (SCHNEIDER [3]). Der Satz von ROTH unterscheidet sich von letztgenanntem Ergebnis dadurch, daß nach ihm der Fall unendlich vieler Lösungen nicht eintreten kann, und insofern sagt er natürlich sehr viel mehr aus.

Unter geeigneten arithmetischen Voraussetzungen über die zur Approximation zugelassenen Brüche $\dfrac{p_\nu}{q_\nu}$ gelang es, selbst für Exponenten $\mu \leqq 2$ Aussagen über die Lösungen von (14) zu machen. So bewies K. MAHLER: *Ist α eine algebraische Zahl, μ eine Zahl > 1, und hat die Ungleichung* (14) *unendlich viele verschiedene, nach wachsenden q_ν geordnete Lösungen* $\dfrac{p_\nu}{q_\nu}$ *mit positiven Nennern q_ν, die allein durch endlich* *viele Primzahlen teilbar sind, so gilt* (15); *und ferner: Ist α eine algebraische Zahl $\neq 0$, $\mu > 0$, so gibt es höchstens endlich viele gekürzte Lösungen $\frac{p}{q}$ von* (14), *für die $p \cdot q$ nur durch endlich viele vorgegebene Primzahlen teilbar ist* (MAHLER [5]; siehe hierzu auch SCHNEIDER [3]). Auf einen das erstgenannte MAHLERsche Ergebnis umfassenden Satz (SCHNEIDER [8], siehe auch KASCH [1]) sei nur hingewiesen. Diese Resultate (MAHLER [5]; SCHNEIDER [8]) lassen sich unter Verwendung der Ideen von ROTH (ROTH [1]) verbessern. Wir wollen hier diese Verschärfung nicht in vollem Umfange durchführen, sondern nur eine solche Verallgemeinerung des Satzes von ROTH beweisen, wie diese für die Anwendungen, die wir im nächsten Paragraphen davon machen wollen, notwendig ist. Eine weitergehende Verallgemeinerung würde den ohnehin nicht einfachen Beweis des Satzes von ROTH noch erheblich komplizieren, während sich der gewünschte und nun zu formulierende Satz nur durch Hinzufügung eines einfachen Gedankens zu dem ROTHschen Beweis zeigen läßt.

Satz 6: *Es sei α eine algebraische Zahl vom Grade $s > 1$. Ferner bedeute $\left(\frac{p_\nu^*}{q_\nu^*}\right)$ eine unendliche Folge rationaler Zahlen mit ganzrationalen p_ν^*, q_ν^*; $q_{\nu+1}^* \geqq q_\nu^* > 0$; $\nu = 1, 2, \ldots$, deren Nenner q_ν^* in ein Produkt $q_\nu^* = q_\nu' \cdot q_\nu''$ ganzer rationaler Zahlen q_ν' und q_ν'' zerlegt seien derart, daß q_ν'' eine nichtnegative ganzzahlige Potenz einer von ν unabhängigen natürlichen Zahl b darstellt. Bezeichnen wir*

$$\eta = \varlimsup_{\nu \to \infty} \frac{\log q_\nu'}{\log q_\nu^*}, \tag{16}$$

und ist μ eine Zahl, für die

$$\mu > \eta + 1 \tag{17}$$

gilt, so genügen der Ungleichung

$$\left| \alpha - \frac{p}{q} \right| < q^{-\mu}$$

nur endlich viele Zahlen $\frac{p}{q} = \frac{p_\nu^*}{q_\nu^*}$ aus der Folge $\left(\frac{p_\nu^*}{q_\nu^*}\right)$.

Für $\eta = 1$ ist darin der oben genannte Satz von ROTH enthalten, den wir gemäß seiner Entstehung auch den Satz von THUE-SIEGEL-ROTH nennen wollen.

Vorbereitung des Beweises: Wir folgen in der Beweisführung weitgehend dem Beweise von ROTH. Es ist nicht verwunderlich, daß der Beweis des tiefliegenden Satzes nicht ohne weiteres auf der Hand liegt. In sieben Hilfssätzen, die wir vorausschicken, werden die notwendigen Hilfsbetrachtungen entwickelt.

1. Die wesentlichste Idee des Beweises von ROTH besteht in einer neuartigen nichtarchimedischen Bewertung von Polynomen von mehreren Veränderlichen, mit deren Darstellung wir beginnen wollen.

Es sei $P(x_1, \ldots, x_k)$ ein nicht identisch verschwindendes Polynom in den k Veränderlichen $x_1, \ldots, x_k$. Ferner seien $\alpha_1, \ldots, \alpha_k$ beliebige reelle und $r_1, \ldots, r_k$ beliebige positive Zahlen. Wir entwickeln $P(\alpha_1 + y_1, \ldots, \alpha_k + y_k)$ nach Potenzen von $y_1, \ldots, y_k$, also

$$P(\alpha_1 + y_1, \ldots, \alpha_k + y_k) = \sum_{j_1=0}^{\infty} \cdots \sum_{j_k=0}^{\infty} c_{j_1 \ldots j_k} \, y_1^{j_1} \ldots y_k^{j_k} \, .$$

Dann bezeichne

$$\Theta = \underset{\substack{(j_1, \ldots, j_k) \\ \left(c_{j_1 \ldots j_k} \neq 0\right)}}{\mathrm{Min}} \left(\frac{j_1}{r_1} + \cdots + \frac{j_k}{r_k} \right), \tag{18}$$

i. W., das Minimum der Summe $\dfrac{j_1}{r_1} + \cdots + \dfrac{j_k}{r_k}$, erstreckt über alle nicht-negativen ganzen Zahlen $j_1, \ldots, j_k$, für die $c_{j_1 \ldots j_k}$ nicht verschwindet. Die letzte Bedingung ist offenbar gleichbedeutend mit

$$\left(\frac{\partial}{\partial x_1} \right)^{j_1} \cdots \left(\frac{\partial}{\partial x_k} \right)^{j_k} P(\alpha_1, \ldots, \alpha_k) =$$

$$= \frac{\partial^{j_1 + \ldots + j_k} P(x_1, \ldots, x_k)}{\partial x_1^{j_1} \ldots \partial x_k^{j_k}} \bigg/ (x_1, \ldots, x_k) = (\alpha_1, \ldots, \alpha_k) \neq 0 \, .$$

Wir nennen nach ROTH die in (18) definierte Zahl Θ *den Index des Polynoms* $P(x_1, \ldots, x_k)$ *im Punkte* $(\alpha_1, \ldots, \alpha_k)$ *bezüglich der Zahlen* $r_1, \ldots, r_k$.

Es ist klar, daß dann der Index des Polynoms

$$\left(\frac{\partial}{\partial x_1} \right)^{l_1} \cdots \left(\frac{\partial}{\partial x_k} \right)^{l_k} P(x_1, \ldots, x_k)$$

im Punkte $(\alpha_1, \ldots, a_k)$ in bezug auf $r_1, \ldots, r_k$ für beliebige nichtnegative ganze Zahlen $l_1, \ldots, l_k$ mindestens gleich $\Theta - \dfrac{l_1}{r_1} - \cdots - \dfrac{l_k}{r_k}$ ist, falls nur das abgeleitete Polynom nicht identisch verschwindet.

Die später benötigten Eigenschaften des *Index* enthält der

Hilfssatz 5: *Es seien* $P(x_1, \ldots, x_k)$ *und* $Q(x_1, \ldots, x_k)$ *nicht identisch verschwindende Polynome mit* $P + Q \not\equiv 0$. *Bilden wir die Indizes derselben im gleichen Punkte* $(\alpha_1, \ldots, \alpha_k)$ *bezüglich derselben Zahlen* $r_1, \ldots, r_k$, *so gilt*

$$\mathrm{Index}\,(P) \geqq 0 \; \textit{und}\; \mathrm{Index}\,(P) = 0 \; \textit{nur, falls}\; P(\alpha_1, \ldots, \alpha_k) \neq 0, \tag{19}$$

$$\mathrm{Index}\,(P + Q) \geqq \mathrm{Min}\,\big(\mathrm{Index}\,(P), \mathrm{Index}\,(Q)\big) \tag{20}$$

$$\mathrm{Index}\,(PQ) = \mathrm{Index}\,(P) + \mathrm{Index}\,(Q) \, . \tag{21}$$

Beweis: Die Richtigkeit von (19) ist offensichtlich. Seien die Koeffizienten der Potenzreihenentwicklung von P in $(\alpha_1, \ldots, \alpha_k)$ mit $c_{j_1 \ldots j_k}$, die von Q mit $d_{j_1 \ldots j_k}$ bezeichnet, so ist (20) gleichbedeutend mit der Folgerung: Aus $c_{j_1 \ldots j_k} = 0$ und $d_{j_1 \ldots j_k} = 0$ folgt $c_{j_1 \ldots j_k} + d_{j_1 \ldots j_k} = 0$, ist hingegen wenigstens einer der beiden Koeffizienten $c_{j_1\ldots j_k}$ und $d_{j_1\ldots j_k}$ von Null verschieden, so kann $c_{j_1\ldots j_k} + d_{j_1\ldots j_k}$ sowohl von Null verschieden sein als auch nicht. (21) ergibt sich, indem wir ein k-Tupel $(j_1, \ldots, j_k)$ auswählen, für welches sich das Minimum in (18) bezüglich P einstellt, und ferner ein weiteres, das das Minimum in (18) bezüglich Q liefert. Bei Multiplikation der beiden Potenzreihen erhalten wir dann durch Addition dieser beiden k-Tupel genau ein solches k-Tupel, welches in (18) eingetragen, das Minimum von PQ ergibt.

2. Die vorstehende Bewertung von Polynomen mittels des Index werden wir später anwenden, und zwar werden wir versuchen, unter geeigneten Bedingungen eine obere Schranke für den Index eines Polynoms mit ganzrationalen Koeffizienten an einem rationalen Punkte $\left(\dfrac{p_1}{q_1}, \ldots, \dfrac{p_k}{q_k}\right)$ zu erhalten. Hierbei werden wir einen Induktionsschluß nach der Anzahl der Veränderlichen eines Polynoms durchzuführen haben. Zur Vorbereitung desselben dienen die beiden folgenden Hilfssätze, wobei Hilfssatz 6 nur zum Beweise von Hilfssatz 7 benötigt wird.

Zunächst wollen wir sagen, was wir unter WRONSKI*schen Determinanten von Polynomen von k Veränderlichen* verstehen wollen. Wir gehen von Differentialoperatoren der Form

$$D = \frac{1}{i_1! \ldots i_k!} \left(\frac{\partial}{\partial x_1}\right)^{i_1} \cdots \left(\frac{\partial}{\partial x_k}\right)^{i_k} \tag{22}$$

aus und nennen $i_1 + \cdots + i_k$ die Ordnung des Operators D. Es sei l eine natürliche Zahl und es seien

$$\Phi_0(x_1, \ldots, x_k), \ldots, \Phi_{l-1}(x_1, \ldots, x_k)$$

Polynome in k Veränderlichen und $D_0, \ldots, D_{l-1}$ Differentialoperatoren der Form (22) derart, daß die Ordnung von D_λ höchstens gleich λ ist für $\lambda = 0, \ldots, l-1$. Dann nennen wir die Determinante

$$\Delta(x_1, \ldots, x_k) = \mathrm{Det}(D_\lambda \Phi_\nu(x_1, \ldots, x_k)) \qquad (\lambda, \nu = 0, \ldots, l-1)$$

eine *verallgemeinerte* WRONSKI*sche Determinante* oder auch schlechthin eine WRONSKI*sche Determinante* der Polynome $\Phi_0, \ldots, \Phi_{l-1}$. Es ist klar, daß bei linearer Abhängigkeit von $\Phi_0, \ldots, \Phi_{l-1}$ jede verallgemeinerte WRONSKI*sche Determinante* verschwindet. Über die Umkehrung hiervon gibt Hilfssatz 6 eine Aussage.

Hilfssatz 6: *Sind* $\Phi_0(x_1, \ldots, x_k), \ldots, \Phi_{l-1}(x_1, \ldots, x_k)$ *voneinander linear unabhängig, dann verschwindet wenigstens eine ihrer* WRONSKI*schen Determinanten nicht identisch.*

Beweis: Sei g eine natürliche Zahl, die größer ist als die sämtlichen Grade der Polynome $\Phi_0, \ldots, \Phi_{l-1}$ in $x_1, \ldots, x_k$, so sind die l Polynome

$$\Phi_\nu(t, t^g, \ldots, t^{g^{k-1}}) \qquad (\nu = 0, \ldots, l-1) \tag{23}$$

in der Veränderlichen t voneinander linear unabhängig. Aus der linearen Abhängigkeit der Polynome (23) würde nämlich mit

$$\Phi_\nu(x_1, \ldots, x_p) = \sum_{\substack{\varkappa_\sigma = 0 \\ (\sigma = 1, \ldots, k)}}^{k-1} b_{\nu;\, \varkappa_1 \ldots, \varkappa_k}\, x_1^{\varkappa_1} \ldots x_k^{\varkappa_k}$$

eine Identität in t der Gestalt

$$\sum_{\nu=0}^{l-1} c_\nu \sum_{\substack{\varkappa_\sigma = 0 \\ (\sigma = 1, \ldots, k)}}^{k-1} b_{\nu;\, \varkappa_1, \ldots, \varkappa_k}\, t^{\varkappa_1 + g\,\varkappa_2 + \cdots + g^{k-1}\varkappa_k} = 0$$

folgen. Aus der Eindeutigkeit der Darstellung einer ganzen Zahl der Form

$$\varkappa_1 + g\,\varkappa_2 + \cdots + g^{k-1}\varkappa_k \qquad (0 \leq \varkappa_1 \leq g - 1, \ldots, 0 \leq \varkappa_k \leq g - 1)$$

würde sich dann die Identität

$$\sum_{\nu=0}^{l-1} c_\nu \Phi_\nu(x_1, \ldots, x_k) = 0$$

ergeben.

Da die Polynome (23) in t linear unabhängig sind, verschwindet deren WRONSKIsche Determinante, wir bezeichnen dieselbe

$$\varDelta(t) = \mathrm{Det}\left(\frac{1}{\lambda!}\left(\frac{d}{dt}\right)^\lambda \Phi_\nu(t, t^g, \ldots, t^{g^{k-1}})\right) \qquad (\lambda, \nu = 0, \ldots, l-1), \quad (24)$$

nicht identisch. Wir können schreiben

$$\frac{d}{dt} = \frac{\partial}{\partial x_1} + g\, t^{g-1}\frac{\partial}{\partial x_2} + \cdots + g^{k-1}\, t^{g^{k-1}-1}\frac{\partial}{\partial x_k}\,,$$

wobei die Operatoren rechts auf Polynome in $x_1, \ldots, x_k$ anzuwenden und dann die x_σ wieder durch $t^{g^{\sigma-1}}$ zu ersetzen sind. Wir sehen durch Induktion nach λ, daß der Operator $\left(\dfrac{d}{dt}\right)^\lambda$ sich somit als Linearkombination von Differentialoperatoren der Gestalt (22) schreiben läßt, also

$$\left(\frac{d}{dt}\right)^\lambda = f_1(t)\, D^{(1)} + \ldots f_\varrho(t)\, D^{(\varrho)}\,.$$

Dabei hängt die natürliche Zahl ϱ nur von λ und k ab, und es sind $D^{(1)}, \ldots, D^{(\varrho)}$ Operatoren der genauen Ordnung λ und $f_1(t), \ldots, f_\varrho(t)$ Polynome in t. Tragen wir dies in (24) ein, so erhalten wir für $\varDelta(t)$ eine Summe von Determinanten, etwa

$$\varDelta(t) = \varphi_1(t)\, \varDelta^{(1)}(t, \ldots, t^{g^{k-1}}) + \cdots + \varphi_\tau(t)\, \varDelta^{(\tau)}(t, \ldots, t^{g^{k-1}})\,,$$

wobei $\varDelta^{(1)}, \ldots, \varDelta^{(\tau)}$ verallgemeinerte WRONSKIsche Determinanten von $\Phi_0, \ldots, \Phi_{l-1}$ und $\varphi_1(t), \ldots, \varphi_\tau(t)$ Polynome in t sind. Da $\varDelta(t)$ nicht identisch verschwindet, muß wenigstens ein ι mit $1 \leq \iota \leq \tau$ existieren, für das $\varDelta^{(\iota)}(t, \ldots, t^{g^{k-1}})$ und damit auch $\varDelta^{(\iota)}(x_1, \ldots, x_k)$ nicht identisch verschwindet.

Hilfssatz 7: *Sei* $P(x_1, \ldots, x_k)$ *ein Polynom in* $k \geqq 2$ *Veränderlichen mit ganzrationalen Koeffizienten, das nicht identisch verschwindet. Der Grad von* P *in* $x_\varkappa$ *sei höchstens* $r_\varkappa$ *für* $\varkappa = 1, \ldots, k$. *Dann gibt es wenigstens eine ganze Zahl* l *mit*

$$1 \leqq l \leqq r_k + 1 \tag{25}$$

und Differentialoperatoren $D_0, \ldots, D_{l-1}$ *bezüglich der Veränderlichen* $x_1, \ldots, x_{k-1}$, *wobei die Ordnung von* D_λ *höchstens* λ *ist, derart, daß mit*

$$W(x_1, \ldots, x_k) = \mathrm{Det}\left(D_\lambda \frac{1}{\nu!} \left(\frac{\partial}{\partial x_k} \right)^\nu P \right) \qquad (\lambda, \nu = 0, \ldots, l-1) \tag{26}$$

a) W *ganzzahlige Koeffizienten hat und nicht identisch verschwindet,*

b) $$W(x_1, \ldots, x_k) = U(x_1, \ldots, x_{k-1}) \cdot V(x_k) \tag{27}$$

gilt, wobei die Polynome U *und* V *ganzzahlige Koeffizienten besitzen,* U *in* $x_\varkappa$ *höchstens vom Grade* $l r_\varkappa$ *mit* $\varkappa = 1, \ldots, k-1$ *und* V *in* x_k *höchstens vom Grade* $l r_k$ *ist.*

Beweis: Wir gehen von der Gesamtheit der Zerlegungen von $P(x_1, \ldots, x_k)$ in der Gestalt

$$P(x_1, \ldots, x_k) = \Phi_0(x_1, \ldots, x_{k-1})\, \Psi_0(x_k) + \cdots + \Phi_{l-1}(x_1, \ldots, x_{k-1})\, \Psi_{l-1}(x_k)$$

aus, wobei die Φ_ν und Ψ_ν Polynome mit rationalen Koeffizienten sind, und zwar die Φ_ν in $x_\varkappa$ höchstens vom Grade $r_\varkappa$ für $\varkappa = 1, \ldots, k-1$ und die Ψ_ν in x_k höchstens vom Grade r_k. Solche Zerlegungen gibt es, z. B. mit $l - 1 = r_k$ und $\Psi_\nu(x_k) = x_k^\nu$. Wir wählen aus allen diesen Zerlegungen eine solche mit kleinstem l aus. Dann sind $\Psi_0(x_k), \ldots, \Psi_{l-1}(x_k)$ voneinander linear unabhängig, denn wären sie es nicht, so müßte

$$\Psi_{l-1} = d_0\, \Psi_0 + \cdots + d_{l-2}\, \Psi_{l-2}$$

mit rationalen Koeffizienten $d_0, \ldots, d_{l-2}$ gelten, und wir hätten

$$P = \Psi_0(\Phi_0 + d_0 \Phi_{l-1}) + \cdots + \Psi_{l-2}(\Phi_{l-2} + d_{l-2} \Phi_{l-1})$$

im Widerspruch zur Forderung bezüglich l. Ebenso folgt die lineare Unabhängigkeit von $\Phi_0(x_1, \ldots, x_{k-1}), \ldots, \Phi_{l-1}(x_1, \ldots, x_{k-1})$. Schließlich ist $1 \leqq l \leqq r_k + 1$.

Bezeichnen wir mit $\Delta(x_k)$ die WRONSKIsche Determinante von $\Psi_0(x_k), \ldots, \Psi_{l-1}(x_k)$, so ist $\Delta(x_k)$ ein nicht identisch verschwindendes Polynom mit rationalen Koeffizienten. Mit $\Delta(x_1, \ldots, x_{k-1})$ bezeichnen wir eine nicht identisch verschwindende verallgemeinerte WRONSKIsche Determinante von $\Phi_0(x_1, \ldots, x_{k-1}), \ldots, \Phi_{l-1}(x_1, \ldots, x_{k-1})$, deren Existenz nach Hilfssatz 6 gesichert ist. Dann ist also

$$\Delta(x_k) = \mathrm{Det}\left(\frac{1}{\lambda!} \left(\frac{d}{dx_k} \right)^\lambda \Psi_\nu(x_k) \right) \qquad (\lambda, \nu = 0, \ldots, l-1)$$

und

$$\Delta(x_1, \ldots, x_{k-1}) = \mathrm{Det}\left(D_\lambda \Phi_\nu(x_1, \ldots, x_{k-1}) \right) \qquad (\lambda, \nu = 0, \ldots, l-1)$$

wobei $D_0, \ldots, D_{l-1}$ gewisse Differentialoperatoren der Gestalt (22), aber mit $k-1$ an Stelle von k sind und die Ordnung von D_λ höchstens λ beträgt für $\lambda = 0, \ldots, l-1$. Durch Multiplikation der beiden Determinanten erhalten wir

$$\varDelta(x_k) \cdot \varDelta(x_1, \ldots, x_{k-1}) = \underset{(\lambda, \nu)}{\mathrm{Det}} \left(\sum_{\varrho=0}^{l-1} D_\lambda \frac{1}{\nu!} \left(\frac{\partial}{\partial x_k} \right)^\nu \varPhi_\varrho(x_1, \ldots, x_{k-1}) \varPsi_\varrho(x_k) \right)$$

$$= \mathrm{Det} \left(D_\lambda \frac{1}{\nu!} \left(\frac{\partial}{\partial x_k} \right)^\nu P(x_1, \ldots, x_k) \right)$$

$$(\lambda, \nu = 0, \ldots, l-1).$$

Also ist $\varDelta(x_k) \cdot \varDelta(x_1, \ldots, x_{k-1}) = W(x_1, \ldots, x_k)$ in der Gestalt (26) darstellbar. Es folgt aus dieser Darstellung, daß $W(x_1, \ldots, x_k)$ ganzrationale Koeffizienten hat, und da $\varDelta(x_k)$ und $\varDelta(x_1, \ldots, x_{k-1})$ rationale Koeffizienten besitzen, muß nach dem GAUSSschen Satze[*] eine rationale Zahl d existieren derart, daß $U(x_1, \ldots, x_{k-1}) = d \varDelta(x_1, \ldots, x_{k-1})$ und $V(x_k) = d^{-1} \varDelta(x_k)$ ganze Koeffizienten bekommen. Endlich kann W nicht identisch verschwinden, da U und V dies auch nicht tun. Damit ist Hilfssatz 7 bewiesen.

3. In den beiden nächsten Hilfssätzen soll nun unter Anwendung von Hilfssatz 5 und 7 die gewünschte obere Schranke für den Index eines Polynoms unter gewissen Bedingungen gewonnen werden. Der folgende Hilfssatz dient dabei zur Vorbereitung des übernächsten.

Es ist nach ROTH zweckmäßig, nicht den Index unmittelbar nach oben abzuschätzen, sondern für eine Abschätzung den folgenden Begriff zugrunde zu legen. Wir gehen aus von festen positiven Zahlen $r_1, \ldots, r_m$ mit $m \geqq 1$ und einer festen Zahl $C \geqq 1$ und betrachten die Gesamtheit der Polynome $P(x_1, \ldots, x_m)$ in m Veränderlichen mit den Eigenschaften:

(a) P hat ganzzahlige Koeffizienten und ist nicht identisch Null,

(b) P hat in $x_\varkappa$ höchstens den Grad $r_\varkappa$ für alle $\varkappa = 1, \ldots, m$,

(c) die Absolutwerte der Koeffizienten von P übersteigen die Zahl C nicht.

Wir bezeichnen die Gesamtheit dieser Polynome mit $\mathfrak{P}_m = \mathfrak{P}_m(C; r_1, \ldots, r_m)$.

Es seien $q_1, \ldots, q_m$ positive und $p_1, \ldots, p_m$ ganze Zahlen, die den Bedingungen $(p_\varkappa, q_\varkappa) = 1$ für $\varkappa = 1, \ldots, m$ genügen. Außerdem seien $\varrho_1, \ldots, \varrho_m$ positive ganze Zahlen. Mit $\varTheta(P)$ sei der Index von $P(x_1, \ldots, x_m)$ im Punkte $\left(\dfrac{p_1}{q_1}, \ldots, \dfrac{p_m}{q_m} \right)$ bezüglich $\varrho_1, \ldots, \varrho_m$ bezeichnet. Wir bilden dann den gewünschten Begriff

$$\overline{\varTheta}_m(C; r_1, \ldots, r_m; q_1, \ldots, q_m; \varrho_1, \ldots, \varrho_m) = \text{obere Grenze von } \varTheta(P), \quad (28)$$

---

[*] Siehe z. B.: PERRON, Algebra I. Berlin (1927), (1931), (1951). Satz 88.

wobei die obere Grenze des Index von P über alle Polynome der Menge $\mathfrak{P}_m$ und über alle $p_1, \ldots, p_m$ mit $(p_\varkappa, q_\varkappa) = 1$ für $\varkappa = 1, \ldots, m$ genommen ist. Nun formulieren wir den

Hilfssatz 8: *Es seien $r_1, \ldots, r_k$ positive ganze Zahlen mit $k \geq 2$, die mit $0 < \delta < 1$ den Bedingungen*

$$r_k > 10\,\delta^{-1}, \quad \frac{r_{\varkappa-1}}{r_\varkappa} > \delta^{-1} \qquad \text{für } \varkappa = 2, \ldots, k \tag{29}$$

genügen. $q_1, \ldots, q_k$ seien positive ganze Zahlen und l eine ganze Zahl mit

$$1 \leq l \leq r_k + 1. \tag{30}$$

Wir führen L und $\varXi$ durch

$$L = (r_1 + 1)^{kl}\, l!\, C^l\, 2^{kl\, r_1} \tag{31}$$

und

$$\varXi = \overline{\varTheta}_1(L; l r_k; q_k; l r_k) + \overline{\varTheta}_{k-1}(L; l r_1, \ldots, l r_{k-1}; q_1, \ldots, q_{k-1}; l r_1, \ldots, l r_{k-1}) \tag{32}$$

ein. Dann gilt

$$\varTheta_k(C; r_1, \ldots, r_k; q_1, \ldots, q_k; r_1, \ldots, r_k) \underset{(l)}{\leq} 2\,\mathrm{Max}\left(\varXi + \varXi^{\frac{1}{2}} + \delta^{\frac{1}{2}}\right). \tag{33}$$

Beweis: Wir zeigen, daß für irgendein Polynom $P(x_1, \ldots, x_k)$ aus $\mathfrak{P}_k$ und ganze Zahlen $p_1, \ldots, p_k$, die zu $q_1, \ldots, q_k$ teilerfremd sind, der Index $\varTheta(P)$ in $\left(\dfrac{p_1}{q_1}, \ldots, \dfrac{p_k}{q_k}\right)$ bezüglich $r_1, \ldots, r_k$ die rechte Seite von (33) nicht übersteigt.

Da $P(x_1, \ldots, x_k)$ zu $\mathfrak{P}_k$ gehört, ist Hilfssatz 7 anwendbar. (30) stimmt mit (25) aus Hilfssatz 7 überein und es existiert ein Polynom $W(x_1, \ldots, x_k)$ mit der Darstellung (26) und den Eigenschaften a) und b), speziell der Zerlegung (27). Wir wollen zunächst die Absolutbeträge der ganzzahligen Koeffizienten von $W(x_1, \ldots, x_k)$ nach oben abschätzen.

Wir gehen hierzu von der Determinantendarstellung (26) aus. P ist, geordnet nach Potenzen von $x_1, \ldots, x_k$ eine Summe von höchstens $(r_1 + 1) \ldots (r_k + 1)$ Summanden, von denen jeder die Gestalt eines Potenzproduktes $x_1^{\sigma_1} \ldots x_k^{\sigma_k}$ hat, multipliziert mit einem Zahlkoeffizienten, dessen Betrag die Zahl C nicht übersteigt. Daher läßt sich die Determinante auf der rechten Seite von (26) als Summe von $((r_1 + 1) \ldots (r_k + 1))^l$ Determinanten darstellen, bei denen das allgemeine Glied in jeder dieser Determinanten von der Form $D_\lambda \dfrac{1}{\nu!}\left(\dfrac{\partial}{\partial x_k}\right)^\nu x_1^{\sigma_1} \ldots x_k^{\sigma_k}$ ist, noch multipliziert mit einem Zahlkoeffizienten vom Betrage $\leq C$. Schreiben wir

$$D_\lambda\, \frac{1}{\nu!}\left(\frac{\partial}{\partial x_k}\right)^\nu x_1^{\sigma_1} \ldots x_k^{\sigma_k} = A\, x_1^{\tau_1} \ldots x_k^{\tau_1},$$

so folgt $\tau_1 \leqq \sigma_1, \ldots, \tau_k \leqq \sigma_k$, und A ist entweder gleich Null oder $A = \binom{\sigma_1}{\tau_1} \cdots \binom{\sigma_k}{\tau_k}$. In jedem Falle folgt daraus $A \leqq 2^{\sigma_1 + \cdots + \sigma_k} \leqq 2^{r_1 + \cdots + r_k}$. Daher sind die Beträge der Koeffizienten der $l!$ Glieder in der Entwicklung jeder der $((r_1 + 1) \ldots (r_k + 1))^l$ Determinanten $\leqq (2^{r_1 + \cdots + r_k} C)^l$. Daraus folgt, daß die Beträge der Koeffizienten des Polynoms $W(x_1, \ldots, x_k)$ die Zahl

$$((r_1 + 1) \ldots (r_k + 1))^l \, l! \, (2^{r_1 + \cdots + r_k} C)^l \tag{34}$$

nicht übersteigen. Wegen $0 < \delta < 1$, das in Hilfssatz 8 vorausgesetzt ist, folgt aus (29) die Beziehung $r_1 > r_2 > \cdots > r_k$. Verknüpfen wir dies mit (34), so bestätigen wir, daß die in (31) definierte Zahl L eine obere Schranke für die Beträge der Koeffizienten von $W(x_1, \ldots, x_k)$ ist.

Wir verwenden nun die Zerlegung (27) von W:

$$W(x_1, \ldots, x_k) = U(x_1, \ldots, x_{k-1}) \cdot V(x_k).$$

Da U und V ganzzahlige Koeffizienten besitzen, müssen folglich die Beträge der Koeffizienten der Polynome U und V ebenfalls kleiner als L sein. Der Grad des Polynoms $U(x_1, \ldots, x_{k-1})$ in $x_\varkappa$ ist höchstens $lr_\varkappa$ für $\varkappa = 1, \ldots, k-1$. U erfüllt die Bedingungen (a), (b) und (c) für die Menge der Polynome $\mathfrak{P}_{k-1}(L; lr_1, \ldots, lr_{k-1})$. Sein Index in $\left(\frac{p_1}{q_1}, \ldots, \frac{p_{k-1}}{q_{k-1}}\right)$ in bezug auf $lr_1, \ldots, lr_{k-1}$ übersteigt daher nach Definition (28) nicht die Zahl

$$\overline{\Theta}_{k-1}(L; lr_1, \ldots, lr_{k-1}; q_1, \ldots, q_{k-1}; lr_1, \ldots, lr_{k-1}).$$

Aus (18), der Definition des Index, und (28) folgt dann, daß der Index von U in $\left(\frac{p_1}{q_1}, \ldots \frac{p_{k-1}}{q_{k-1}}\right)$ bezüglich $r_1, \ldots, r_{k-1}$ nicht größer ist als

$$\overline{\Theta}_{k-1}(L; lr_1, \ldots, lr_{k-1}; q_1, \ldots, q_{k-1}; r_1, \ldots, r_{k-1})$$
$$= l \cdot \overline{\Theta}_{k-1}(L; lr_1, \ldots, lr_{k-1}; q_1, \ldots, q_{k-1}; lr_1, \ldots, lr_{k-1}).$$

Analog verhält sich $V(x_k)$. Es gehört zur Menge $\mathfrak{P}_1(L; lr_k)$ und sein Index in $\frac{p_k}{q_k}$ bezüglich r_k übersteigt

$$\overline{\Theta}_1(L; lr_k; q_k; r_k) = l\,\overline{\Theta}_1(L; lr_k; q_k; lr_k)$$

nicht.

Durch Anwendung von (21) aus Hilfssatz 5 und die Definition (32) erhalten wir so für den Index von $W = UV$ in $\left(\frac{p_1}{q_1}, \ldots, \frac{p_k}{q_k}\right)$ bezüglich $r_1, \ldots, r_k$ die Abschätzung

$$\text{Index } (W) \leqq l\,\Xi. \tag{35}$$

Nun versuchen wir, durch Verwendung der Darstellung (26) eine untere Schranke für Index (W) zu gewinnen. Wir gehen von einem

Differentialoperator

$$D = \frac{1}{i_1! \ldots i_{k-1}!} \left(\frac{\partial}{\partial x_1}\right)^{i_1} \cdots \left(\frac{\partial}{\partial x_{k-1}}\right)^{i_{k-1}}$$

der Ordnung $i_1 + \cdots + i_{k-1} \leq l - 1$ aus. Wenn das Polynom

$$D \frac{1}{\nu!} \left(\frac{\partial}{\partial x_k}\right)^{\nu} P(x_1, \ldots, x_k)$$

nicht identisch verschwindet und der Index von P in $\left(\frac{p_1}{q_1}, \ldots, \frac{p_k}{q_k}\right)$ bezüglich $r_1, \ldots, r_k$ mit Θ bezeichnet wird, ist der Index des genannten Polynoms dortselbst bezüglich $r_1, \ldots, r_k$ größer oder gleich

$$\Theta - \frac{i_1}{r_1} - \cdots - \frac{i_{k-1}}{r_{k-1}} - \frac{\nu}{r_k}.$$

Wegen (29) ist dies nicht kleiner als

$$\Theta - \frac{i_1 + \cdots + i_{k-1}}{r_{k-1}} - \frac{\nu}{r_k}.$$

Aus (30) und (29) folgt

$$\frac{i_1 + \cdots + i_{k-1}}{r_{k-1}} \leq \frac{l-1}{r_{k-1}} \leq \frac{r_k}{r_{k-1}} < \delta.$$

Da der Index nicht negativ ist, erhalten wir für den obigen Index die untere Schranke $\mathrm{Max}\left(0, \Theta - \frac{\nu}{r_k}\right) - \delta$. Entwickeln wir die Determinante auf der rechten Seite von (26), so erhalten wir für W eine Summe von $l!$ Gliedern und das allgemeine Glied ist von der Gestalt

$$\pm \left(D_{\lambda_0} P\right) \left(D_{\lambda_1} \frac{1}{1!} \frac{\partial}{\partial x_k} P\right) \cdots \left(D_{\lambda_{l-1}} \frac{1}{(l-1)!} \left(\frac{\partial}{\partial x_k}\right)^{l-1} P\right),$$

wobei $D_{\lambda_0}, \ldots, D_{\lambda_{l-1}}$ Differentialoperatoren in bezug auf die Veränderlichen $x_1, \ldots, x_{k-1}$ sind, deren Ordnungen höchstens $l-1$ betragen. Aus (21), Hilfssatz 5, entnehmen wir, daß der Index eines solchen Ausdrucks, falls dieser nicht identisch verschwindet, mindestens gleich

$$\sum_{\nu=0}^{l-1} \mathrm{Max}\left(0, \Theta - \frac{\nu}{r_k}\right) - l\,\delta$$

ist. Da W eine Summe solcher Ausdrücke ist, folgt aus (20), Hilfssatz 5,

$$\mathrm{Index}(W) \geq \sum_{\nu=0}^{l-1} \mathrm{Max}\left(0, \Theta - \frac{\nu}{r_k}\right) - l\,\delta.$$

Zur Abschätzung der rechten Seite unterscheiden wir zwei Fälle. Erstens: $\Theta r_k < l$; dann folgt unter der Voraussetzung $\Theta r_k > 10$

$$\sum_{\nu=0}^{l-1} \mathrm{Max}\left(0, \Theta - \frac{\nu}{r_k}\right) = r_k^{-1} \sum_{\nu=0}^{[\Theta r_k]} (\Theta r_k - \nu) \geq \frac{1}{2} r_k^{-1} [\Theta r_k]^2 > \frac{1}{3} r_k \Theta^2.$$

Bei der letzten Ungleichung ist die genannte Voraussetzung $\Theta\, r_k > 10$ benutzt. Wir dürfen diese Annahme jedoch machen, denn im Falle $\Theta\, r_k \leqq 10$ gilt wegen (29)

$$\Theta \leqq \frac{10}{r_k} < \delta < 2\,\delta^{\frac{1}{2}},$$

und die gewünschte Ungleichung (33) ist dann erfüllt.

Zweitens: $\Theta\, r_k \geqq l$; dann ist

$$\sum_{\nu=0}^{l-1} \mathrm{Max}\left(0,\, \Theta - \frac{\nu}{r_k}\right) = \sum_{\nu=0}^{l-1}\left(\Theta - \frac{\nu}{r_k}\right) \geqq \frac{1}{2}\, l\, \Theta.$$

Wir erhalten somit die Abschätzung

$$\mathrm{Index}\ (W) \geqq \mathrm{Min}\left(\frac{1}{2}\, l\, \Theta,\, \frac{1}{3}\, r_k\, \Theta^2\right) - l\,\delta. \tag{36}$$

Durch Kombination der beiden Ungleichungen (35) und (36) ergibt sich

$$\mathrm{Min}\left(\frac{1}{2}\, l\, \Theta,\, \frac{1}{3}\, r_k\, \Theta^2\right) \leqq l\,(\varXi + \delta).$$

Es ist also entweder $\Theta \leqq 2\,(\varXi + \delta)$, und in diesem Falle ist (33) erfüllt, oder

$$\frac{1}{3}\, r_k\, \Theta^2 \leqq l\,(\varXi + \delta) \leqq (r_k + 1)\,(\varXi + \delta).$$

Wegen $r_k + 1 < \frac{4}{3}\, r_k$, was aus (29) folgt, schließen wir dann auf

$$\Theta < 2\,(\varXi + \delta)^{\frac{1}{2}} \leqq 2\left(\varXi^{\frac{1}{2}} + \delta^{\frac{1}{2}}\right).$$

Damit ist Hilfssatz 8 vollständig bewiesen.

Die bisherigen Resultate dienen allein zum Beweis des Hilfssatzes 9, der die gesuchte obere Schranke für den Index eines Polynoms enthält. Er lautet:

Hilfssatz 9: *Es sei m ganz positiv und δ erfülle die Bedingung*

$$0 < \delta < m^{-1}. \tag{37}$$

$r_1, \ldots, r_m$ *seien ganze positive Zahlen, für die*

$$r_m > 10\,\delta^{-1}, \quad \frac{r_\varkappa - 1}{r_\varkappa} > \delta^{-1} \quad mit \quad \varkappa = 2, \ldots, m \tag{38}$$

gelte. Die positiven ganzen Zahlen $q_1, \ldots, q_m$ mögen den Ungleichungen

$$\log q_1 > \delta^{-1} m\,(2m + 1) \tag{39}$$

und

$$r_\varkappa \log q_\varkappa \geqq r_1 \log q_1 \qquad für\ \varkappa = 2, \ldots, m \tag{40}$$

genügen. Dann ist

$$\varTheta_m\,(q_1^{\delta\,r_1};\, r_1, \ldots, r_m;\, q_1, \ldots, q_m;\, r_1, \ldots, r_m) < 10^m\,\delta^{\left(\frac{1}{2}\right)^m}. \tag{41}$$

Beweis: Wir schließen nach Roth durch Induktion bezüglich m.

Für $m = 1$ ist die Richtigkeit von (41) leicht wie folgt einzusehen. Auf Grund der Definition (18) des Index Θ eines Polynoms $P(x_1)$ ist dieses Polynom durch $\left(x_1 - \dfrac{p_1}{q_1}\right)^{\Theta r_1}$ teilbar. Dann ergibt sich aus dem Gaussschen Satz über die Zerlegung eines Polynoms mit ganzzahligen Koeffizienten und aus der vorausgesetzten Teilerfremdheit von p_1 und q_1, daß $P(x_1)$ eine Zerlegung der Gestalt

$$P(x_1) = (q_1 x_1 - p_1)^{\Theta r_1} R(x_1)$$

besitzt, wobei $R(x_1)$ ein Polynom mit ganzzahligen Koeffizienten bezeichnet. Folglich muß der höchste Koeffizient von $P(x_1)$ ein ganzzahliges Vielfaches von $q_1^{\Theta r_1}$ sein. Ist $q_1^{\delta r_1}$ eine obere Schranke der Beträge der Koeffizienten von $P(x_1)$, so erhalten wir demnach

$$q_1^{\Theta r_1} \leqq q_1^{\delta r_1}$$

und wegen $\delta < 1$, was aus (37) folgt,

$$\Theta \leqq \delta < 10\,\delta^{\frac{1}{2}}.$$

Damit ist (41) für $m = 1$ gezeigt.

Es sei $k \geqq 2$ eine ganze Zahl und wir machen nun die Induktionsannahme, daß Hilfssatz 9 für $m = k - 1$ Gültigkeit habe. Dann wollen wir diesen Hilfssatz für $m = k$ beweisen. Hierzu ziehen wir Hilfssatz 8 heran, dessen Voraussetzungen in denen des Hilfssatzes 9 enthalten sind. Insbesondere stimmt (29) für $m = k$ mit (38) überein.

Schätzen wir zunächst L in (31) für $C = q_1^{\delta r_1}$ ab. Wir erhalten

$$L = (r_1 + 1)^{k\,l}\, l!\, q_1^{\delta l r_1}\, 2^{k\,l\,r_1} \leqq \left((r_1 + 1)^k\, l\, 2^{k r_1}\, q_1^{\delta r_1}\right)^l.$$

Wegen $l \leqq r_k + 1 < r_1 + 1 \leqq 2^{r_1}$ ergibt sich daraus

$$L < \left(2^{(2k+1) r_1}\, q_1^{\delta r_1}\right)^l < \left(e^{(2k+1) r_1}\, q_1^{\delta r_1}\right)^l.$$

Aus der Voraussetzung (39) mit $m = k$ folgt $2k + 1 < \delta\,k^{-1} \log q_1$ oder

$$e^{2k+1} < q_1^{\delta k^{-1}}.$$

Mit

$$\delta_1 = \delta(1 + k^{-1}) \tag{42}$$

ist demnach

$$L < q_1^{\delta_1 l r_1}.$$

Daher gilt

$$\overline{\Theta}_1(L;\, l r_k;\, q_k;\, l r_k) \leqq \overline{\Theta}_1(q_1^{\delta_1 l r_1};\, l r_k;\, q_k;\, l r_k) \tag{43}$$

und

$$\overline{\Theta}_{k-1}(L;\, l r_1, \dots, l r_{k-1};\, q_1, \dots, q_{k-1};\, l r_1, \dots, l r_{k-1}) \leqq$$
$$\leqq \overline{\Theta}_{k-1}(q_1^{\delta_1 l r_1};\, l r_1, \dots, l r_{k-1};\, q_1, \dots, q_{k-1};\, l r_1, \dots, l r_{k-1}). \tag{44}$$

Wir wiederholen die zu Beginn dieses Beweises angestellte Untersuchung nur für die Polynome der Menge $\mathfrak{P}_1(q_1^{\delta_1 l r_1}; l r_k)$, um hierdurch eine obere Schranke für die rechte Seite von (43) zu erhalten. Es sei $P(x_k)$ ein Element von $\mathfrak{P}_1(q_1^{\delta_1 l r_1}; l r_k)$ und der Index von $P(x_k)$ in q_k bezüglich $l r_k$ sei Θ genannt. Dann ist der höchste Koeffizient von $P(x_k)$ ein ganzzahliges Vielfaches von $q_k^{\Theta l r_k}$ und folglich $q_k^{\Theta l r_k} \leq q_1^{\delta_1 l r_1}$. Daraus erhalten wir unter Beachtung von (40)

$$\Theta \leq \frac{\delta_1 \, l r_1 \log q_1}{l r_k \log q_k} \leq \delta_1 \, ,$$

also

$$\Theta_1(q_1^{\delta_1 l r_1}; l r_k; q_k; l r_k) \leq \delta_1 . \tag{45}$$

Um auf Grund von Hilfssatz 8 die Behauptung (41) erschließen zu können, benötigen wir noch eine obere Schranke für die rechte Seite von (44). Nun verwenden wir die Induktionsannahme, daß Hilfssatz 9 für $m = k-1$ gültig ist. Zur Abschätzung der rechten Seite von (44) ersetzen wir im Hilfssatz 9 die Zahl δ durch δ_1 und $r_1, \ldots, r_{k-1}$ durch $l r_1, \ldots, l r_{k-1}$. Da wegen (42) sicher $\delta_1 > \delta$ ist, folgt unmittelbar, daß bei dieser Ersetzung die Voraussetzungen zu Hilfssatz 9 außer der Bedingung (37) erfüllt sind. Das Analogon von (37) lautet $0 < \delta_1 < (k-1)^{-1}$, und die rechte Ungleichung, die es allein zu bestätigen gilt, ergibt sich aus (42) und der Ungleichung $\delta < k^{-1}$, die wegen der Voraussetzung (37) mit $m = k$ gilt. Daher ist Hilfssatz 9 mit den obigen Ersetzungen anwendbar und (41) liefert

$$\Theta_{k-1}(q_1^{\delta_1 l r_1}; l r_1, \ldots, l r_{k-1}; q_1, \ldots, q_{k-1}; l r_1, \ldots, l r_{k-1}) < 10^{k-1}\, \delta_1^{\left(\frac{1}{2}\right)^{k-1}} .$$
$$\tag{46}$$

Aus (42) erhalten wir $\delta_1 < 2\,\delta$. Wir gewinnen daher aus (45) und (46) für Ξ in (32), Hilfssatz 8, die Abschätzung

$$\Xi < 2\,\delta + 2\left(10^{k-1}\delta^{\left(\frac{1}{2}\right)^k - 1}\right) < 3\left(10^{k-1}\delta^{\left(\frac{1}{2}\right)^k - 1}\right) .$$

Nun liefert die Aussage (33) von Hilfssatz 8 unter Beachtung von $k \geq 2$ die Ungleichung

$$\begin{aligned}
\Theta_k(q_1^{\delta r_1}; r_1, \ldots, r_k; q_1, \ldots, q_k; r_1, \ldots, r_k) &< \\
&< 2\left(3\left(10^{k-1}\delta^{\left(\frac{1}{2}\right)^k - 1}\right) + 3^{\frac{1}{2}}\, 10^{\frac{k-1}{2}}\,\delta^{\left(\frac{1}{2}\right)^k} + \delta^{\frac{1}{2}}\right) \\
&< 2\left(\frac{3}{10} + \frac{3^{\frac{1}{2}}}{10^{\frac{3}{2}}} + \frac{1}{10^2}\right) 10^k\,\delta^{\left(\frac{1}{2}\right)^k} \\
&< 10^k\,\delta^{\left(\frac{1}{2}\right)^k} ,
\end{aligned}$$

womit (41) mit $m = k$ und damit Hilfssatz 9 bewiesen ist.

Dieser Hilfssatz 9 ist das wichtigste Hilfsmittel des ROTHschen Beweises. Von den vorangegangenen Hilfssätzen 5 bis 8 werden wir keinen Gebrauch mehr machen.

4. Der nächste Hilfssatz ist völlig unabhängig von den vorhergehenden und in ihm kommen von den bisherigen Größen nur die Zahlen $r_1, \ldots, r_m$ vor. Er lautet:

Hilfssatz 10: *Es seien $r_1, \ldots, r_m$ positive ganze Zahlen und es sei ω eine positive Zahl. Dann ist die Anzahl der m-Tupel $(j_1, \ldots, j_m)$ in ganzen Zahlen $j_1, \ldots, j_m$ mit den Bedingungen*

$$0 \leqq j_1 \leqq r_1, \ldots, 0 \leqq j_m \leqq r_m; \qquad \frac{j_1}{r_1} + \cdots + \frac{j_m}{r_m} \leqq \frac{1}{2}(m - \omega)$$

nicht größer als

$$2 m^{\frac{1}{2}} \omega^{-1} (r_1 + 1) \ldots (r_m + 1).$$

Beweis: Wir übernehmen mit einer geringen Abweichung den von ROTH veröffentlichten Beweis dieses in ähnlicher Form schon in früheren Publikationen enthaltenen Hilfssatzes (siehe z. B. SCHNEIDER [3]). Nach der Angabe von ROTH geht der Beweis auf DAVENPORT zurück.

Es wird wieder mittels Induktion bezüglich m geschlossen.

Für $m = 1$ ist die Richtigkeit der Behauptung offenbar, denn für ganze Zahlen j_1 mit $0 \leqq j_1 \leqq r_1$, $j_1 \leqq \frac{1}{2}(1 - \omega) r_1$ ist die Anzahl bei $\omega \leqq 1$ höchstens $r_1 + 1$ und bei $\omega > 1$ gleich 0, also in jedem Falle unter der im Hilfssatz 10 angegebenen Schranke.

Nehmen wir nun $m > 1$ an und führen Induktion bezüglich m durch. Für $\omega \leqq 2 m^{\frac{1}{2}}$ ist die Behauptung trivial. Wir können also $\omega > 2 m^{\frac{1}{2}}$ voraussetzen. Bei festgewählten j_m unterliegen $j_1, \ldots, j_{m-1}$ den analogen Bedingungen wie zuvor $j_1, \ldots, j_m$, nur mit Ersetzung von m durch $m - 1$ und von ω durch ω', wobei

$$\frac{1}{2}(m - 1 - \omega') = \frac{1}{2}(m - \omega) - \frac{j_m}{r_m},$$

also

$$\omega' = \omega - 1 + \frac{2 j_m}{r_m}$$

ist. Aus $\omega > 2 m^{\frac{1}{2}} > 1$ folgt dabei $\omega' > 0$ für alle j_m mit $0 \leqq j_m \leqq r_m$. Wegen der Induktionsvoraussetzung übersteigt die Anzahl der Lösungen der in Hilfssatz 10 gesetzten Bedingungen für $j_1, \ldots, j_m$ dann nicht die Zahl

$$\sum_{j_m = 0}^{r_m} 2 (m - 1)^{\frac{1}{2}} \left(\left(\omega - 1 + \frac{2 j_m}{r_m} \right)^{-1} (r_1 + 1) \ldots (r_{m-1} + 1) \right).$$

Also genügt es, die Ungleichung

$$\sum_{j=0}^{r} \left(\omega - 1 + \frac{2j}{r}\right)^{-1} < \omega^{-1}(m-1)^{-\frac{1}{2}} m^{\frac{1}{2}}(r+1) = \omega^{-1}(1-m^{-1})^{\frac{1}{2}}(r+1)$$

$$(47)$$

für beliebige ganze positive Zahlen r und m mit $\omega > 2m^{\frac{1}{2}}$ zu beweisen. Wir schätzen die Summe auf der linken Seite ab, indem wir wie folgt zusammenfassen: für $0 \leq j \leq \frac{r}{2}$ ist

$$\left(\omega - 1 + \frac{2j}{r}\right)^{-1} + \left(\omega - 1 + \frac{2(r-j)}{r}\right)^{-1} =$$

$$= 2\omega\left(\omega^2 - \left(1 - \frac{2j}{r}\right)^2\right)^{-1} \leq 2\omega(\omega^2 - 1)^{-1}.$$

Daher erhalten wir

$$\sum_{j=0}^{r} \left(\omega - 1 + \frac{2j}{r}\right)^{-1} \leq \omega(\omega^2 - 1)^{-1}(r+1) = \omega^{-1}(1 - \omega^{-2})^{-1}(r+1).$$

Wegen $1 - \omega^{-2} > 1 - \frac{1}{4} m^{-1} > (1 - m^{-1})^{\frac{1}{2}}$ gilt also (47) und damit Hilfssatz 10.

5. Bis jetzt haben wir uns dem Beweise von ROTH sehr eng angeschlossen, während wir von nun an etwas davon abweichen werden. Im letzten Hilfssatz soll die Existenz des Polynoms sichergestellt werden, mittels dessen Untersuchung dann anschließend unter Verwendung von Hilfssatz 9 die Aussage des Satzes folgt. Wir formulieren:

Hilfssatz 11: *Es seien $r_1, \ldots, r_m$ positive ganze Zahlen und es sei α eine algebraische Zahl vom Grade s mit $s > 0$. Ferner sei m so groß gewählt, daß mit $\omega = 2\varepsilon m$ und festem, von m unabhängigem ε bei $0 < \varepsilon < \frac{1}{2}$ die Ungleichung*

$$\left(\frac{1}{2} m^{-\frac{1}{2}} \omega - 1\right)^{-1} < (2s)^{-1}$$

$$(48)$$

gilt. Dann existiert wenigstens ein nicht identisch verschwindendes Polynom in m Veränderlichen $x_1, \ldots, x_m$, genannt $\Phi(x_1, \ldots, x_m)$, mit ganzrationalen Zahlkoeffizienten und von den Graden $r_1, \ldots, r_m$ in $x_1, \ldots, x_m$, das die folgenden Eigenschaften hat:

a) Für nichtnegative ganze rationale Zahlen $\tau_1, \ldots, \tau_m$ mit

$$\frac{\tau_1}{r_1} + \cdots + \frac{\tau_m}{r_m} \geq m\left(\frac{1}{2} + \varepsilon\right)$$

verschwindet $\left(\frac{\partial}{\partial x_1}\right)^{\tau_1} \cdots \left(\frac{\partial}{\partial x_m}\right)^{\tau_m} \Phi(x_1, \ldots, x_m)$ identisch in $x_1, \ldots, x_m$.

b) Der Index von $\Phi(x_1, \ldots, x_m)$ in $(x_1, \ldots, x_m) = (\alpha, \ldots, \alpha)$ in bezug auf $r_1, \ldots, r_m$ ist größer als $m\left(\frac{1}{2} - \varepsilon\right)$.

c) *Es existiert eine nur von α abhängige positive Zahl γ derart, daß*

$$e^{\gamma\,(r_1+\,\cdots\,+\,r_m)}$$

eine obere Schranke der Beträge der ganzrationalen Koeffizienten von $\Phi(x_1,\ldots,x_m)$ ist.

Beweis: Wir machen schon an dieser Stelle darauf aufmerksam, daß wir zum Beweis ein Resultat über die diophantische Lösung eines unterbestimmten linearen homogenen Gleichungssystems verwenden wollen, das im vorstehenden nicht gezeigt ist. Wir haben die Beweise dieses Resultats und damit verwandter Aussagen über diophantische Lösungen linearer homogener Gleichungs- und Ungleichungssysteme in einem Anhang zusammengestellt, der auf Kapitel V folgt.

Zum Beweis des vorstehenden Hilfssatzes setzen wir $\Phi(x_1,\ldots,x_m)$ gleich so an, daß die Eigenschaft a) erfüllt ist, indem wir schreiben

$$\Phi(x_1,\ldots,x_m) = \sum_{\nu_1=0}^{r_1}\cdots\sum_{\nu_m=0}^{r_m} b_{\nu_1\cdots\nu_m}\,x_1^{\nu_1}\ldots x_m^{\nu_m}. \tag{49}$$

$$\left(\frac{\nu_1}{r_1}+\cdots+\frac{\nu_m}{r_m} < m\left(\frac{1}{2}+\varepsilon\right)\right)$$

Dann sind für dieses Polynom noch die Eigenschaften b) und c) sicherzustellen. Die Eigenschaft b) ist gleichbedeutend damit, daß die Polynome $\left(\frac{\partial}{\partial x_1}\right)^{\tau_1}\cdots\left(\frac{\partial}{\partial x_m}\right)^{\tau_m}\Phi(x_1,\ldots,x_m)$ für alle $\tau_1,\ldots,\tau_m$ mit

$$\frac{\tau_1}{r_1}+\cdots+\frac{\tau_m}{r_m} \leq m\left(\frac{1}{2}-\varepsilon\right) \qquad 0\leq\tau_1\leq r_1,\ldots,0\leq\tau_m\leq r_m \tag{50}$$

an der Stelle $(x_1,\ldots,x_m)=(\alpha,\ldots,\alpha)$ verschwinden. Für jedes m-Tupel $(\tau_1,\ldots,\tau_m)$ in ganzen Zahlen, das (50) genügt, ergibt sich somit eine lineare homogene Gleichung für die Koeffizienten $b_{\nu_1\ldots\nu_m}$ von $\Phi(x_1,\ldots,x_m)$, die nichttrivial, d. h. in nicht sämtlich verschwindenden und ganzzahligen Werten dieser $b_{\nu_1\ldots\nu_m}$ so lösbar sein soll, daß auch die Eigenschaft c) erfüllt ist.

Die Anzahl M dieser Gleichungen ist gleich der Anzahl der m-Tupel $(\tau_1,\ldots,\tau_m)$, die (50) genügen, und für dieselbe gilt nach Hilfssatz 10 wegen $\omega = 2\,\varepsilon\,m$ die Ungleichung

$$M \leq \varepsilon^{-1} m^{-\frac{1}{2}}(r_1+1)\cdots(r_m+1)\,.$$

Für die Anzahl N der Koeffizienten von $\Phi(x_1,\ldots,x_m)$, also der Unbekannten des Gleichungssystems, besteht nach der Festsetzung (49) und nach Hilfssatz 10 die untere Schranke

$$N \geq \left(1-\varepsilon^{-1}m^{-\frac{1}{2}}\right)(r_1+1)\cdots(r_m+1)\,.$$

Der Quotient $\dfrac{M}{N}$ dieser beiden Anzahlen besitzt demnach die Zahl

$$\varepsilon^{-1} m^{-\frac{1}{2}} : \left(1 - \varepsilon^{-1} m^{-\frac{1}{2}}\right) = \left(\tfrac{1}{2}\, m^{-\frac{1}{2}}\, \omega - 1\right)^{-1}$$ als obere Schranke, die

nach Voraussetzung (48) kleiner als $\dfrac{1}{2\,s}$ ist. Daraus folgt

$$\frac{s\,M}{N - s\,M} < 1 . \tag{51}$$

Die Koeffizienten der aus

$$\left(\frac{\partial}{\partial x_1}\right)^{\tau_1} \cdots \left(\frac{\partial}{\partial x_m}\right)^{\tau_m} \Phi(x_1, \ldots, x_m)\bigg/_{x_\varkappa = \alpha;\ \varkappa = 1, \ldots, m}$$

entstehenden Gleichung sind wegen der Algebraizität von α algebraische Zahlen aus dem durch α erzeugten Zahlkörper. Nach Division durch $\tau_1! \ldots \tau_m!$ erhalten wir wegen (49)

$$\frac{1}{\tau_1! \ldots \tau_m!} \left(\frac{\partial}{\partial x_1}\right)^{\tau_1} \cdots \left(\frac{\partial}{\partial x_m}\right)^{\tau_m} \Phi(\alpha, \ldots, \alpha)$$

$$= \sum_{\nu_1 = 0}^{r_1} \cdots \sum_{\nu_m = 0}^{r_m} b_{\nu_1 \ldots \nu_m} \binom{\nu_1}{\tau_1} \cdots \binom{\nu_m}{\tau_m} \alpha^{\nu_1 + \cdots + \nu_m - (\tau_1 + \cdots + \tau_m)} .$$

Bezeichnen wir den höchsten Koeffizienten von α mit a_0, so werden diese Gleichungskoeffizienten bei Multiplikation mit $a_0^{r_1 + \cdots + r_m}$ nach Hilfssatz 2 sicher ganzalgebraisch. Fragen wir nach einer oberen Schranke B der Beträge dieser ganzalgebraischen Koeffizienten und ihrer Konjugierten! Wegen $\binom{\nu_\varkappa}{\tau_\varkappa} \leq 2^{\nu_\varkappa}$ für $\varkappa = 1, \ldots, m$ erhalten wir mit $a = \mathrm{Max}\,(\lceil \alpha \rceil, 1)$ eine solche Schranke in $B = (2\,a_0 a)^{r_1 + \cdots + r_m}$ gleichfalls für sämtliche Konjugierten.

Wie im Anhang in Hilfssatz 30 (nur diesen einen Hilfssatz des Anhangs benötigen wir in diesem Kapitel) bewiesen ist, ist dieses Gleichungssystem dann mit einer nur von α abhängigen Zahl γ_1 lösbar in nicht sämtlich verschwindenden, ganzrationalen Unbekannten, deren Beträge höchstens gleich $(\gamma_1 N B)^{\frac{s\,M}{N - s\,M}}$ sind. Wegen (51) und wegen $N \leq (r_1 + 1) \ldots (r_m + 1) \leq 2^{r_1 + \cdots + r_m}$ gilt somit mit einer geeigneten, nur von α abhängigen positiven Zahl γ Eigenschaft c) und b).

Vervollständigung des Beweises von Satz 6: Von den vorausgeschickten Hilfssätzen benötigen wir für das Folgende nur die beiden Hilfssätze 9 und 11.

6. Die Beweisidee. Ein geeignetes Polynom von $x_1, \ldots, x_m$ mit ganzrationalen Koeffizienten von den Graden $r_\varkappa$ in $x_\varkappa$ für $\varkappa = 1, \ldots, m$, dessen Index in $(\alpha, \ldots, \alpha)$ bezüglich $r_1, \ldots, r_m$ genügend groß ist, wird an der Stelle $\left(\frac{p_1}{q_1}\right), \ldots, \left(\frac{p_m}{q_m}\right)$ untersucht, wobei die rationalen Zahlen $\frac{p_1}{q_1}, \ldots, \frac{p_m}{q_m}$ Elemente der in Satz 6 genannten Folge $\left(\frac{p_\nu^*}{q_\nu^*}\right)$ sind. Ist der Wert des Polynoms an dieser Stelle von Null verschieden, so ist derselbe rational mit einem nach oben leicht abschätzbaren Nenner. Daraus ergibt sich für den Betrag dieses Wertes eine nichttriviale untere Schranke. Eine obere Schranke für den gleichen Betrag erhalten wir unter der Voraussetzung, daß für die Elemente von $\left(\frac{p_\nu^*}{q_\nu^*}\right)$ und damit speziell für $\frac{p_1}{q_1}, \ldots, \frac{p_m}{q_m}$ eine Aproximation

$$\left| \alpha - \frac{p_\varkappa}{q_\varkappa} \right| < q_\varkappa^{-\mu} \qquad (\varkappa = 1, \ldots, m) \tag{52}$$

beim Bestehen von (17) erfüllt ist. Widersprechen diese beiden Schranken einander, so kann (52) nicht gültig sein, und daraus folgt die Richtigkeit von Satz 6. Führen wir nun diesen Gedanken durch.

7. Das geeignete Polynom. Es bezeichne $\Phi(x_1, \ldots, x_m)$ das Polynom aus Hilfssatz 11. Dasselbe braucht nicht das gewünschte Polynom zu sein, denn es könnte bei $\left(\frac{p_1}{q_1}, \ldots, \frac{p_m}{q_m}\right)$ verschwinden. Jedoch liefert uns Hilfssatz 9, die dortigen Voraussetzungen als bestehend angenommen, eine obere Schranke für den Index Θ von $\Phi(x_1, \ldots, x_m)$ an der Stelle $\left(\frac{p_1}{q_1}, \ldots, \frac{p_m}{q_m}\right)$ bezüglich $r_1, \ldots, r_m$, falls nur für das Maximum der Beträge der Koeffizienten von $\Phi(x_1, \ldots, x_m)$, das mit H_1 bezeichnet sei,

$$H_1 < q_1^{\delta r_1} \tag{53}$$

gilt. Nach Eigenschaft c) aus Hilfssatz 11 und (38) aus Hilfssatz 9 ist

$$H_1 \leqq e^{\gamma(r_1 + \cdots + r_m)} < e^{\gamma m r_1}.$$

Also folgt hieraus für

$$\log q_1 > \delta^{-1} m \gamma \tag{54}$$

die Ungleichung (53). Für den genannten Index erhalten wir dann nach (41)

$$\Theta < 10^m \delta^{\left(\frac{1}{2}\right)^m}.$$

Wir setzen nun zwischen den Größen m, δ und dem in Hilfssatz 11 vorkommenden ε die Beziehung

$$10^m \delta^{\left(\frac{1}{2}\right)^m} < \varepsilon m \tag{55}$$

voraus. Zu gegebenem ε und m ist δ stets so wählbar, daß (55) und (37) erfüllt sind. Es ergibt sich dann

$$\Theta < \varepsilon m.$$

Mithin existieren m nichtnegative ganze Zahlen $j_1, \ldots, j_m$ derart, daß

$$\frac{j_1}{r_1} + \cdots + \frac{j_m}{r_m} < \varepsilon m \tag{56}$$

ist und das Polynom

$$F(x_1, \ldots, x_m) = \frac{1}{j_1! \ldots j_m!} \left(\frac{\partial}{\partial x_1}\right)^{j_1} \cdots \left(\frac{\partial}{\partial x_m}\right)^{j_m} \Phi(x_1, \ldots, x_m) \tag{57}$$

an der Stelle $\dfrac{p_1}{q_1}, \ldots, \dfrac{p_m}{q_m}$ nicht verschwindet. Wegen Hilfssatz 11 und (57) hat $F(x_1, \ldots, x_m)$ ganze rationale Koeffizienten. Also ist $F\left(\dfrac{p_1}{q_1}, \ldots, \dfrac{p_m}{q_m}\right) \neq 0$ eine rationale Zahl.

Wir haben bisher nicht gezeigt, daß die gemachten Voraussetzungen, z. B. zu den Hilfssätzen 9 und 11, sämtlich miteinander in Einklang zu bringen und wie die noch unbestimmten Größen ε, m, δ und alle übrigen in unsere Betrachtung eingehenden Unbestimmten zu wählen sind. Wir wollen uns zunächst auch weiter nicht um diese wichtige Frage kümmern, sondern den in **6.** aufgezeigten Beweisgedanken unter Annahme der erforderlichen Voraussetzungen weiter verfolgen und uns erst nach Herstellung des gewünschten Widerspruchs über die Erfüllbarkeit der Voraussetzungen klar werden.

8. Eine untere Schranke für $\left|F\left(\dfrac{p_1}{q_1}, \ldots, \dfrac{p_m}{q_m}\right)\right|$. Wir untersuchen den Nenner der rationalen Zahl $F\left(\dfrac{p_1}{q_1}, \ldots, \dfrac{p_m}{q_m}\right)$.

Das Polynom $F(x_1, \ldots, x_m)$ ist in $x_\varkappa$ höchstens vom Grade $r_\varkappa$ für $\varkappa = 1, \ldots, m$, und ferner gilt die Eigenschaft a) aus Hilfssatz 11 auch für $F(x_1, \ldots, x_m)$, wie unmittelbar klar ist. Aus der Bemerkung über den Höchstgrad in jedem $x_\varkappa$ folgt, daß der Nenner von $F\left(\dfrac{p_1}{q_1}, \ldots, \dfrac{p_m}{q_m}\right)$ in der Zahl $q_1^{r_1} \ldots q_m^{r_m}$ als Teiler enthalten sein muß. Diese Abschätzung ist aber zu grob.

Wir machen nun die Voraussetzung, daß die Zahlen $\dfrac{p_1}{q_1}, \ldots, \dfrac{p_m}{q_m}$ Elemente der Folge $\left(\dfrac{p_\nu^*}{q_\nu^*}\right)$ aus Satz 6 sind. Dann enthalten die Nenner $q_\varkappa$ für jedes $\varkappa = 1, \ldots, m$ nach Voraussetzung des Satzes 6 Faktoren $b^{\lambda_\varkappa}$, und wegen (16) existiert zu $\varepsilon > 0$ eine Zahl $q_0(\varepsilon)$ derart, daß für alle $q_\varkappa > q_0(\varepsilon)$ die Ungleichung

$$\frac{\lambda_\varkappa \log b}{\log q_\varkappa} \geq 1 - \eta - \varepsilon \tag{58}$$

gilt.

In $q_1^{r_1} \ldots q_m^{r_m}$ ist als Faktor die Zahl $b^{\lambda_1 r_1 + \cdots + \lambda_m r_m}$ enthalten. Andererseits kommt im Nenner von $F\left(\dfrac{p_1}{q_1}, \ldots, \dfrac{p_m}{q_m}\right)$ wegen Eigenschaft a) von Hilfssatz 11 kein Potenzprodukt $q_1^{\tau_1} \ldots q_m^{\tau_m}$ mit $\dfrac{\tau_1}{r_1} + \cdots + \dfrac{\tau_m}{r_m} \geqq$ $\geqq m\left(\dfrac{1}{2} + \varepsilon\right)$ vor. Daher tritt auch $b^{\lambda_1 \tau_1 + \cdots + \lambda_m \tau_m}$ für solche $\tau_1, \ldots, \tau_m$ nicht auf. Mithin kann aus dem Produkt $q_1^{r_1} \ldots q_m^{r_m}$ zwecks besserer Abschätzung des Nenners von $F\left(\dfrac{p_1}{q_1}, \ldots, \dfrac{p_m}{q_m}\right)$ ein Faktor

$$Q = \operatorname*{Min}_{\left(\frac{\tau_1}{r_1} + \cdots + \frac{\tau_m}{r_m} < m\left(\frac{1}{2} + \varepsilon\right)\right)} \left(b^{(r_1 - \tau_1)\lambda_1 + \cdots + (r_m - \tau_m)\lambda_m}\right)$$

herausgezogen werden. Wegen (58) und (40) erhalten wir mit

$$\frac{\tau_1}{r_1} + \cdots + \frac{\tau_m}{r_m} < m\left(\frac{1}{2} + \varepsilon\right)$$

die Ungleichung

$$b^{(r_1 - \tau_1)\lambda_1 + \cdots + (r_m - \tau_m)\lambda_m} \geqq (q_1^{r_1 - \tau_1} \ldots q_m^{r_m - \tau_m})^{1 - \eta - \varepsilon}$$
$$\geqq q_1^{\left(\frac{r_1 - \tau_1}{r_1} + \cdots + \frac{r_m - \tau_m}{r_m}\right)(1 - \eta - \varepsilon)r_1}$$
$$\geqq q_1^{m\left(\frac{1}{2} - \varepsilon\right)(1 - \eta - \varepsilon)r_1}.$$

Die rechte Seite der letzten Ungleichung ist von $\tau_1, \ldots, \tau_m$ unabhängig. Folglich gilt

$$Q \geqq q_1^{m\left(\frac{1}{2} - \varepsilon\right)(1 - \eta - \varepsilon)r_1}. \tag{59}$$

Um den Nenner von $F\left(\dfrac{p_1}{q_1}, \ldots, \dfrac{p_m}{q_m}\right)$, der ein Teiler von $q_1^{r_1} \ldots q_m^{r_m} Q^{-1}$ ist, nach oben abschätzen zu können, setzen wir im Einklang mit (40) die folgenden Beziehungen voraus:

$$\frac{r_1 \log q_1}{\log q_\varkappa} \leqq r_\varkappa < 1 + \frac{r_1 \log q_1}{\log q_\varkappa} \qquad (\varkappa = 2, \ldots, m). \tag{60}$$

Aus den rechten Ungleichungen in (60) und aus (38) ergibt sich

$$\frac{r_\varkappa \log q_\varkappa}{r_1 \log q_1} < 1 + \frac{1}{r_\varkappa - 1} < 1 + \frac{1}{r_m - 1} < 1 + \frac{1}{9}\delta \qquad (\varkappa = 2, \ldots, m).$$

Da aus (55) $\delta < \varepsilon$ folgt, muß also $r_\varkappa \log q_\varkappa < \left(1 + \dfrac{1}{9}\varepsilon\right) r_1 \log q_1$ und daher

$$q_1^{r_1} \ldots q_m^{r_m} < q_1^{m\left(1 + \frac{\varepsilon}{9}\right)r_1}$$

sein. Zusammen mit (59) erhalten wir so die Abschätzung

$$q_1^{r_1} \ldots q_m^{r_m} Q^{-1} < q_1^{m\left(\left(1 + \frac{\varepsilon}{9}\right) - \left(\frac{1}{2} - \varepsilon\right)(1 - \eta - \varepsilon)\right)r_1} < q_1^{m\left(\frac{1}{2} + 2\varepsilon + \frac{\eta}{2}\right)r_1}$$

und folglich gilt

$$\left| F\left(\frac{p_1}{q_1}, \ldots, \frac{p_m}{q_m}\right) \right| > q_1^{-m\left(\frac{1}{2} + 2\varepsilon + \frac{\eta}{2}\right) r_1}. \tag{61}$$

9. Eine obere Schranke für $F\left(\dfrac{p_1}{q_1}, \ldots, \dfrac{p_m}{q_m}\right)$. Wir gehen aus von der Entwicklung des Polynoms $F(x_1, \ldots, x_m)$ nach Potenzen von $(x_1 - \alpha), \ldots, (x_m - \alpha)$. Wegen (57) mit (56) und der Eigenschaft b) des Hilfssatzes 11 enthält jeder Summand von $F(x_1, \ldots, x_m)$ in dieser Entwicklung einen Faktor $(x_1 - \alpha)^{\tau_1} \ldots (x_m - \alpha)^{\tau_m}$, für den

$$\frac{\tau_1}{r_1} + \cdots + \frac{\tau_m}{r_m} > m\left(\frac{1}{2} - 2\varepsilon\right) \tag{62}$$

erfüllt ist. In diesen Faktor tragen wir $(x_1, \ldots, x_m) = \left(\dfrac{p_1}{q_1}, \ldots, \dfrac{p_m}{q_m}\right)$ ein und schätzen unter Voraussetzung der Ungleichungen (52) den Ausdruck $\left| \left(\dfrac{p_1}{q_1} - \alpha\right)^{\tau_1} \cdots \left(\dfrac{p_m}{q_m} - \alpha\right)^{\tau_m} \right|$ nach oben ab. Unter Beachtung von (40), (52) und (62) erhalten wir

$$\left| \left(\frac{p_1}{q_1} - \alpha\right)^{\tau_1} \cdots \left(\frac{p_m}{q_m} - \alpha\right)^{\tau_m} \right| < (q_1^{\tau_1} \cdots q_m^{\tau_m})^{-\mu} < q_1^{-m\left(\frac{1}{2} - 2\varepsilon\right)\mu r_1}.$$

Bezeichnen wir das Maximum der Beträge der Koeffizienten in der Entwicklung von $F(x_1, \ldots, x_m)$ nach Potenzen von $(x_1 - \alpha), \ldots, (x_m - \alpha)$ mit H_2, so folgt

$$\left| F\left(\frac{p_1}{q_1}, \ldots, \frac{p_m}{q_m}\right) \right| < H_2 (r_1 + 1) \cdots (r_m + 1) \, q_1^{-m\left(\frac{1}{2} - 2\varepsilon\right)\mu r_1}. \tag{63}$$

Zur Abschätzung von H_2 untersuchen wir Ausdrücke der Gestalt $\dfrac{1}{\varrho_1! \cdots \varrho_m!} \left(\dfrac{\partial}{\partial x_1}\right)^{\varrho_1} \cdots \left(\dfrac{\partial}{\partial x_m}\right)^{\varrho_m} F(\alpha, \ldots, \alpha)$. Ersetzen wir darin F durch Φ mittels (57), verwenden wir die Abschätzung (53) und beachten wir die Abschätzung für Binomialkoeffizienten $\dbinom{\tau}{\varrho} \leqq 2^\tau$, so ergibt sich mit $a = \mathrm{Max}(|\alpha|, 1)$ und $r_\varkappa \leqq r_m$

$$H_2 < 2^{r_1 + \cdots + r_m} (r_1 + 1) \cdots (r_m + 1) \, a^{r_1 + \cdots + r_m} H_1$$

$$< (4a)^{m r_1} q_1^{\delta r_1}.$$

Ist ferner

$$\log q_1 > \delta^{-1} m \log(8a), \tag{64}$$

so erhalten wir

$$(r_1 + 1) \cdots (r_m + 1) \, H_2 < 2^{m r_1} H_2 < q_1^{2\delta r_1}.$$

Wir tragen dies in (63) ein und benutzen $\delta < \varepsilon$, was aus (55) folgt, und gewinnen so die Abschätzung

$$\left| F\left(\frac{p_1}{q_1}, \ldots, \frac{p_m}{q_m}\right) \right| < q_1^{-m\left(\left(\frac{1}{2} - 2\varepsilon\right)\mu - 2\varepsilon\right)r_1}.$$

10. Beweisschluß. Die letzte Abschätzung steht zu (61) im Widerspruch, falls

$$\frac{1}{2} + 2\varepsilon + \frac{\eta}{2} < \left(\frac{1}{2} - 2\varepsilon\right)\mu - 2\varepsilon$$

oder damit gleichbedeutend

$$\mu > \frac{1 + \eta + 8\varepsilon}{1 - 4\varepsilon} \tag{65}$$

erfüllt ist. Die letzte Ungleichung ist jedoch wegen (17) bei festen Werten von η und μ für genügend kleines positives ε stets erfüllbar. Somit ist der gesuchte Widerspruch, aus dem Satz 6 folgt, hergestellt, falls nur die noch unbestimmten Größen $\varepsilon, m, \delta, r_1, \ldots, r_m, q_1, \ldots, q_m$ tatsächlich so gewählt werden können, daß die sämtlichen bezüglich derselben vorausgesetzten Beziehungen erfüllt sind. Daß dies möglich ist, wollen wir nun noch einsehen.

Zuerst wählen wir die positive Zahl ε mit $\varepsilon < \frac{1}{2}$ derart, daß bei gegebenen Zahlen η und μ, die (17) erfüllen, die Ungleichung (65) besteht. Zu diesem ε wählen wir m als natürliche Zahl so, daß (48) in Hilfssatz 11 gilt. Zu ε und m sei δ so bestimmt, daß die beiden Bedingungen (37) und (55) erfüllt sind. Nun wählen wir aus der Folge $\left(\frac{p_\nu^*}{q_\nu^*}\right)$ ein Element $\frac{p_1}{q_1}$, das (52) genügt derart aus, daß für q_1 die Bedingungen (39), (54) und (64) gelten und daß außerdem (58) für $\varkappa = 1$ gesichert ist. Weiter nehmen wir aus der Folge $\left(\frac{p_\nu^*}{q_\nu^*}\right)$ Elemente $\frac{p_2}{q_2}, \ldots, \frac{p_m}{q_m}$, die sämtlich (52) erfüllen mögen und mit denen die Ungleichungen

$$\frac{\log q_\varkappa}{\log q_{\varkappa-1}} > \frac{2}{\delta} \qquad (\varkappa = 2, \ldots, m) \tag{66}$$

bestehen sollen. Schließlich sei r_1 eine natürliche Zahl, die der Forderung

$$r_1 > \frac{10 \log q_m}{\delta \log q_1} \tag{67}$$

genügt. Die Zahlen $r_2, \ldots, r_m$ sind dann als ganze Zahlen durch (60) eindeutig festgelegt. Aus (60) folgt die Gültigkeit von (40). Wegen (60) und (67) ist

$$r_m \geqq \frac{r_1 \log q_1}{\log q_m} > 10\,\delta^{-1}$$

und außerdem

$$\frac{r_\varkappa \log q_\varkappa}{r_1 \log q_1} < 1 + \frac{\log q_\varkappa}{r_1 \log q_1} \leqq 1 + \frac{\log q_m}{r_1 \log q_1} < 1 + \frac{1}{10}\,\delta\,.$$

Aus der letzten Beziehung und der linken Ungleichung von (60) für $\varkappa - 1$ an Stelle von $\varkappa$ folgt endlich zusammen mit (66)

$$\frac{r_{\varkappa-1}}{r_\varkappa} > \frac{\log q_\varkappa}{\log q_{\varkappa-1}} \left(1 + \frac{1}{10}\,\delta\right)^{-1} > \delta^{-1} \qquad (\varkappa = 2, \ldots, m)\,.$$

Also gilt auch (38) und somit sind die sämtlichen Voraussetzungen der beiden Hilfssätze 9 und 11 erfüllt.

Damit ist der Beweis von Satz 6 beendet.

§ 6. Weitere Anwendungen auf transzendente Zahlen

Mit Hilfe des tiefliegenden Satzes 6 sollen weitere transzendente Zahlen konstruiert werden.

Wir schließen aus Satz 6 auf die folgende Transzendenzbedingung, die eine Verallgemeinerung von Satz 2 darstellt: *Ist $\frac{p_n}{q_n}$ für $n = 1, 2, \ldots$ mit $(p_n, q_n) = 1$ und $q_{n+1} > q_n > 0$ eine unendliche Folge von Quotienten ganzrationaler Zahlen derart, daß q_n für $n = 1, 2, \ldots$ eine Zerlegung $q_n = q'_n \cdot q''_n$ in natürlichen Zahlen q'_n und q''_n besitzt, wobei mit einer natürlichen Zahl b und nichtnegativ ganzzahligen λ_n die Zahl q''_n die Gestalt $q''_n = b^{\lambda_n}$ hat, und ist*

$$\varlimsup_{n \to \infty} \frac{\log q'_n}{\log q_n} = \eta\,,$$

so muß ξ transzendent sein, falls mit einer Folge reeller Zahlen s_n für $n = 1, 2, \ldots$ und $\varlimsup\limits_{n \to \infty} s_n > 1 + \eta$ die Irrationalzahl ξ den Ungleichungen

$$\left|\xi - \frac{p_n}{q_n}\right| \leqq q_n^{-s_n} \qquad (n = 1, 2, \ldots)$$

genügt.

Ein Spezialfall hiervon liegt vor, wenn auf die arithmetische Charakterisierung der q_n verzichtet wird, womit η den Wert 1 annimmt.

Ein Beispiel ist in

$$\xi = \sum_{\nu=1}^{\infty} q^{-2^\nu}$$

gegeben, wenn q eine natürliche Zahl und $q > 1$ ist. Wir nennen noch einige Beispiele, die in der Literatur behandelt sind, dort allerdings mit Beweisen angegeben werden, die auf das jeweilige spezielle Problem zugeschnitten und kaum verallgemeinerungsfähig sind (KEMPNER [1, 2, 3], BLUMBERG [1]; siehe hierzu auch TSCHAKALOFF [1, 2], BLUMBERG [2], IZUMI [1, 2], ITIHARA-ÔISHI [1] und SCHNEIDER [8]). Wir behaupten den

Satz 7: *Die Potenzreihe*

$$\xi = \sum_{\nu=0}^{\infty} a^{-c^\nu} d_\nu x^\nu$$

hat für rationale Zahlen $x \neq 0$ transzendente Werte, falls a, c und die d_ν ganzrational sind mit den Eigenschaften: $a \geqq 2$, $c \geqq 2$, $|d_\nu| < D^\nu$ mit einer Zahl $D > 0$, sowie unendlich viele der Zahlen d_ν ungleich Null.

Beweis: Es ist sofort zu sehen, daß hier $\eta = 0$ ist. Setze $\sum_{\nu=0}^{n} a^{-c^\nu} d_\nu x^\nu = \dfrac{p_n}{q_n}$, so gilt

$$\left| \xi - \frac{p_n}{q_n} \right| < q_n^{-\mu} \qquad\qquad (n > n_0)$$

mit $\mu = c - \varepsilon$ und $\varepsilon > 0$ bei geeignetem $n_0 = n_0(\varepsilon)$. Für $\varepsilon < 1$ ist also $\mu > 1 + \eta$, und somit liegt ein Widerspruch zu Satz 6 vor bei algebraisch angenommenem ξ. Also folgt die Transzendenz von ξ.

Satz 8: *Die* FREDHOLM*sche Reihe $\xi = \sum_{\nu=0}^{\infty} x^{2^\nu}$ hat für rationale $x = \dfrac{p}{q} \neq 0$ mit $|x| < q^{-\left(\frac{1}{2} + \varepsilon\right)}$ und $\varepsilon > 0$ transzendente Werte.*

Beweis: Analog zum Beweis von Satz 7 erhalten wir $\eta = 0$, $\mu > 1$ und die Behauptung folgt wieder aus Satz 6.

In Satz 8 liegt eine Potenzreihe in x vor, bei der die Exponenten eine Folge von nicht aufeinanderfolgenden natürlichen Zahlen darstellen, kurz genannt eine Lückenreihe. Mittels solcher Lückenreihen können wir leicht transzendente Zahlen konstruieren, auch wenn die Potenzreihenkoeffizienten nicht wie im vorliegenden Satz 8 sämtlich gleich Null oder Eins sind. Auf die nähere Untersuchung der Lückenreihen auf Transzendenz möchte ich nicht eingehen, zumal sich die Ergebnisse in vielen Fällen aus Satz 6 entnehmen lassen.

Als letzte Anwendung des Satzes 6 wollen wir ein besonders interessantes Transzendenzresultat von MAHLER mitteilen, das nicht an der Oberfläche liegt.

MAHLER bewies: *Wenn $f(k)$ ein ganzwertiges nichtkonstantes Polynom bedeutet, das für $k \geqq 1$ positiv ist und mit k gegen ∞ strebt, und mit ξ der Dezimalbruch bezeichnet wird, der entsteht, wenn hinter das Komma der Reihe nach nacheinander die dezimal dargestellten natürlichen Zahlen $f(1)$, $f(2)$, $f(3)$, ... hingeschrieben werden, so ist diese Zahl ξ stets transzendent, aber keine* LIOUVILLE*-Zahl* (MAHLER [6, 7]).

Hier soll dieses Resultat nur im einfachsten Fall $f(x) = x$ mit dem MAHLERschen Beweis gezeigt werden. Wir behaupten also

Satz 9: *Der Dezimalbruch $\xi = 0{,}123456789101112 13 \ldots$ stellt eine transzendente, aber keine* LIOUVILLE*-Zahl dar.*

Beweis: **1. Eine geeignete Reihenentwicklung für ξ. Die** Betrachtungen gelten für jedes g-adische Ziffernsystem in gleicher Weise, darum sei statt der Basis 10 eine beliebige natürliche Zahl $g > 1$ als Basis gewählt, und es seien alle Zahlen im g-adischen System dargestellt. Eine Zahl k ist im g-adischen System dann und nur dann l-stellig, l eine natürliche Zahl, wenn für dieselbe $g^{l-1} \leq k \leq g^l - 1$ erfüllt ist. Demnach ist die Gesamtanzahl der Ziffern aller l-stelligen Zahlen k gleich

$$l(g^l - g^{l-1}) = l(g - 1)\, g^{l-1}\,,$$

und folglich die Gesamtanzahl der Ziffern aller höchstens $(l-1)$-stelligen Zahlen k für $l = 1$ gleich 0 und für $l > 1$ gleich

$$(g - 1) \sum_{\lambda = 1}^{l-1} \lambda g^{\lambda - 1}\,.$$

Weiter erhalten wir für $l \geq 1$ die kleinste bzw. die größte l-stellige Zahl k, wenn $k = g^{l-1}$ bzw. $k = g^l - 1$ ist. Daher ist der additive Beitrag, den die Ziffern von k zu der im g-adischen System in analoger Weise zu $0,12345\ldots$ gebildeten Zahl ξ mit k aus $g^{l-1} \leq k \leq g^l - 1$ und $l = 1$ liefern, gleich

$$kg^{-k}\,,$$

und für $l > 1$ ist dieser Beitrag gleich

$$kg^{-(g-1)\sum\limits_{\lambda=1}^{l-1} \lambda g^{\lambda-1} - l(k-g^{l-1}+1)}\,.$$

Addieren wir die zu $k = 1, 2, 3, \ldots$ gehörigen Teilbeträge, so ergibt sich für ξ die folgende Reihenentwicklung

$$\xi = \sum_{k=1}^{g-1} kg^{-k} + \sum_{l=2}^{\infty} g^{-(g-1)\sum\limits_{\lambda=1}^{l-1} \lambda g^{\lambda-1} + l(g^{l-1}-1)} \sum_{k=g^{l-1}}^{g^l-1} kg^{-lk}\,. \tag{68}$$

Diese Reihenentwicklung läßt sich noch etwas umformen. Für veränderliches x und ganze Zahlen m und n gilt

$$\sum_{k=m}^{n-1} k\, x^{k-1} = \frac{d}{dx}\left(\sum_{k=m}^{n-1} x^k \right) = \frac{d}{dx}\left(\frac{x^n - x^m}{x - 1} \right)$$

$$= \frac{(x-1)\,(n\,x^{n-1} - m\,x^{m-1}) - (x^n - x^m)}{(x-1)^2}\,,$$

und daraus folgt mit $x = g^{-l}$, $m = g^{l-1}$, $n = g^l$

$$\sum_{k=g^{l-1}}^{g^l-1} kg^{-lk} = g^l\, \frac{(g^{2l-1} - g^{l-1} + 1)\, g^{-lg^{l-1}} - (g^{2l} - g^l + 1)\, g^{-lg^l}}{(g^l - 1)^2}\,.$$

Weiter ist

$$-(g-1) \sum_{\lambda=1}^{l-1} \lambda g^{\lambda-1} + l(g^{l-1} - 1) = \frac{g^l - 1}{g - 1} - l\,.$$

Diese Ausdrücke für die entsprechenden Summen in (68) eingetragen, erhalten wir

$$\xi = \sum_{l=1}^{\infty} g^{\frac{g^l-1}{g-1}} \cdot \frac{(g^{2l-1}-g^{l-1}+1)\,g^{-l\,g^{l-1}} - (g^{2l}-g^l+1)\,g^{-l\,g^l}}{(g^l-1)^2},$$

und daraus

$$\xi = \sum_{l=1}^{\infty} \frac{g^{2l-1}-g^{l-1}+1}{(g^l-1)^2}\, g^{-l\,g^{l-1}+\frac{g^l-1}{g-1}} - \sum_{l=1}^{\infty} \frac{g^{2l}-g^l+1}{(g^l-1)^2}\, g^{-l\,g^l+\frac{g^l-1}{g-1}}.$$

Durch Zusammenfassung des zu $l+1$ gehörigen Gliedes der ersten mit dem zu l gehörigen der zweiten Summe ergibt sich endlich die gewünschte Reihenentwicklung

$$\xi = \frac{g}{(g-1)^2} - \sum_{l=1}^{\infty} \left(\frac{g^{2l}-g^l+1}{(g^l-1)^2} - \frac{g^{2l+1}-g^l+1}{(g^{l+1}-1)^2} \right) g^{-l\,g^l+\frac{g^l-1}{g-1}}.$$

2. Näherungsbrüche für ξ. Wir bezeichnen mit v_n das kleinste gemeinsame Vielfache der Zahlen $g-1,\ g^2-1,\ \ldots,\ g^n-1$. Dann setzen wir zur Abkürzung

$$p_n = v_n^2 \left\{ \frac{g}{(g-1)^2} - \sum_{l=1}^{n-1} \left(\frac{g^{2l}-g^l+1}{(g^l-1)^2} - \frac{g^{2l+1}-g^l+1}{(g^{l+1}-1)^2} \right) g^{-l\,g^l+\frac{g^l-1}{g-1}} \right\} \times$$

$$\times\ g^{n\,g^{n-1}-\frac{g^n-1}{g-1}}, \tag{69}$$

$$q_n = v_n^2\, g^{n\,g^{n-1}-\frac{g^n-1}{g-1}}, \tag{70}$$

$$R_n = \sum_{l=n}^{\infty} \left(\frac{g^{2l}-g^l+1}{(g^l-1)^2} - \frac{g^{2l+1}-g^l+1}{(g^{l+1}-1)^2} \right) g^{-l\,g^l+\frac{g^l-1}{g-1}},$$

so daß

$$\xi - \frac{p_n}{q_n} = -R_n \qquad (n=1,2,\ldots) \tag{71}$$

folgt. Es sind p_n und q_n offenbar natürliche Zahlen, während R_n eine positive Zahl darstellt. Wenn für zwei Zahlenfolgen (A_n) und (B_n) der Grenzwert $\lim\limits_{n\to\infty} \frac{A_n}{B_n} = 1$ ist, schreiben wir $A_n \sim B_n$ und sagen, (A_n) und (B_n) haben gleiches asymptotisches Verhalten. Aus der Definition von R_n folgt dann

$$R_n \sim \left(1 - \frac{1}{g}\right) g^{-n\,g^n+\frac{g^n-1}{g-1}}. \tag{72}$$

Also ist von einem genügend großen n ab $R_n \neq R_{n+1}$, folglich wegen (71)

$$p_n\,q_{n+1} - p_{n+1}\,q_n \neq 0. \tag{73}$$

Für die natürliche Zahl v_n^2 folgt aus der Definition die Ungleichung

$$v_n^2 \leq (g \cdot g^2 \cdots g^n)^2 = g^{n(n+1)} .$$

Daraus entnehmen wir mittels (70)

$$\log q_n \sim (n-1)\, g^{n-1} \log g , \qquad (74)$$

woraus sich

$$\lim_{n \to \infty} \frac{\log q_{n+1}}{\log q_n} = g \qquad (75)$$

ergibt. Aus (72) schließen wir

$$\log R_n \sim -n g^n \log g , \qquad (76)$$

und wegen (74) und (76) muß zu jedem $\varepsilon > 0$ ein $n_0(\varepsilon)$ existieren derart, daß für $n > n_0(\varepsilon)$ folgt

$$R_n < q_n^{-(g-\varepsilon)} . \qquad (77)$$

Sind die Zahlen p_n und q_n nicht zueinander teilerfremd, so gilt (77) erst recht für den gekürzten Nenner an Stelle von q_n, während (71) erhalten bleibt. Aus (69) folgt, daß p_n für genügend großes n höchstens durch die n-te Potenz von g teilbar ist. Es ist nämlich der letzte Summand genau durch die $(n-1)$-te Potenz von g teilbar, falls $g \neq 2$, durch die n-te für $g = 2$, während alle übrigen Summanden durch höhere Potenzen teilbar sind. Wegen (69) und (70) haben daher p_n und q_n höchstens den Teiler $v_n^2 \cdot g^n$ gemeinsam. Aus dem asymptotischen Verhalten dieses Teilers folgt dann, daß (75) auch für die gekürzten Nenner gültig bleibt.

3. Transzendenzbeweis für ξ. Die gekürzten Brüche $\dfrac{p_n}{q_n}$ mit $n = 1, 2, \ldots$ bilden wegen (71) und (73) eine unendliche Folge. Für die Nenner gilt (75) und von einem genügend großen n ab auch (77). Dann folgt aus (71) und (77) für $g \geq 3$ und $\varepsilon < 1$ ein Widerspruch zu Satz 6, also kann ξ nicht algebraisch sein. Aber auch im Falle $g = 2$ erhalten wir einen Widerspruch zu Satz 6, wenn wir nur beachten, daß in dem gekürzten Nenner von $\dfrac{p_n}{q_n}$ nach (70) noch eine so hohe Potenz der Zahl g allein enthalten ist, daß der in Satz 6 mit η bezeichnete Grenzwert verschwindet. Also ist für jede Basis $g \geq 2$ die Zahl ξ transzendent.

4. Untere Schranke für die Annäherung an ξ. Sei $\dfrac{p}{q}$ ein Näherungsbruch für ξ mit genügend großem q. Zu $\dfrac{p}{q}$ werde eine natürliche Zahl n durch

$$\tfrac{1}{2}(n-2)(g-1)\, g^{n-1} \log g < \log q < \tfrac{1}{2}(n-1)(g-1)\, g^{n-1} \log g \qquad (78)$$

bestimmt; es ist dann auch n groß. Für genügend großes n folgt aus (74) und (78)

$$\log q_n \leqq \log q_{n+1} \leqq 2\,(n-1)\,g^n \log g \leqq \frac{4\,g^2}{g-1} \log q \,, \qquad (79)$$

außerdem unter Beachtung von (76)

$$\log (q_{n+1} R_{n+1}) \leqq \log (q_n R_n) \sim -(n-1)\,(g-1)\,g^{n-1} \log g \,.$$

Daraus erhalten wir mit (78) und (79)

$$\frac{1}{q_n q} - R_n \geqq \frac{1}{2\,q_n q} \geqq \frac{1}{2\,q_{n+1} q} \quad \text{und} \quad \frac{1}{q_{n+1} q} - R_{n+1} \geqq \frac{1}{2\,q_{n+1} q} \,. \qquad (80)$$

Aus (73) folgt, daß eine der Determinanten

$$p_n\,q - q_n\,p \quad \text{und} \quad p_{n+1}\,q - q_{n+1}\,p$$

nicht verschwinden kann, also mindestens den Absolutbetrag Eins haben muß. Aus den beiden Gleichungen

$$\xi - \frac{p}{q} = \frac{p_n\,q - q_n\,p}{q_n q} - R_n \quad \text{und} \quad \xi - \frac{p}{q} = \frac{p_{n+1}\,q - q_{n+1}\,p}{q_{n+1} q} - R_{n+1}$$

gewinnen wir wegen (79) und (80) für genügend großes q die Abschätzung

$$\left| \xi - \frac{p}{q} \right| \geqq \frac{1}{2\,q_{n+1} q} \geqq \frac{1}{2}\,q^{-\left(4\frac{g^2}{g-1}+1\right)} \,. \qquad (81)$$

Da der Exponent $4\,\dfrac{g^2}{g-1}+1$ von p und q unabhängig ist, kann ξ nicht LIOUVILLE-Zahl sein. Damit ist Satz 9 vollständig bewiesen.

Es möge noch ein anderer Weg erwähnt werden, transzendente Zahlen durch Dezimalbrüche bestimmter Bauart zu erzeugen. Wir wissen, daß ein periodischer Dezimalbruch stets rational ist. Fragen wir nun nach der Algebraizität bei einem Dezimalbruch, der zwar nicht im strengen Sinne periodisch, sondern in der Benennung von E. MAILLET quasiperiodisch, d. h. von der Form

$$0,\; \underbrace{\overline{b_0\,b_1 \ldots b_{\nu_1-1}}}_{K_1\text{-mal}} \; \underbrace{\overline{b_{\nu_1}\,b_{\nu_1+1} \ldots b_{\nu_2-1}}}_{K_2\text{-mal}} \ldots \underbrace{\overline{b_{\nu_{i-1}}\,b_{\nu_{i-1}+1} \ldots b_{\nu_i-1}}}_{K_i\text{-mal}} \ldots$$

ist, wobei die Ziffern $b_0, \ldots, b_{\nu_1-1}$ K_1-mal hintereinander zu schreiben sind, dann die Periode $b_{\nu_1}, \ldots, b_{\nu_2-1}$ sich K_2-mal wiederholt usw. Ein solcher Bruch stellt nach MAILLET eine LIOUVILLEsche Transzendente dar, falls die K_i mit i rasch zunehmen (MAILLET [1]). Die analoge Frage ist auch bei Kettenbrüchen untersucht worden, und auch hier hat zuerst MAILLET aus dem LIOUVILLEschen Satz Bedingungen dafür hergeleitet, wann ein quasiperiodischer Kettenbruch transzendent ist (MAILLET [2,6]; s. a. PERRON [1]). Die diesbezüglichen Ergebnisse, die sämtlich auf dem LIOUVILLEschen Satze basieren, lassen sich sofort verbessern, wenn man an seiner Stelle den Satz von ROTH zur Approximation heranzieht.

Satz 6 eröffnet hier weitere Möglichkeiten, auf die nicht eingegangen werden soll. Da bezüglich der quasiperiodischen Dezimalbrüche und der quasiperiodischen Kettenbrüche ganz analoge Verhältnisse in bezug auf Transzendenz vorliegen, sei die Frage nach der Algebraizität oder Transzendenz des regelmäßigen Kettenbruchs, dessen Teilnenner analog zum Dezimalbruch in Satz 9 aus den aufeinanderfolgenden natürlichen Zahlen bestehen, also des Kettenbruchs

$$[1, 2, 3, \ldots]$$

erlaubt. Dieser Kettenbruch erweist sich tatsächlich als transzendente Zahl, wie in Kap. V u. a. gefolgert werden wird. Hier folgt der Transzendenzschluß allerdings nicht aus Satz 6. Natürlich gibt es so manche Reihe, bei der sich die Transzendenz des Summenwerts nicht als einfache Anwendung aus Satz 6 ergibt; als Beispiel sei nur auf die Anwendung, die KASCH zu seinem Satz gegeben hat, hingewiesen (KASCH [1]).

Wir hatten in diesem Kapitel versucht, einen methodischen Weg zur Erkennung transzendenter Zahlen, die durch gewisse *gut* konvergente Grenzprozesse definiert sind, aufzuzeigen. Selbstverständlich können wir, wenn wir uns auf allgemeine Approximationssätze stützen, keinerlei Vollständigkeit in bezug auf bekannte Resultate erwarten. Dennoch scheint es vernünftig, den Ausbau eines solchen Weges weiter zu betreiben, einmal durch den Versuch der weiteren Verschärfung der Approximationssätze und damit Erfassung weniger gut konvergenter Grenzprozesse, zum anderen durch weitere Verallgemeinerung, soweit dieselbe für Anwendungen zweckmäßig erscheint.

Zweites Kapitel

Transzendente Zahlen als Werte von periodischen Funktionen und deren Umkehrfunktionen

§ 1. Irrationalität von π

In diesem Kapitel wollen wir uns spezialisieren auf die Untersuchung der Werte von gewissen periodischen Funktionen und deren Umkehrfunktionen in bezug auf Transzendenz der Funktionswerte bei algebraischem Argument. Die einfachste derartige Funktion ist die Exponentialfunktion. Wir schränken jedoch in diesem Paragraphen unsere Frage weiter ein, indem wir nicht nach Transzendenz, sondern nur nach Irrationalität fragen wollen. Es darf wohl darauf verzichtet werden, den bekannten elementaren Irrationalitätsbeweis für die Basis e der Exponentialfunktion mittels der Reihendarstellung auszuführen. Doch durchaus nicht so allgemein bekannt ist ein Irrationalitätsbeweis für die LUDOLPHsche Zahl π.

Dem ersten Nachweis der *Irrationalität von* π durch J. H. Lambert aus der Kettenbruchdarstellung (Lambert [1]) sind eine ganze Reihe weiterer Beweise gefolgt, von denen bei einigen auf möglichst elementare Hilfsmittel, bei anderen auf Kürze das Hauptgewicht gelegt ist. In den letzten Jahren ist der elegante Beweis von J. Niven mittels einer durch Induktion zu verifizierenden Integralformel besonders bekannt geworden (Niven [1]; s. a. Koksma [3]; Hermite [1]). Wir wollen hier einen Beweis (Schneider [11]) vortragen, der gedanklich sehr einfach ist und außerdem den Vorzug hat, sich ohne Schwierigkeit zu einem Transzendenzbeweis ausgestalten zu lassen, welcher seinerseits zu einem allgemeineren, für die Transzendenzuntersuchungen der periodischen Funktionen wichtigen Satz überleitet. Wir beweisen nicht nur die Irrationalität von π, sondern gleich etwas mehr, nämlich den

Satz 10: *Für nichtverschwindendes* α *gehören die Zahlen* α *und* e^{α} *nicht beide dem* Gaussschen *Zahlkörper an.*

Unter dem Gaussschen Zahlkörper ist dabei der Körper aller Zahlen $a + bi$ mit rationalen a und b verstanden. In Satz 10 ist speziell für $\alpha = i\pi$ die *Irrationalität von* π enthalten.

Beweis: Wir gehen aus von der Identität

$$\frac{1}{\zeta - z} = \frac{1}{\zeta - \zeta_0} + \frac{z - \zeta_0}{(\zeta - \zeta_0)(\zeta - \zeta_1)} + \cdots +$$

$$+ \frac{\prod\limits_{\nu=0}^{n-1}(z - \zeta_\nu)}{\prod\limits_{\nu=0}^{n}(\zeta - \zeta_\nu)} + \frac{\prod\limits_{\nu=0}^{n}(z - \zeta_\nu)}{(\zeta - z)\prod\limits_{\nu=0}^{n}(\zeta - \zeta_\nu)},$$

von deren Richtigkeit wir uns durch Induktion überzeugen können. Dabei sind $\zeta_0, \zeta_1, \ldots, \zeta_n, z$ beliebige komplexe Größen, die nur so beschaffen seien, daß die auftretenden Nenner nicht verschwinden. Durch Multiplikation mit $\frac{1}{2\pi i} f(\zeta)$, wobei $f(\zeta)$ eine in einem einfach zusammenhängenden endlichen Gebiet $\mathfrak{G}$ reguläre Funktion der komplexen Veränderlichen ζ bezeichne, und Integration über den Rand Γ von $\mathfrak{G}$, erhalten wir, falls die Zahlen $\zeta_0, \zeta_1, \ldots, \zeta_n, z$ Punkten im Innern von $\mathfrak{G}$ entsprechen, unter Beachtung des Cauchyschen Integralsatzes die Interpolationsformel für $f(z)$

$$f(z) = f(\zeta_0) + a_1(z - \zeta_0) + \cdots + a_n \prod\limits_{\nu=0}^{n-1}(z - \zeta_\nu) + R_n(z) \qquad (1)$$

mit

$$a_l = \frac{1}{2\pi i} \int\limits_{\Gamma} \frac{f(\zeta)\, d\zeta}{\prod\limits_{\nu=0}^{l}(\zeta - \zeta_\nu)} \qquad (l = 1, \ldots, n) \qquad (2)$$

und

$$R_n(z) = \prod\limits_{\nu=0}^{n}(z - \zeta_\nu) \frac{1}{2\pi i} \int\limits_{\Gamma} \frac{f(\zeta)\, d\zeta}{(\zeta - z)\prod\limits_{\nu=0}^{n}(\zeta - \zeta_\nu)}. \qquad (3)$$

Wir nennen $\zeta_0, \zeta_1, \ldots, \zeta_\nu, \ldots$ Interpolationsstellen zu der Reihe in (1).

Nun sei speziell mit $\alpha \neq 0$ die Funktion $f(z) = e^{\alpha z}$ eingetragen, die Interpolationsstellen seien

$$\zeta_\nu = \begin{cases} 0 \ \ \text{für gerades } \nu \\ 1 \ \ \text{für ungerades } \nu \end{cases}$$

und Γ ein Kreis um den Nullpunkt der komplexen ζ-Ebene, der die Stelle $\zeta = 1$ im Innern enthält. Wir erhalten so wegen (2) für a_l mit $l = 2t + \delta$ bei ganzzahligem t und $\delta = 0$ oder 1 die Integraldarstellung

$$a_l = \frac{1}{2\pi i} \int\limits_\Gamma \frac{e^{\alpha\zeta}\, d\zeta}{\zeta^{t+1}(\zeta-1)^{t+\delta}} \qquad (l = 1, \ldots, n) . \qquad (4)$$

Nach der CAUCHYSCHEN Integralformel folgt aus (4)

$$a_l = \frac{1}{t!} \left(\frac{e^{\alpha z}}{(z-1)^{t+\delta}} \right)^{(t)} \Bigg/_{z=0} + \frac{1}{(t+\delta-1)!} \left(\frac{e^{\alpha z}}{z^{t+1}} \right)^{(t+\delta-1)} \Bigg/_{z=1} . \qquad (5)$$

Die Ableitung $\left(\dfrac{e^{\alpha z}}{(z-1)^{t+\delta}} \right)^{(t)}$ ist ein Quotient, dessen Zähler sich als Polynom in z und als Linearform in $e^{\alpha z}, \alpha e^{\alpha z}, \ldots, \alpha^t e^{\alpha z}$ mit ganzrationalen Koeffizienten ergibt und dessen Nenner ein Teiler von $(z-1)^{2t+\delta}$ ist. Tragen wir darin $z = 0$ ein, so erhalten wir also, wenn $\alpha = a_{(1)} + b_{(1)}i$ ist mit rationalen Zahlen $a_{(1)}, b_{(1)}$, deren Hauptnenner mit q_1 bezeichnet sei, ebenfalls eine Zahl aus dem GAUSSSCHEN Zahlkörper, und der Nenner dieser Zahl geht in q_1^t auf. Analog erkennen wir $\left(\dfrac{e^{\alpha z}}{z^{t+1}} \right)^{(t+\delta-1)}$ als Quotienten, dessen Zähler ein Polynom in z und eine Linearform in $e^{\alpha z}, \alpha e^{\alpha z}, \ldots, \alpha^{t+\delta-1} e^{\alpha z}$ mit ganzrationalen Koeffizienten und dessen Nenner ein Teiler von $z^{2t+\delta}$ ist. Für $z = 1$ erhalten wir dann, wenn auch e^α eine Zahl aus dem GAUSSSCHEN Zahlkörper mit dem Nenner q_2 ist, wieder eine Zahl aus diesem Körper, deren Nenner in $q_1^{t+\delta-1} \cdot q_2$ aufgeht. Damit folgt aus (5), daß a_l eine komplexe Zahl $a + bi$ mit rationalen a und b ist, deren Nenner Teiler von $t!\, q_1^t q_2$ sein müssen. Daher muß, falls a_l nicht verschwindet, für den Absolutbetrag von $t!\, q_1^t q_2 a_l$ die Ungleichung

$$|t!\, q_1^t q_2 a_l| \geqq 1 \qquad (6)$$

gelten.

Es sei nun $l > 5$, folglich $t > 2$, und Γ in (4) ein Kreis mit dem Radius $|\zeta| = t$. Dann erhalten wir $|\zeta - 1| > \dfrac{t}{2}$, mithin aus (4) und $\underset{|\zeta|=t}{\text{Max}} |e^{\alpha\zeta}| \leqq e^{|\alpha|t}$

$$|a_l| < \frac{1}{2\pi} \frac{e^{|\alpha|t}}{t^{t+1}\left(\dfrac{t}{2}\right)^{t+\delta}} \cdot 2\pi t = e^{|\alpha|t}\, 2^{t+\delta}\, t^{-(2t+\delta)} .$$

Diese obere Abschätzung für $|a_l|$, mit (6) kombiniert, liefert die Ungleichung

$$t! \, q_1^t \, q_2 \, e^{|\alpha| t} \, 2^{t+\delta} > t^{2t+\delta} \,,$$

und wegen $t^t > t!$ folgt daraus

$$q_1^t \, q_2 \, e^{|\alpha| t} \, 2^{t+\delta} > t^{t+\delta} \,.$$

Die letzte Ungleichung ist aber für genügend großes t unmöglich. Also muß ein n_0 existieren derart, daß für alle $l > n_0$ die Entwicklungskoeffizienten a_l in (1) verschwinden.

Der Grenzwert des Restglieds für $n \to \infty$ läßt sich aus (3) ebenfalls leicht ermitteln. Mit Γ als Kreis um den Nullpunkt vom Radius $|\zeta| = n$, $f(z) = e^{\alpha z}$ sowie festem z und genügend großem n erhalten wir aus (3)

$$|R_n(z)| < \prod_{\nu=0}^{n} |z - \zeta_\nu| \cdot \frac{1}{2\pi} \frac{e^{|\alpha| n}}{\left(\dfrac{n}{2}\right)^{n+2}} \cdot 2\pi \, n \,,$$

also $\lim_{n \to \infty} |R_n(z)| = 0$. Lassen wir daher in (1) für $f(z) = e^{\alpha z}$ die Zahl n zur Grenze übergehen, so wird $e^{\alpha z}$ durch eine abbrechende Interpolationsreihe, d. i. ein Polynom, dargestellt, was für $\alpha \neq 0$ widerspruchsvoll ist, und aus diesem Widerspruch folgt der behauptete Satz.

§ 2. Transzendenz der Werte der Exponentialfunktion und des Logarithmus

Seit den Erstbeweisen von CH. HERMITE für die *Transzendenz von e* (HERMITE [1]) und von LINDEMANN für die *Transzendenz von π* (LINDEMANN [1, 2, 3]) sind zahlreiche Beweisvarianten veröffentlicht worden (Literatur am Ende des Paragraphen). Wir wollen einen Beweis für die beiden genannten Resultate mitteilen, der durch sinngemäße Übertragung des im vorangegangenen Paragraphen geführten Irrationalitätsbeweises entsteht. Wir werden auch hier ein etwas umfassenderes Ergebnis erhalten, nämlich den

Satz 11: *Für nichtverschwindendes* α *sind die Zahlen* α *und* e^α *nicht beide algebraisch.*

Beweis: 1. Darstellungen für die Interpolationsreihenkoeffizienten a_l. Den Ausgangspunkt bildet wieder eine Interpolationsreihenentwicklung der für $\alpha \neq 0$ ganzen transzendenten Funktion $f(z) = e^{\alpha z}$. Interpolationsstellen sind diesmal nicht nur die beiden Stellen $z = 0$ und $z = 1$, sondern wir wollen mit einer natürlichen Zahl m an den Stellen $z = 0, 1, \ldots, m-1$ interpolieren, und zwar an jeder dieser Stellen von beliebig hoher Ordnung nach der Vorschrift: Die aufeinander folgenden Interpolationsstellen seien $\zeta_0, \zeta_1, \zeta_2, \ldots$, und dabei sei für alle $l = 0, 1, 2, \ldots$, jeweils $\zeta_l = \lambda$, falls $l \equiv \lambda \pmod{m}$, $0 \leq \lambda < m$, woraus $l = tm + \lambda$ mit ganzzahligem t folgt. Da die Interpolationsreihe (1) nach den Produkten von $(z - \zeta_l)$ für $l = 0, 1, 2, \ldots$ fortschreitet, ist dieselbe durch die Angabe der Interpolationsstellen und deren Reihenfolge eindeutig bestimmt. Wenden wir Formel (2) auf $e^{\alpha z}$ und die genannten Interpolationsstellen an, so erhalten wir mit den Bezeichnungen des vorangehenden Paragraphen aus (2)

$$a_l = \frac{1}{2\pi i} \int\limits_{\Gamma} \frac{e^{\alpha \zeta}\, d\zeta}{\prod\limits_{\varkappa=0}^{m-1} (\zeta - \varkappa)^{t + \delta_\varkappa}} \quad \text{mit} \quad \delta_\varkappa = \begin{cases} 1 & \text{für } 0 \leq \varkappa \leq \lambda \\ 0 & \text{für } \lambda < \varkappa < m \,, \end{cases} \tag{7}$$

und daraus folgt nach der CAUCHYSCHEN Integralformel mit einer Kurve Γ, die die Punkte $\zeta = 0, 1, \ldots, m - 1$ umfaßt, die Summendarstellung

$$a_l = \sum_{\varkappa=0}^{m-1} \frac{1}{(t + \delta_\varkappa - 1)!} \left(\frac{e^{\alpha z}}{\prod\limits_{\substack{\tau=0 \\ \tau \neq \varkappa}}^{m-1} (z - \tau)^{t + \delta_\tau}} \right)^{(t + \delta_\varkappa - 1)} \Bigg/ \Bigg|_{z = \varkappa} . \tag{8}$$

2. Eine untere Schranke für $|a_l|$. Wir fragen zunächst nach der Gestalt der Ausdrücke, wie sie auf der rechten Seite von (8) vorkommen. Mit nichtnegativen ganzen Zahlen $\varrho_0, \ldots, \varrho_{m-1}$ ist

$$\frac{d}{dz} \left(\frac{e^{\alpha z}}{\prod\limits_{\substack{\tau=0 \\ \tau \neq \varkappa}}^{m-1} (z - \tau)^{\varrho_\tau}} \right) = \frac{\alpha e^{\alpha z}}{\prod\limits_{\substack{\tau=0 \\ \tau \neq \varkappa}}^{m-1} (z - \tau)^{\varrho_\tau}} - \sum_{\substack{\tau=0 \\ \tau \neq \varkappa}}^{m-1} \frac{\varrho_\tau \, e^{\alpha z}}{(z - \tau) \prod\limits_{\substack{\mu=0 \\ \mu \neq \varkappa}}^{m-1} (z - \mu)^{\varrho_\mu}} . \tag{9}$$

Da sich die Ableitung bis auf konstante Koeffizienten als Summe von Ausdrücken gleichen Typs wie die differenzierte Funktion schreiben läßt, können wir mittels (9) induktiv Schlüsse auf die höheren Ableitungen, die in (8) auftreten, ziehen.

Es ist danach klar, daß die Ableitungen

$$\left(\frac{e^{\alpha z}}{\prod\limits_{\substack{\tau=0 \\ \tau \neq \varkappa}}^{m-1} (z - \tau)^{t + \delta_\tau}} \right)^{(t + \delta_\varkappa - 1)}$$

in $e^{\alpha z}$ linear sind mit rationalen Funktionen als Koeffizienten. Diese rationalen Funktionen besitzen Nenner, die in $\prod\limits_{\substack{\tau=0 \\ \tau \neq \varkappa}}^{m-1} (z - \tau)^{2t + \delta_\tau + \delta_\varkappa - 1}$ aufgehen, und die Koeffizienten der Zähler sind Polynome in α höchstens $(t + \delta_\varkappa - 1)$-ten Grades mit ganzrationalen Zahlkoeffizienten.

Machen wir nun die der Behauptung unseres Satzes widersprechende Annahme, es seien α und e^{α} beide algebraisch. Dann sind sie Elemente eines Zahlkörpers $\Re$ von festem Grade, s genannt. Aus den obigen Feststellungen über die rechte Seite von (8) folgt dann, daß a_l wegen (8) ebenfalls eine algebraische Zahl aus $\Re$ sein muß. Wir fragen nach dem Nenner derselben. Es sei q eine natürliche Zahl mit der Eigenschaft, daß $q\alpha$ und qe^{α} beide ganz sind. Dann muß der Nenner von a_l aufgehen in dem Produkt, das sich zusammensetzt aus $t!$ (wegen der Fakultätennenner in (8)), $((m-1)!)^{2t+1}$ (aus den Nennern der rationalen Funktionen herrührend), q^{t+m-1} (wegen der Nenner von $e^{\alpha\varkappa}$ und α^t). Mithin ist

$$t!\, q^{t+m-1}\, ((m-1)!)^{2t+1}$$

eine in $\Re$ gelegene ganzalgebraische Zahl; also gilt unter der Voraussetzung des Nichtverschwindens von a_l für die Norm dieser ganzalgebraischen Zahl

$$|N(t!\, q^{t+m-1}\, ((m-1)!)^{2t+1}\, a_l)| \geqq 1.$$

Daraus folgt für den Betrag von a_l

$$|a_l| \geqq (t!\, q^{t+m-1}\, ((m-1)!)^{2t+1})^{-s} \left(\prod_{\sigma=2}^{s} |a_l^{(\sigma)}| \right)^{-1}. \tag{10}$$

Um aus dieser Ungleichung Folgerungen ziehen zu können, müssen wir die Beträge der Konjugierten von a_l nach oben abschätzen. Wir erhalten die Konjugierten, indem wir in a_l, das wir als Polynom in α und e^{α} mit rationalen Koeffizienten erkannt haben, α und e^{α} durch deren Konjugierte bezüglich $\Re$ ersetzen. Gehen wir zu (9) zurück. Die erste Ableitung von $e^{\alpha z} \prod\limits_{\substack{\tau=0 \\ \tau \neq \varkappa}}^{m-1} (z-\tau)^{-\varrho_\tau}$ stellt sich als m-fache Summe von ähnlichen Ausdrücken dar, deren Nenner sich höchstens um einen zusätzlichen Linearfaktor $(z-\tau)$ unterscheiden und deren Koeffizienten entweder gleich α oder bis auf das Vorzeichen gleich den Exponenten ϱ_τ sind. Danach muß für die j-te Ableitung von $e^{\alpha z} \prod\limits_{\substack{\tau=0 \\ \tau \neq \varkappa}}^{m-1} (z-\tau)^{-\varrho_\tau}$ folgendes gelten: Sie schreibt sich als m^j-fache Summe von Ausdrücken der Form $e^{\alpha z} \prod\limits_{\substack{\tau=0 \\ \tau \neq \varkappa}}^{m-1} (z-\tau)^{-\psi_\tau}$ mit $0 \leqq \varrho_\tau \leqq \psi_\tau \leqq \varrho_\tau + j$ und Zahlkoeffizienten, die, abgesehen vom Vorzeichen, j-fache Produkte von α und ganzen Zahlen χ_τ mit $\varrho_\tau \leqq \chi_\tau \leqq \varrho_\tau + j - 1$ sind.

In eine solche Ableitung haben wir $z=\varkappa$ und für α und e^{α} deren Konjugierte bezüglich $\Re$ einzutragen und den Absolutbetrag abzuschätzen.

Es ist aber wegen $|\varkappa - \tau| \geqq 1$

$$\left| \frac{(e^\alpha)^{\{\sigma\}\varkappa}}{\prod\limits_{\substack{\tau = 0 \\ \tau \neq \varkappa}}^{m-1} (\varkappa - \tau)^{\psi_\tau}} \right| \leqq \overline{|e^\alpha|}^\varkappa \qquad (\sigma = 1, \ldots, s),$$

also erhalten wir für $j = t + \delta_\varkappa - 1$, $\varrho_\tau = t + \delta_\tau$

$$\left| \left(e^{\alpha z} \cdot \prod\limits_{\substack{\tau = 0 \\ \tau \neq \varkappa}}^{m-1} (z - \tau)^{-(t + \delta_\tau)} \right)^{(t + \delta_\varkappa - 1)} \Big/ \right|_{z = \varkappa} <$$

$$< \overline{|e^\alpha|}^\varkappa \, m^{t + \delta_\varkappa - 1} (\mathrm{Max}\,(\overline{|\alpha|}, 2\,t + \delta_\varkappa - 1))^{t + \delta_\varkappa - 1},$$

und daher folgt aus (8) für $t > t_0(\alpha)$

$$\overline{|a_l|} < \frac{m^{t+1}}{(t-1)!} \, \overline{|e^\alpha|}^{m-1} (2\,t)^t.$$

Mit einer von t unabhängigen positiven Größe γ_1 erhalten wir dann wegen $t! > t^t e^{-t}$ für genügend großes t

$$\overline{|a_l|} < \gamma_1^t.$$

Diese Abschätzung tragen wir für $a_l^{\{2\}}, \ldots, a_l^{\{s\}}$ in (10) ein und gewinnen so mit einer neuen, von t unabhängigen positiven Größe γ_2

$$|a_l| > t!^{-s} \, \gamma_2^{-t}. \tag{11}$$

3. **Eine obere Abschätzung für** $|a_l|$. Nun ziehen wir die Integraldarstellung (7) heran. Wir wählen Γ als Kreis mit $|\zeta| = t$ und $t > 2\,m$. Dann ist $|\zeta - \varkappa| > \dfrac{t}{2}$ für alle $\varkappa = 0, 1, \ldots, m - 1$. Es wird

$$|a_l| < \frac{1}{2\pi} \, \frac{e^{|\alpha| t}}{\left(\dfrac{t}{2}\right)^{tm}} \cdot 2\pi\,t < \gamma_3^t \, t^{-m\,t} \tag{12}$$

mit von t unabhängigem γ_3.

4. Beweisschluß. Aus (11) und (12) folgt

$$t!^{-s} \, \gamma_2^{-t} < \gamma_3^t \, t^{-m\,t}$$

oder wegen $t! < t^t$

$$t^{(m-s)\,t} < (\gamma_2 \, \gamma_3)^t.$$

Das ist für $m > s$ und genügend großes t unmöglich. Wir wählen also $m = s + 1$, das ist im Falle $s = 1$, den wir in § 1 behandelt hatten, $m = 2$, und t so groß, daß die letzte Ungleichung widerspruchsvoll wird. Daraus folgt, daß unsere in **2.** gemachte Voraussetzung, es sei $a_l \neq 0$, nicht zutrifft. Es muß also a_l für alle genügend großen t, und daraus folgt, für alle genügend großen l, verschwinden. Wie in § 1 erkennen wir auch hier, daß das Restglied nach (3) mit Γ als Kreis: $|\zeta| = n$, für $n \to \infty$ gegen Null geht. Das bedeutet, daß die Interpolationsreihe für

$e^{\alpha z}$ abbricht, was nur für $\alpha = 0$ möglich ist, und damit ist Satz 11 bewiesen.

Literatur: MARKOFF [1], ROUCHÉ [1], JORDAN [1], WEIERSTRASS [1], STIELTJES [1], VENSKE [1], JAMET [1, 2, 3], CAILLER [1], HILBERT [1], HURWITZ [1], GORDAN [1, 2], MERTENS [1], VAHLEN [1, 2], VEBLEN [1], MORITZ [1], HESSENBERG [1], SCHOTTKY [1], SPAETH [1]. Zur Literatur s. a. KOKSMA [1].

§ 3. Arithmetische Bedingungen für algebraische Abhängigkeit von Funktionen

Es ist bereits gesagt worden, daß der in § 2 vorangegangene Transzendenzbeweis zu einem allgemeinen Satze überleiten soll, der als Anwendung zahlreiche weitere Transzendenzresultate liefern wird. Diese Resultate, die sich auf Werte der Exponentialfunktion mit einer Basis α und Werte der elliptischen Funktionen beziehen, werden hier fast unmittelbar erschlossen, und da auch die vorzutragenden Beweise unserer noch zu formulierenden Sätze über algebraische Abhängigkeit von Funktionen recht durchsichtig sind, könnte man den Eindruck gewinnen, daß die Transzendenzergebnisse auch recht mühelos gefunden worden sein dürften. Dieser Eindruck entspricht aber nicht der Wirklichkeit, und es seien über die Entwicklung der Transzendenzbeweise einige Bemerkungen gestattet.

Daß nach den genannten Beweisen von HERMITE zur Transzendenz von e und von LINDEMANN zur Transzendenz von π zahlreiche weitere Beweise über den gleichen Gegenstand, vor allem in den neunziger Jahren des vorigen Jahrhunderts veröffentlicht worden sind, zeigt, daß diese Beweise, obzwar einwandfrei, so doch entweder in bezug auf Durchsichtigkeit unbefriedigend oder in bezug auf die verwendeten Hilfsmittel verbesserungsfähig erschienen waren. Man legte gerade auf möglichste Ausschaltung analytischer Hilfsmittel ein besonderes Gewicht und es entstand so eine Situation, die G. HESSENBERG im Jahre 1911 veranlaßte, sein Buch zur „Transzendenz von e und π" zu schreiben, um die Grundgedanken der Beweise deutlich herauszuarbeiten (HESSENBERG [1]). Gerade durch die Elementarisierung waren diese Grundgedanken verschleiert und die durchaus verallgemeinerungsfähigen Ansätze von HERMITE und LINDEMANN so sehr eingeengt und auf die Exponentialfunktion und deren Umkehrfunktion zugeschnitten, daß auch deshalb weitere Ergebnisse nicht erzielt wurden. Im Jahre 1900 hat D. HILBERT bei der Aufzählung seiner berühmt gewordenen 23 Probleme (HILBERT [2]) das Problem der Transzendenz von α^{β} für algebraische α und β in den nichttrivialen Fällen aufgestellt und eine Lösung desselben als „äußerst schwierig" vermutet. Es waren offenbar neue Impulse notwendig, und diese neuen Impulse kamen erst gegen 1930 in die stagnierende Theorie der transzendenten Zahlen durch die Arbeiten von A. GELFOND und C. L. SIEGEL (GELFOND [1, 2, 3, 4]; SIEGEL [3]). In den Arbeiten von GELFOND trat zum ersten Male der Gedanke der Heranziehung von Interpolationsreihen klar hervor, und dieser Gedanke, den wir ja auch in § 1 und § 2 verwendet haben, erwies sich als besonders produktiv. Dieser Gedanke ist schon vor GELFOND zur Untersuchung von ganzen ganzwertigen Funktionen, allerdings ohne Anwendung auf Transzendenzfragen, entwickelt worden, und zwar erstmals von G. PÓLYA, der u. a. damit zeigte, daß 2^z *die in gewissem Sinne schwächstwachsende ganze transzendente Funktion ist, die für alle natürlichen Zahlen z ganze rationale Funktionswerte annimmt* (PÓLYA [1, 2]). Dann hat S. FUKASAWA diese PÓLYAsche Fragestellung verallgemeinert, indem er ganze transzendente Funktionen im Ring der ganzen GAUSSschen Zahlen, d. i. $a + b\sqrt{-1}$ mit ganzrationalen a und b, untersuchte und bewies: *Nimmt eine ganze transzendente Funktion von z für alle ganzen Zahlen des GAUSSschen Körpers ganze Zahlen dieses gleichen Körpers an, so muß ihre Wachstumsordnung mindestens* $\dfrac{1440}{919 + 27\sqrt{5}}$ *sein* (FUKASAWA [1]). GELFOND verbesserte diese Schranke auf 2 und zeigte genauer, daß *eine ganze Funktion $f(z)$ unter obigen Bedingungen ein Polynom ist, falls* $\underset{|z| \leq r}{\mathrm{Max}} |f(z)| \leq e^{\gamma\, r^2}$ *mit* $\gamma < \dfrac{\pi}{2} \left(1 + e^{\frac{164}{\pi}} \right)^{-2}$

gilt (GELFOND [1]). Von hier aus war es dann kein weiter Schritt mehr zum Transzendenzbeweis für $e^\pi = (-1)^{-i}$, denn GELFOND hatte seinen Satz fast nur auf die Funktion $e^{\pi z}$, welche die Wachstumsordnung 1 hat, anzuwenden (GELFOND [2]). Auch bei diesem GELFONDschen Beweis ist die Hauptidee, für $e^{\pi z}$ eine geeignete Interpolationsreihe anzusetzen und die Koeffizienten derselben zu untersuchen. Diese Idee gestattete den Nachweis der *Transzendenz von Zahlen der Gestalt α^β für algebraisches $\alpha \neq 0,1$ und irrationales algebraisches β vom Grade 2*. Für imaginärquadratisches β ist das in der schon genannten Arbeit von GELFOND gezeigt (GELFOND [2]), für reellquadratisches konnte R.KUŽMIN daraufhin den Beweis erbringen (KUŽMIN [1]). Es war aber die Hinzufügung eines zuerst von SIEGEL angewandten Gedankens notwendig, um das HILBERTsche Problem in vollem Umfang zu lösen (GELFOND [5, 6]; SCHNEIDER [1]). Der SIEGELsche Gedanke, den dieser bei der Untersuchung der BESSELschen Funktionen (SIEGEL [3], siehe dazu Kap. V) entwickelt hat, besteht darin, aus einer oder mehreren zu untersuchenden Funktionen eine Hilfsfunktion zu bilden, welche die Eigenschaft hat, an genügend vielen vorgegebenen Stellen zu verschwinden und dann erst von dieser Hilfsfunktion die Reihenentwicklung aufzustellen.

Damit, in Verbindung mit der GELFONDschen Idee, gelingen dann auch die Beweise für die Transzendenzergebnisse über die elliptischen

Funktionen u. a. (SIEGEL [4]; SCHNEIDER [2, 4]). Alle Beweise sind indirekt und der Widerspruch wird stets dadurch erreicht, daß geeignete Forderungen über Algebraizität von genügend vielen Funktionswerten und Werten der Ableitungen sowie über arithmetische Eigenschaften derselben für eine gewisse transzendente Funktion eine untere Schranke des Wachstums derselben bewirken, die dann im gegebenen Falle unterschritten wird. Dieser Schluß kommt zwar explizit kaum in den Beweisen vor, jedoch lassen sie sich alle auf diese Form bringen. Den hier nur angedeuteten Sachverhalt wollen wir nun positiv wenden und als Satz formulieren. Wir behaupten den

Satz 12: *Es seien $f_1(z)$ und $f_2(z)$ ganze oder meromorphe Funktionen endlicher Wachstumsordnungen*). Mit μ sei das Maximum der Wachstumsordnungen von $f_1(z)$ und $f_2(z)$ bezeichnet. — Die Zahlen $z_0, z_1, \ldots, z_{m-1}$ seien voneinander und von Polstellen von $f_\varkappa(z)$ verschieden, und mit der Bezeichnung*

$$f_\varkappa^{(0)}(z_\lambda) = f_\varkappa(z_\lambda) \quad und \quad f_\varkappa^{(\tau)}(z_\lambda) = \frac{d^\tau f_\varkappa(z)}{dz^\tau}\bigg|_{z=z_\lambda} \quad für \ \tau = 1, 2, \ldots$$

seien die sämtlichen Werte $f_\varkappa^{(\tau)}(z_\lambda)$ für $\varkappa = 1, 2; \lambda = 0, 1, \ldots, m-1; \tau = 0, 1, 2, \ldots$ algebraisch und in einem festen Körper $\Re$ vom Grade s gelegen. Es gebe ein $\eta > 0$ und zu jedem $\lambda = 0, \ldots, m-1$ zwei natürliche Zahlen b_λ, c_λ, unabhängig von η derart, daß

$$b_\lambda^{\tau+1} f_\varkappa^{(\tau)}(z_\lambda) \quad ganzalgebraisch \quad \left(\begin{matrix} \varkappa = 1, 2 \\ \lambda = 0, 1, \ldots, m-1 \\ \tau = 0, 1, 2, \ldots \end{matrix}\right) \qquad (13)$$

ist, und

$$\overline{|f_\varkappa^{(\tau)}(z_\lambda)|} < c_\lambda^{\tau+1} (\tau+1)^{\eta\tau} \quad \left(\begin{matrix} \varkappa = 1, 2 \\ \lambda = 0, 1, \ldots, m-1 \\ \tau = 0, 1, 2, \ldots \end{matrix}\right) \qquad (14)$$

gilt. Ist schließlich

$$m > (2\mu+1)\left(s(2\eta+1) - \eta + \tfrac{1}{2}\right), \qquad (15)$$

so muß zwischen $f_1(z)$ und $f_2(z)$ eine algebraische Beziehung bestehen.
(Verwandte Sätze: siehe DÖRGE [1]; SCHNEIDER [7, 9, 10].)

---

*) Es sei kurz an die Definition erinnert: Als Wachstumsordnung einer ganzen Funktion $g(z)$ bezeichnet man den (eigentlichen oder uneigentlichen) Grenzwert
$$\mu = \varlimsup_{r \to \infty} \frac{\log \log M(r)}{\log r} \quad mit \quad M(r) = \operatorname*{Max}_{|z|=r} |g(z)|.$$ Man stellt sofort fest, daß z. B. Polynome die Ordnung $\mu = 0$ und die Exponentialfunktionen $e^{\alpha z}$ die Ordnung $\mu = 1$ haben. Als Wachstumsordnung einer meromorphen Funktion bezeichnet man das Maximum der Ordnungen von Zähler und Nenner in ihrer gekürzten Darstellung als Quotient ganzer Funktionen.

Beweis: 1. Existenz einer geeigneten Näherungsfunktion. Wir wollen die Existenz einer Funktion nachweisen, die an den Stellen $z = z_\lambda$ für $\lambda = 0, 1, \ldots, m-1$ von einer vorgegebenen Ordnung verschwindet und dabei aus $f_1(z)$ und $f_2(z)$ in bestimmter Weise gebildet ist, die wir präzisieren durch

Hilfssatz 12: *Es seien die Voraussetzungen von Satz 12 erfüllt und t eine natürliche Zahl, sowie r_1 und r_2 durch*

$$r_1 = r_2 = \left[\sqrt{2\,smt}\,\right] \tag{16}$$

festgelegt. Dann existiert eine Funktion $\Phi(z)$ der Gestalt

$$\Phi(z) = \sum_{\varrho_1 = 0}^{r_1} \sum_{\varrho_2 = 0}^{r_2} C_{\varrho_1 \varrho_2}\, f_1(z)^{\varrho_1}\, f_2(z)^{\varrho_2} \tag{17}$$

mit den folgenden Eigenschaften: $\Phi(z)$ verschwindet an den sämtlichen Stellen $z_0, \ldots, z_{m-1}$ von der t-ten Ordnung, d. h.

$$\Phi^{(\tau)}(z_\lambda) = 0 \quad (\lambda = 0, \ldots, m-1;\ \tau = 0, \ldots, t-1)\,. \tag{18}$$

Die Koeffizienten $C_{\varrho_1 \varrho_2}$ sind ganze rationale Zahlen und nicht alle Null, und ihre Beträge genügen der Abschätzung

$$|C_{\varrho_1 \varrho_2}| < \gamma_1^{\,t}\, t^{(\frac{1}{2} + \eta)t} \quad \begin{pmatrix} \varrho_1 = 0, \ldots, r_1 \\ \varrho_2 = 0, \ldots, r_2 \end{pmatrix}. \tag{19}$$

mit einem von t unabhängigen γ_1.

Beweis: Wir setzen $\Phi(z)$ in der Form (17) mit unbestimmten konstanten Koeffizienten an. Die Forderungen (18) liefern dann ein lineares Gleichungssystem für die $C_{\varrho_1 \varrho_2}$. Jedem λ und jedem τ entspricht eine solche Gleichung, und es lautet der Koeffizient von $C_{\varrho_1 \varrho_2}$:

$$\frac{d^\tau \left(f_1^{\varrho_1}(z)\, f_2^{\varrho_2}(z)\right)}{dz^\tau}\bigg|_{z = z_\lambda} = \sum_{\nu=0}^{\tau} \binom{\tau}{\nu} \frac{d^\nu \left(f_1^{\varrho_1}(z)\right)}{dz^\nu}\bigg|_{z = z_\lambda} \cdot \frac{d^{\tau - \nu}\left(f_2^{\varrho_2}(z)\right)}{dz^{\tau - \nu}}\bigg|_{z = z_\lambda}.$$

Dabei läßt sich $\dfrac{d^\nu\, f_1^{\varrho_1}(z)}{dz^\nu} = \left(f_1^{\varrho_1}(z)\right)^{(\nu)}$ als Summe von genau $\varrho_1^{\,\nu}$ Summanden schreiben, von denen jeder die Gestalt eines Produkts von Ableitungen von $f_1(z)$

$$f_1^{(\nu_1)}(z)\, f_1^{(\nu_2)}(z) \ldots f_1^{(\nu_{\varrho_1})}(z) \quad \text{mit} \quad \nu_1 + \nu_2 + \cdots + \nu_{\varrho_1} = \nu;\ \nu_1 \geqq 0, \ldots, \nu_{\varrho_1} \geqq 0$$

hat, analog $(f_2^{\varrho_2}(z))^{(\tau - \nu)}$. Folglich läßt sich der Koeffizient $(f_1^{\varrho_1}(z_\lambda)\, f_2^{\varrho_2}(z_\lambda))^{(\tau)}$ darstellen als Summe von genau $(\varrho_1 + \varrho_2)^\tau$ Summanden, wobei jeder solche Summand ein Produkt von $\varrho_1 + \varrho_2$ Faktoren von $f_1(z_\lambda)$, $f_2(z_\lambda)$ und Ableitungen von $f_1(z)$ und $f_2(z)$ an der Stelle $z = z_\lambda$ ist derart, daß die Summe der Ordnungen aller Ableitungen in einem jeden Produkt τ beträgt.

Da nach Voraussetzung von Satz 12 die Werte $f_\varkappa^{(\tau)}(z_\lambda)$ algebraische Zahlen aus $\Re$ sind, hat daher auch das Gleichungssystem für die $C_{\varrho_1 \varrho_2}$ nur algebraische Koeffizienten aus $\Re$. Wegen der soeben getroffenen Feststellungen über die Koeffizienten der $C_{\varrho_1 \varrho_2}$ in diesem Gleichungssystem und Voraussetzung (13) ist

$$b_\lambda^{\tau + \varrho_1 + \varrho_2} \left(f_1^{\varrho_1}(z_\lambda)\, f_2^{\varrho_2}(z_\lambda)\right)^{(\tau)} \tag{20}$$

ganzalgebraisch. Mithin werden alle Koeffizienten ganzalgebraisch, wenn wir für jedes nach (18) in Frage kommende λ und τ die aus $\Phi^{(\tau)}(z_\lambda) = 0$ entstehende Gleichung des Gleichungssystems mit $b_\lambda^{\tau + r_1 + r_2}$ multiplizieren. Bezüglich der so entstandenen ganzalgebraischen Koeffizienten des Gleichungssystems für die $C_{\varrho_1 \varrho_2}$ folgt nach vorstehender Überlegung über die Darstellung von $\left(f_1^{\varrho_1}(z_\lambda)\, f_2^{\varrho_2}(z_\lambda)\right)^{(\tau)}$ und Voraussetzung (14)

$$\left| b_\lambda^{\tau + r_1 + r_2} \left(f_1^{\varrho_1}(z_\lambda)\, f_2^{\varrho_2}(z_\lambda)\right)^{(\tau)} \right| < b_\lambda^{\tau + r_1 + r_2} \left(\varrho_1 + \varrho_2\right)^{\tau} c_\lambda^{\tau + \varrho_1 + \varrho_2} \left(\tau + 1\right)^{\eta \tau}, \tag{21}$$

und daraus ergibt sich wegen (16) mit einem von t und damit auch von r_1 und r_2 unabhängigen γ_2 für alle Koeffizienten

$$\left| b_\lambda^{\tau + r_1 + r_2} \left(f_1^{\varrho_1}(z_\lambda)\, f_2^{\varrho_2}(z_\lambda)\right)^{(\tau)} \right| < \gamma_2^t\, t^{(\frac{1}{2} + \eta)t} \qquad \left(\begin{matrix} \lambda = 0, 1, \ldots, m - 1 \\ \tau = 0, 1, \ldots, t - 1 \end{matrix} \right). \tag{22}$$

Wir wenden auf dieses System Hilfssatz 30 des Anhangs an. Die Anzahl der Unbestimmten ist $(r_1 + 1)\,(r_2 + 1)$ und wegen (16) ist dies größer als $2\,smt$. Die Anzahl der Gleichungen ist wegen (18) genau mt, und die Koeffizienten sind ganzalgebraisch und in einem Körper vom Grade s gelegen mit der Abschätzung (22). Nach Hilfssatz 30 existieren daher ganze rationale $C_{\varrho_1 \varrho_2}$, die nicht sämtlich verschwinden, die das aus (18) entstehende Gleichungssystem erfüllen und für die wegen (6) in Hilfssatz 30 und (22)

$$|C_{\varrho_1 \varrho_2}| < \gamma(r_1 + 1)\,(r_2 + 1)\,\gamma_2^t\, t^{(\frac{1}{2} + \eta)t}$$

gilt. Daraus ist unmittelbar ersichtlich, daß für ein geeignetes, von t unabhängiges γ_1 die Ungleichung (19) folgt.

2. Die Interpolationsreihe von $\Phi(z)$. Wir fragen nach einer Interpolationsreihe der in Hilfssatz 12 auftretenden Funktion $\Phi(z)$, wenn an den Stellen $z_0, z_1, \ldots, z_{m-1}$ in analoger Weise wie bei dem Beweis von Satz 11 interpoliert wird, d. h. wir bezeichnen die aufeinanderfolgenden Interpolationsstellen wieder mit $\zeta_0, \zeta_1, \zeta_2, \ldots$ und setzen $\zeta_l = z_\lambda$ für alle $l = 0, 1, 2, \ldots$, falls $l \equiv \lambda \pmod{m}$, $0 \leq \lambda < m$ ist, also $l = jm + \lambda$ mit ganzzahligem j. Wegen (18) und der aus der rechten Seite von (2) nach dem Residuensatz folgenden Summendarstellung verschwinden im vorliegenden Falle die ersten $m \cdot t$ Koeffizienten dieser Interpolationsreihe, und wir interessieren uns für die weiteren Koeffizienten. Wir werden durch Induktion feststellen, daß unter den Voraussetzungen des Satzes 12 bei genügend großem festgewähltem t sämtliche Koeffizienten dieser Interpolationsreihe Null sind. Indem wir uns um den Induktionsbeginn vorerst nicht kümmern, formulieren wir den Induktionsschluß als

Hilfssatz 13: *Unter der Voraussetzung, daß für die Funktion $\Phi(z)$*

aus Hilfssatz 12 *die sämtlichen Beziehungen*

$$\Phi^{(\tau)}(z_\lambda) = 0 \quad (\lambda = 0, 1, \dots, m - 1; \tau = 0, 1, \dots, j - 1) \quad (23)$$

für genügend großes j erfüllt sind und daß die Voraussetzungen von Satz 12 gelten, verschwindet $\Phi(z)$ *an jeder der Stellen* $z_0, \dots, z_{m-1}$ *sogar von der* $(j + 1)$-*ten Ordnung.*

Beweis: Sei z_λ eine beliebige der Stellen $z_0, \dots, z_{m-1}$, so wird behauptet: $\Phi^{(j)}(z_\lambda) = 0$. Wir führen diesen Beweis indirekt, indem wir $\Phi^{(j)}(z_\lambda) \neq 0$ annehmen. Die Zahl $\Phi^{(j)}(z_\lambda)$ ist jedenfalls wegen (17) und den Voraussetzungen aus Satz 12 eine in $\Re$ gelegene algebraische Zahl. Da die Koeffizienten $C_{\varrho_1 \varrho_2}$ ganze rationale Zahlen sind, muß nach (20)

$$b_\lambda^{j + r_1 + r_2} \Phi^{(j)}(z_\lambda)$$

ganzalgebraisch und nach (16), (19) und (21)

$$\left| b_\lambda^{j + r_1 + r_2} \Phi^{(j)}(z_\lambda) \right| <$$

$$< (r_1 + 1)(r_2 + 1)\, \gamma_1^t\, t^{(\frac{1}{2} + \eta)t}\, b_\lambda^{j + r_1 + r_2}\, (r_1 + r_2)^j\, c_\lambda^{j + r_1 + r_2}\, (j + 1)^{\eta j}$$

sein, woraus für $j \geqq t$, was wir nun voraussetzen wollen, mit einem von j und t unabhängigen γ_3 folgt

$$\left| b_\lambda^{j + r_1 + r_2} \Phi^{(j)}(z_\lambda) \right| < \gamma_3^j\, j^{(1 + 2\eta)j}\,.$$

Da wegen der Ganzalgebraizität und dem angenommenen Nichtverschwinden von $b_\lambda^{j + r_1 + r_2} \Phi^{(j)}(z_\lambda)$ der Betrag der Norm dieser Zahl nicht kleiner als Eins ist, folgt für den Betrag von $\Phi^{(j)}(z_\lambda)$

$$|\Phi^{(j)}(z_\lambda)| > b_\lambda^{-(j + r_1 + r_2)}\, \gamma_3^{-(s-1)j}\, j^{-(s-1)(1 + 2\eta)j}$$

und daraus mit einem von j unabhängigen γ_4

$$|\Phi^{(j)}(z_\lambda)| > \gamma_4^{-j}\, j^{-(s-1)(1 + 2\eta)j}\,. \quad (24)$$

Eine obere Schranke für den Betrag von $\Phi^{(j)}(z_\lambda)$ gewinnen wir aus dem folgenden Integral, das wir auch als Koeffizient einer Interpolationsreihe deuten könnten. $f_1(z)$ und $f_2(z)$ sind ganze oder meromorphe Funktionen, also ist auch $\Phi(z)$ ganz oder meromorph. Dann folgt aus den Voraussetzungen in Satz 12 über die Nenner $g_\varkappa(z)$ der Funktionen $f_\varkappa(z)$, daß mit $G(z) = g_1^{r_1}(z)\, g_2^{r_2}(z)$ die Funktion $\Phi(z)\, G(z)$ sicher eine ganze Funktion ist. Aus der CAUCHYSCHEN Integralformel erhalten wir nun die folgende Beziehung

$$\frac{1}{2\pi i} \int_\Gamma \frac{\Phi(\zeta)\, G(\zeta)\, d\zeta}{(\zeta - z_\lambda)\, \prod\limits_{\iota = 0}^{m-1} (\zeta - z_\iota)^j}$$

$$= \frac{1}{j!} \left(\frac{\Phi(z)\, G(z)}{\prod\limits_{\substack{\iota = 0 \\ \iota \neq \lambda}}^{m-1} (z - z_\iota)^j} \right)^{(j)} \Bigg|_{z = z_\lambda} + \frac{1}{(j-1)!} \sum_{\substack{\iota = 0 \\ \iota \neq \lambda}}^{m-1} \left(\frac{\Phi(z)\, G(z)}{(z - z_\lambda)\, \prod\limits_{\substack{\varkappa = 0 \\ \varkappa \neq \iota}}^{m-1} (z - z_\varkappa)^j} \right)^{(j-1)} \Bigg|_{z = z_\iota},$$

falls Γ die Stellen $z_0, \ldots, z_{m-1}$ einfach umschließt. Die rechte Seite reduziert sich wegen der Voraussetzung (30) auf ein Glied und es ergibt sich

$$\frac{1}{2\pi i} \int_{\Gamma} \frac{\Phi(\zeta)\, G(\zeta)\, d\zeta}{(\zeta - z_\lambda) \prod\limits_{\iota = 0}^{m-1} (\zeta - z_\iota)^j} = \frac{1}{j!}\, \frac{G(z_\lambda)}{\prod\limits_{\substack{\iota = 0 \\ \iota \neq \lambda}}^{m-1} (z_\lambda - z_\iota)^j} \cdot \Phi^{(j)}(z_\lambda)\ .$$

Es darf ohne Einschränkung der Allgemeinheit $G(z_\lambda) \neq 0$ vorausgesetzt werden, denn sollte $G(z_\lambda)$ für einen oder mehrere der Werte $z_0, \ldots, z_{m-1}$ verschwinden, so müßte nach der Definition von $G(z)$ dort entweder $f_1(z)$ oder $f_2(z)$ Pole haben und dies ist nach Voraussetzung des Satzes 12 ausgeschlossen. Dann können wir $\Phi^{(j)}(z_\lambda)$ mittels des Integralausdrucks explizit darstellen durch

$$\Phi^{(j)}(z_\lambda) = \frac{j!}{2\pi i}\, G^{-1}(z_\lambda) \prod\limits_{\substack{\iota = 0 \\ \iota \neq \lambda}}^{m-1} (z_\lambda - z_\iota)^j \int_{\Gamma} \frac{\Phi(\zeta)\, G(\zeta)\, d\zeta}{(\zeta - z_\lambda) \prod\limits_{\iota = 0}^{m-1} (\zeta - z_\iota)^j}\ , \qquad (25)$$

und diese Darstellung wollen wir zur Bestimmung einer oberen Schranke für $|\Phi^{(j)}(z_\lambda)|$ benutzen. Wir erhalten für $G^{-1}(z_\lambda)$ gemäß der Definition von $G(z)$ mit einer geeigneten, von t und j unabhängigen Konstanten γ_5 wegen (16) die Abschätzung

$$|G^{-1}(z_\lambda)| < \gamma_5^t\ .$$

Ferner ergibt sich

$$\left| \prod\limits_{\substack{\iota = 0 \\ \iota \neq \lambda}}^{m-1} (z_\lambda - z_\iota)^j \right| < \gamma_6^j\ ,$$

wobei auch γ_6 nicht von t und j abhängt. Sei mit einem noch festzulegenden positiven δ die Kurve Γ der Kreis: $|\zeta| = j^\delta$, so liegen für genügend großes j die Stellen $z_0, \ldots, z_{m-1}$ sicher im Innern von Γ. Wegen der Definition von $G(\zeta)$, (16), (17) und (19) sowie der Bedeutung von μ als Schranke der Wachstumsordnungen von $f_1(z)$ und $f_2(z)$ erhalten wir für den Zähler des Integranden mit einer positiven Größe ε die Ungleichung

$$\operatorname*{Max}_{|\zeta| = j^\delta} |\Phi(\zeta)\, G(\zeta)| < (r_1 + 1)\,(r_2 + 1)\, \gamma_1^t\, t^{(\frac{1}{2} + \eta)t}\, e^{(r_1 + r_2) j^{\delta(\mu + \varepsilon)}}\ .$$

Wählen wir $\delta = \dfrac{1}{2\mu + 1}$, so folgt daraus $\delta(\mu + \varepsilon) < \dfrac{1}{2}$ bei genügend kleinem $\varepsilon > 0$, und dann ergibt sich aus voriger Abschätzung mit γ_7, das von t und j nicht abhängig ist,

$$\operatorname*{Max}_{|\zeta| = j^\delta} |\Phi(\zeta)\, G(\zeta)| < \gamma_7^j\, j^{(\frac{1}{2} + \eta)j}\ .$$

Schließlich gewinnen wir mit $j > j_0$, wobei j_0 nur von $z_0, \ldots, z_{m-1}$

abhängt, für den Nenner

$$\operatorname*{Min}_{|\zeta|=j^{\delta}}\left|(\zeta-z_{\lambda})\prod_{\iota=0}^{m-1}(\zeta-z_{\iota})^{j}\right| > 2^{-(mj+1)}\,j^{\delta(mj+1)}\,.$$

Fassen wir diese Abschätzungen zusammen, so erhalten wir aus (25)

$$|\Phi^{(j)}(z_{\lambda})| < \frac{1}{2\pi}\,j^{j}\,\gamma_{5}^{t}\,\gamma_{6}^{j}\,\gamma_{7}^{j}\,j^{(\frac{1}{2}+\eta)j}\,2^{mj+1}\,j^{-\delta(mj+1)}\,2\pi\,j^{\delta}$$

und daraus mit $\gamma_{5}\,\gamma_{6}\,\gamma_{7}\,2^{m+1} = \gamma_{8}$ endlich

$$|\Phi^{(j)}(z_{\lambda})| < \gamma_{8}^{j}\,j^{((\frac{3}{2}+\eta)-\delta m)j}\,. \tag{26}$$

Die Ungleichungen (24) und (26) können für beliebig großes j nur dann miteinander verträglich sein, wenn

$$-(s-1)(1+2\eta) \leqq \frac{3}{2}+\eta-\delta m = \frac{3}{2}+\eta-\frac{m}{2\mu+1}$$

oder

$$m \leqq (2\mu+1)\left(s(2\eta+1)-\eta+\tfrac{1}{2}\right)$$

erfüllt sind. Diese letzte Bedingung widerspricht aber der Forderung (15) aus Satz 12, und aus diesem Widerspruch folgt, daß unsere Annahme, $\Phi^{(j)}(z_{\lambda})$ sei $\neq 0$, für alle $j \geqq j_{1}$ falsch ist, wenn $j_{1} \geqq \operatorname{Max}(j_{0}, t)$ eine sonst von γ_{4} und γ_{8} abhängige genügend große Zahl bedeutet. Damit ist der Hilfssatz 13 für alle $j \geqq j_{1}$ gezeigt.

Wird nun t, das wir bisher noch frei haben, gleich j_{1} gewählt, so folgt das Erfülltsein von (23) aus (18). Damit ist der Induktionsbeginn nachgetragen, und das zu diesem t gehörige $\Phi(z)$ verschwindet, wie nach Hilfssatz 13 mittels vollständiger Induktion zu schließen ist, an jeder der sämtlichen Stellen $z_{0}, z_{1}, \ldots, z_{m-1}$ von beliebig hoher Ordnung. Insbesondere verschwindet also die Interpolationsreihe von $\Phi(z)$, ja sogar die Potenzreihe, etwa nach Potenzen von $z - z_{0}$, identisch. Also muß $\Phi(z)$, das nach Konstruktion eine analytische Funktion ist, identisch gleich Null sein. Das bedeutet aber, da die Größen $C_{\varrho_{1}\varrho_{2}}$ nicht alle verschwinden, daß eine nichttriviale algebraische Beziehung zwischen $f_{1}(z)$ und $f_{2}(z)$ besteht, wie in Satz 12 behauptet war.

Bei allen Anwendungen, die wir von Satz 12 zu machen beabsichtigen, besitzen die Funktionen $f_{1}(z)$ und $f_{2}(z)$ außer den in Satz 12 gemachten Voraussetzungen noch eine weitere Eigenschaft, sie genügen nämlich sämtlich gewissen Differentialgleichungen. Es liegt nun nahe, diese Eigenschaft in geeigneter Fassung in die Voraussetzungen aufzunehmen. Es stellt sich so heraus, daß wir dann zu einer ähnlichen Aussage bereits mit wesentlich abgeschwächten arithmetischen Forderungen gelangen, denn in dem so entstehenden Satz treten die Bedingungen (13) und (14) nicht mehr auf. Wir behaupten:

Satz 13: *Es seien $f_\varkappa(z)$ für $\varkappa = 1,2$ zwei ganze oder meromorphe Funktionen, die bezüglich ihrer ganzen Zähler- und Nennerfunktionen höchstens von der endlichen Wachstumsordnung μ sind und für jedes $\varkappa$ einer expliziten algebraischen Differentialgleichung der Form (der Index $\varkappa$ sei nicht bezeichnet)*

$$f^{(k)}(z) = \sum_{v_1=0}^{n_1} \cdots \sum_{v_k=0}^{n_k} d_{v_1,\ldots,v_k} \, (f^{(k-1)}(z))^{v_1} \ldots (f(z))^{v_k} \tag{27}$$

mit algebraischen Zahlkoeffizienten $d_{v_1,\ldots,v_k}$ genügen. Die Werte der Funktionen $f_\varkappa(z)$ und deren Ableitungen bis zur höchsten der auf der rechten Seite von (27) in der $f_\varkappa(z)$ entsprechenden Differentialgleichung vorkommenden Ordnung an den voneinander verschiedenen Stellen $z_0, \ldots, z_{m-1}$ seien algebraische Zahlen aus einem festen Körper $\Re$, der ebenfalls die algebraischen Zahlen $d_{v_1,\ldots,v_k}$ enthalte. Ist s der Grad von $\Re$ und

$$m > (2\,\mu + 1)\left(3\,s - \tfrac{1}{2}\right) \tag{28}$$

so besteht zwischen $f_1(z)$ und $f_2(z)$ eine algebraische Beziehung.

Beweis: Unser Ziel ist es, Satz 13 auf Satz 12 zurückzuführen. Da die analytischen Voraussetzungen des Satzes 12 auch hier erfüllt sind, müssen wir die arithmetischen nachweisen und zeigen, daß (15) aus (28) folgt. Letzteres ist sicher richtig, wenn $\eta = 1$ ist. Es genügt also, insbesondere (13) und (14) mit $\eta = 1$ zu bestätigen, wobei wir (27) heranzuziehen haben. Wir beweisen hierzu zunächst den

Hilfssatz 14: *Es gelten die Voraussetzungen zu Satz 13, insbesondere (27), und es werde $n = \sum_{\iota=1}^{k} n_\iota + 1$ gesetzt. Dann gilt für alle natürlichen Zahlen j:*

$$\overline{|f^{(j)}(z_\lambda)|} \leq j!(2\,n)^j \left(\overline{|f^{(k-1)}(z_\lambda)|} + \cdots + \overline{|f(z_\lambda)|} + \sum_{\substack{v_\iota=0 \\ (\iota=1,\ldots,k)}}^{n_\iota} \overline{|d_{v_1,\ldots,v_k}|} + 1 \right)^{jn}. \tag{29}$$

Beweis: Für $j = 1, \ldots, k$ ist die Behauptung offenbar erfüllt. Angenommen, sie gelte für ein festes $j \geq k$, so soll sie für $j + 1$ gezeigt werden. Differenzieren wir (27) $(j - k)$-mal und ersetzen auf der rechten Seite die höheren als $(k-1)$-ten Ableitungen von $f(z)$ mittels (27) jeweils durch ein Polynom in der 0-ten bis $(k-1)$-ten Ableitung, so ergibt sich $f^{(j)}(z)$ als Polynom in $f(z), \ldots, f^{(k-1)}(z)$ und in den Koeffizienten $d_{v_1,\ldots,v_k}$. Fassen wir in diesem Polynom $f(z), \ldots, f^{(k-1)}(z)$ und sämtliche $d_{v_1,\ldots,v_k}$ als unabhängige Unbestimmte auf, so behaupten wir, daß

$$j!\,(2\,n)^j \left(f^{(k-1)}(z) + \cdots + f(z) + \sum_{\substack{v_\iota=0 \\ (\iota=1,\ldots,k)}}^{n_\iota} d_{v_1,\ldots,v_k} + 1 \right)^{jn}$$

eine Majorante dieses Polynoms ist; in Zeichen schreiben wir dafür abkürzend

$$f^{(j)} \ll j!\,(2\,n)^j \left(f^{(k-1)} + \cdots + f + \sum_{(\nu)} d_{(\nu)} + 1\right)^{jn}. \tag{30}$$

Auch diese Behauptung ist für $j = 1, \ldots, k$ offensichtlich erfüllt. Angenommen, sie sei für $j \geq k$ richtig, so ist sie für $j + 1$ zu zeigen. Wir erhalten durch beiderseitige Differentiation von (30)

$$f^{(j+1)} \ll j!\,jn\,(2\,n)^j \left(f^{(k-1)} + \cdots + f + \sum_{(\nu)} d_{(\nu)} + 1\right)^{jn-1} (f^{(k)} + \cdots + f'),$$

und auf Grund der aus (27) direkt folgenden Beziehung

$$f^{(k)} \ll \left(f^{(k-1)} + \cdots + f + \sum_{(\nu)} d_{(\nu)} + 1\right)^{n}$$

ergibt sich dann

$$f^{(j+1)} \ll j!\,jn\,(2\,n)^j \left(f^{(k-1)} + \cdots + f + \sum_{(\nu)} d_{(\nu)} + 1\right)^{jn-1} \times$$

$$\times\, 2 \cdot \left(f^{(k-1)} + \cdots + f + \sum_{(\nu)} d_{(\nu)} + 1\right)^{n}$$

$$\ll (j+1)!\,(2\,n)^{j+1} \left(f^{(k-1)} + \cdots + f + \sum_{(\nu)} d_{(\nu)} + 1\right)^{(j+1)n},$$

was zu zeigen war. Durch vollständige Induktion folgt dann die Richtigkeit von (30) für alle $j = 1, 2, \ldots$. Tragen wir in (30) für z die Werte z_λ ein und ersetzen die so entstehenden algebraischen Zahlen aus $\Re$ durch deren sämtliche Konjugierte, so ergibt sich hieraus unmittelbar die Behauptung (29), womit der Hilfssatz 14 gezeigt ist.

Aus der Abschätzung (29) erhalten wir durch die Abkürzung

$$c_{\varkappa\lambda} = 2\,n^{(\varkappa)} \left(\left|f_\varkappa^{(k_\varkappa-1)}(z_\lambda)\right| + \cdots + \left|f_\varkappa(z_\lambda)\right| + \sum_{\substack{\nu_\iota = 0 \\ (\iota = 1,\ldots,k_\varkappa)}}^{n_\iota^{(\varkappa)}} \left|d_{\varkappa;\,\nu_1,\ldots,\nu_{k_\varkappa}}\right| + 1\right)^{n^{(\varkappa)}}$$

und $c_\lambda = \underset{\varkappa = 1,2}{\mathrm{Max}}\, c_{\varkappa\lambda}$ sofort die Ungleichung (14) mit $\eta = 1$, und wegen letzterem folgt auch (15) aus (28).

Um (13) zu zeigen, gehen wir noch einmal auf (27) zurück. Danach ist $f^{(k)}(z)$ ein Polynom in $f(z), \ldots, f^{(k-1)}(z)$ und allen $d_{\nu_1,\ldots,\nu_k}$ höchstens vom Gesamtgrade n mit ganzrationalen Zahlenkoeffizienten. Für $j \geq k$ ergibt sich dann $f^{(j)}(z)$ durch $(j - k)$-malige Differentiation von (27) und Elimination der höheren als $(k - 1)$-ten Ableitungen von $f(z)$ auf der rechten Seite mittels (27) als Polynom in $f(z), \ldots, f^{(k-1)}(z)$ und sämtlichen $d_{\nu_1,\ldots,\nu_k}$ höchstens vom Gesamtgrade jn mit ganzrationalen Zahlenkoeffizienten. Sei $b_{\varkappa\lambda}$ eine natürliche Zahl mit der Eigenschaft, daß alle die Zahlen $b_{\varkappa\lambda}(f_\varkappa(z_\lambda))^{n^{(\varkappa)}}, \ldots, b_{\varkappa\lambda}(f_\varkappa^{(k_\varkappa-1)}(z_\lambda))^{n^{(\varkappa)}}$ und alle

$b_{\varkappa\lambda}\big(d_\varkappa; v_1, \ldots, v_{k_\varkappa}\big)^{n^{(\varkappa)}}$ ganzalgebraisch sind, so folgt daher für alle $j = 1, 2, \ldots$ die Ganzalgebraizität von $b_{\varkappa\lambda}^j \, f_\varkappa^{(j)}(z_\lambda)$. Mit $b_\lambda = b_{1\lambda} \cdot b_{2\lambda}$ ist also auch (13) als letzte Voraussetzung von Satz 12 bestätigt und Satz 13 somit bewiesen.

§ 4. Transzendenzresultate, die mit der Exponentialfunktion, den elliptischen Funktionen und der Modulfunktion zusammenhängen

Es sollen im folgenden aus Satz 13 Transzendenzergebnisse hergeleitet werden, indem für $f_1(z)$ und $f_2(z)$ spezielle Funktionen eingesetzt werden, die den dort gemachten Voraussetzungen genügen, aber voneinander algebraisch unabhängig sind. Lassen sich dann geeignete Stellen $z_0, \ldots, z_{m-1}$ derart finden, daß auch die arithmetischen Voraussetzungen von Satz 13 erfüllt sind, so entsteht ein Widerspruch, der gegebenenfalls zu einer Transzendenzaussage führen kann.

Es kommen für $f_1(z)$ und $f_2(z)$ nur ganze oder meromorphe Funktionen endlicher Ordnung $\leq \mu$ in Frage, die einer expliziten algebraischen Differentialgleichung mit algebraischen Koeffizienten vom Typ (27) genügen.

Die einfachste derartige Funktion ist $f(z) = z$. Ferner genügen diesen Voraussetzungen z. B. die Funktion $f(z) = e^z$, hier ist $f'(z) = f(z)$ und die WEIERSTRASSschen Funktionen $f(z) = \wp(z)$ und $f(z) = \zeta(z)$*), wenn deren Invarianten g_2 und g_3 algebraische Zahlen sind. Im Falle der $\wp$-Funktion lautet die unseren Voraussetzungen entsprechende Differentialgleichung: $\wp''(z) = 6\,\wp^2(z) - \dfrac{g_2}{2}$; und durch Einsetzen von $\wp(z) = -\zeta'(z)$ folgt hieraus die Differentialgleichung für $\zeta(z)$. Außerdem sind alle Funktionen zulässig, die aus den genannten durch Ersetzen der Variablen z durch βz mit einer algebraischen Zahl β hervorgehen. Endlich stellt auch die Linearkombination $az + b\zeta(z) = \varphi(z)$ mit algebraischen Koeffizienten a und b eine Funktion dar, die die gemachten Voraussetzungen erfüllt, denn es ist insbesondere

$$\varphi'(z) = a - b\,\wp(z) \, ,$$

also

$$\wp(z) = \frac{a - \varphi'(z)}{b} \, ,$$

und durch Eintragen dieses Ausdrucks in die angegebene Differentialgleichung für $\wp(z)$ erhalten wir eine Differentialgleichung für $\varphi(z)$, die leicht in die gewünschte explizite Form gebracht werden kann. Damit sind die Funktionen, die wir für unsere Anwendungen heranziehen

---

*) Für die hier und im folgenden gebrauchten Formeln aus der Theorie der elliptischen Funktionen vgl. TRICOMI-KRAFFT: Elliptische Funktionen. Leipzig 1948.

wollen, bereits aufgezählt, und wir wollen nun mit den Anwendungen beginnen.

1. Sei $f_1(z) = z$, $f_2(z) = e^{\alpha z}$ mit algebraischem $\alpha \neq 0$ und $z_\lambda = \lambda$ für $\lambda = 0, 1, 2, \ldots$. Hier ist $\mu = 1$ und beide Differentialgleichungen sind von erster Ordnung. Die Funktionswerte $f_1(z_\lambda)$ und $f_2(z_\lambda)$ sind ganzrational bzw. algebraisch für alle λ, falls e^α algebraisch ist. In diesem Falle müßten z und $e^{\alpha z}$ voneinander algebraisch abhängig sein, was für $\alpha \neq 0$ nicht zutrifft, weil z sonst eine periodische Funktion sein müßte. Folglich können α *und* e^α *für* $\alpha \neq 0$ *nicht beide algebraisch* sein, womit Satz 11 zum zweiten Male bewiesen ist. Speziell folgt daraus *für algebraisches* $\alpha \neq 0$ *die Transzendenz von* e^α und *für algebraisches* $e^\alpha = \beta \neq 1$ *die Transzendenz von* $\log \beta$, worin die *Transzendenz von* π enthalten ist.

2. Wir setzen $f_1(z) = e^z$, $f_2(z) = e^{\beta z}$ mit algebraischem $\beta \neq 0$ und wählen $z_\lambda = \lambda \log \alpha$ mit $\lambda = 0, 1, 2, \ldots$ und algebraischem $\alpha \neq 0$ und $\neq 1$. Wieder ist $\mu = 1$, und die Differentialgleichungen sind von erster Ordnung. Es mögen die Funktionswerte $e^{\lambda \log \alpha} = \alpha^\lambda$, $e^{\beta \lambda \log \alpha} = (\alpha^\beta)^\lambda$ algebraisch sein. Das ist dann und nur dann der Fall, wenn α und α^β algebraisch sind. Es folgt unter diesen Voraussetzungen aus Satz 13 die algebraische Abhängigkeit von e^z und $e^{\beta z}$, die für irrationales β wieder aus Gründen der Periodizität nicht zutrifft. Wir haben demnach den

Satz 14: *Sind die Zahlen* $\alpha \neq 0, \neq 1$ *und* β *irrational, so können* α, β *und* α^β *nicht sämtlich algebraisch sein.*

Es folgt speziell:

Es ist α^β *transzendent, falls* α *algebraisch und* $\neq 0$, $\neq 1$ *und* β *algebraisch irrational ist;*

und:

Sind $\alpha \neq 0, \neq 1$ *und* $\alpha^\beta = \gamma$ *beide algebraisch, so muß* $\beta = \dfrac{\log \gamma}{\log \alpha}$ *rational oder transzendent sein;* in Worten: *Der Quotient der Logarithmen algebraischer Zahlen ist entweder rational oder transzendent.*

3. Es werde $f_1(z) = az + b\zeta(z)$, $f_2(z) = \wp(z)$ gewählt, wobei a und b nicht beide Null sein mögen. Die Differentialgleichung für $f_1(z)$ lautet

$$f_1'''(z) = -\frac{6}{b}\,(f_1'(z))^2 + \frac{12\,a}{b}\,f_1'(z) - \frac{6\,a^2}{b} + \frac{g_2 b}{2}\,.$$

Nun ist $\mu = 2^*$). Für die Stellen $z_0, z_1, \ldots$ seien die positiven ganzzahligen Vielfachen einer festen Zahl $\alpha \neq 0$, ihren Absolutbeträgen nach

---

*) Es ist $\zeta(z) = \dfrac{\sigma'(z)}{\sigma(z)}$ und $\wp(z) = -\zeta'(z)$, wobei $\sigma(z)$ eine ganze Funktion mit der Produktdarstellung $\sigma(z) = z \cdot \underset{(\omega)}{\prod}{}' \left(1 - \dfrac{z}{\omega}\right) e^{\frac{z}{\omega} + \frac{1}{2}\left(\frac{z}{\omega}\right)^2}$ (siehe TRICOMI-KRAFFT: Elliptische Funktionen, S. 48. Leipzig 1948) bedeutet. Die Ordnung von $\sigma(z)$ ist gleich dem Grenzexponenten des unendlichen Produkts (siehe PRINGSHEIM: Vorlesungen über Funktionenlehre, Bd. 2, S. 748 und 770. Leipzig 1932) gleich 2. Damit ist sowohl die Ordnung von $\wp(z)$ wie auch diejenige von $\zeta(z)$ gleich 2.

geordnet, eingesetzt, wobei diejenigen Vielfachen von α, die gleich einer Periode von $\wp(z)$ sind, ausgelassen werden. Speziell muß also α verschieden von einer Periode sein. Die Zahlen a, b, g_2 und die Funktionswerte von $f_1(z)$ und $f_2(z)$ an den Stellen $\lambda\alpha$, $\lambda = 1, 2, \ldots$, mit $\lambda\alpha \neq \omega$, wenn mit ω eine beliebige Periode von $\wp(z)$ bezeichnet wird, sowie die Werte der Ableitungen dieser Funktionen bis zur 1. bzw. 2. Ordnung, seien sämtlich algebraisch. Insbesondere muß demnach $\wp(\alpha)$ algebraisch sein. Dann ist aber auch $\wp'(\alpha)$ auf Grund der Differentialgleichung der $\wp$-Funktion

$$\wp'^2 = 4\,\wp^3 - g_2\wp - g_3$$

eine algebraische Zahl, falls noch g_3 algebraisch vorausgesetzt wird. Aus dem Additionstheorem der $\wp$-Funktion

$$\wp(z + z^*) = -\,\wp(z) - \wp(z^*) + \frac{1}{4}\,\frac{\wp'(z) - \wp'(z^*)}{\wp(z) - \wp(z^*)} \quad \text{für } z \neq z^*$$

und

$$\wp(2\,z) = -\,2\,\wp(z) + \frac{1}{4}\,\frac{\wp''(z)}{\wp'(z)}$$

und der Differentiation dieses Additionstheorems folgt, daß unter den bisherigen Voraussetzungen die sämtlichen Werte $\wp(\lambda\alpha)$ und $\wp'(\lambda\alpha)$ für $\lambda = 1, 2, \ldots$, sofern sie endlich sind, in dem Körper liegen, der durch a, b, g_2, g_3, $\wp(\alpha)$, $\wp'(\alpha)$ erzeugt wird. Für die Funktion $f_1(z)$ gilt ebenfalls ein einfaches Additionstheorem, denn es ist

$$a(z + z^*) + b\zeta(z + z^*) = az + b\zeta(z) + az^* + b\zeta(z^*) + \frac{b}{2}\,\frac{\wp'(z) - \wp'(z^*)}{\wp(z) - \wp(z^*)}$$

für $z \neq z^*$ und

$$a(2\,z) + b\zeta(2\,z) = 2(az + b\zeta(z)) + \frac{b}{2}\,\frac{\wp''(z)}{\wp'(z)}\ ,$$

woraus folgt, daß auch $a\lambda\alpha + b\zeta(\lambda\alpha)$ für die genannten Werte von λ algebraisch ist, falls zu den bisher als algebraisch vorausgesetzten Größen noch $a\alpha + b\zeta(\alpha)$ hinzugefügt wird. Die Voraussetzungen des Satzes 13 sind also erfüllt, falls die 6 Zahlen a, b, g_2, g_3, $\wp(\alpha)$, $a\alpha + b\zeta(\alpha)$ als algebraisch angenommen werden; und der Körper $\Re$ wird durch diese bei Hinzufügung von $\wp'(\alpha)$ erzeugt. Die Funktionen $f_1(z)$ und $f_2(z)$ sind für $|a| + |b| \neq 0$ algebraisch unabhängig, denn aus der algebraischen Abhängigkeit von $\wp(z)$ und $az + b\zeta(z)$ müßte wegen der Doppelperiodizität von $\wp(z)$, wenn ω_1, ω_2 geeignete linear unabhängige Perioden bedeuten, $a\omega_\varkappa + b\,\eta_\varkappa = 0$ für $\varkappa = 1,2$ folgen, und daraus ergäbe sich $\omega_1\,\eta_2 - \omega_2\,\eta_1 = 0$ entgegen der bekannten LEGENDREschen Relation*). Somit folgt der

---

*) Siehe z. B. TRICOMI-KRAFFT: Elliptische Funktionen, S. 44. Leipzig 1948.

Satz 15 **(I. Fassung)**: *Gehören die* WEIERSTRASS*schen Funktionen* $\wp(z)$ *und* $\zeta(z)$ *zu den gleichen Invarianten* g_2 *und* g_3 *und hat* $\wp(z)$ *an der Stelle* $z = \alpha$ *keinen Pol, so sind die sechs Größen*

$$a, b, g_2, g_3, \wp(\alpha),\ a\alpha + b\zeta(\alpha)\ \textit{mit}\ |a| + |b| \neq 0$$

nicht sämtlich algebraisch.

Dieser Satz gestattet noch eine schärfere Formulierung, denn er enthält eigentlich eine Aussage über nur 5 Größen. Führen wir an Stelle von z den Ausdruck $z_1 = \varrho z$ ein, so ist für $z = \alpha$, wenn mit ω_1, ω_2 die Fundamentalperioden von $\wp(z)$ bezeichnet werden,

$$\wp(\varrho\alpha;\ \varrho\omega_1, \varrho\omega_2) = \frac{1}{\varrho^2}\,\wp(\alpha;\ \omega_1, \omega_2)$$

$$\zeta(\varrho\alpha;\ \varrho\omega_1, \varrho\omega_2) = \frac{1}{\varrho}\,\zeta(\alpha;\ \omega_1, \omega_2)$$

$$g_2(\varrho\omega_1, \varrho\omega_2) = \frac{1}{\varrho^4}\,g_2(\omega_1, \omega_2)$$

$$g_3(\varrho\omega_1, \varrho\omega_2) = \frac{1}{\varrho^6}\,g_3(\omega_1, \omega_2)\ ,$$

und bei dieser Substitution sind für $g_2 \neq 0$ die 5 Größen

$$a, b, J(\tau) = \frac{g_2^3}{g_2^3 - 27\,g_3^2}\ ,\ \frac{\wp^2(\alpha)}{g_2}\ ,\ a\alpha g_2^{\frac{1}{4}} + \frac{b\zeta(\alpha)}{g_2^{\frac{1}{4}}}$$

invariant. Falls g_2 verschwindet, bilden wir ähnliche Invarianten mit g_3, das dann $\neq 0$ sein muß. Wir wählen ϱ nun derart, daß $g_2(\varrho\omega_1, \varrho\omega_2) = 1$ wird. Nehmen wir an, die genannten 5 invarianten Größen seien algebraisch, so erhalten wir einen Widerspruch zu Satz 15. Da jedoch die Werte dieser Größen von ϱ unabhängig sind, ergibt sich die Aussage von

Satz 15 **(II. Fassung)**: *Für* $g_2 \neq 0$ *ist mindestens eine der Zahlen* $a, b, J(\tau), \wp^2(\alpha) \cdot g_2^{-1}, a\alpha g_2^{\frac{1}{4}} + b\zeta(\alpha)\,g_2^{-\frac{1}{4}}$ *und für* $g_3 \neq 0$ *mindestens eine der Zahlen* $a, b, J(\tau), \wp^3(\alpha)\,g_3^{-1}, a\alpha g_3^{\frac{1}{6}} + b\zeta(\alpha)\,g_3^{-\frac{1}{6}}$ *transzendent.*

Um den Umfang des Satzes 15 deutlich zu machen, sollen eine Reihe von Folgerungen, die durch Spezialisierungen aus diesem Satze entstehen, angegeben werden. Für diese Folgerungen werden g_2 und g_3 als algebraisch vorausgesetzt.

Dann läßt sich Satz 15 in folgender Form aussprechen:

Satz 15 **(III. Fassung)**: *Der Wert eines elliptischen Integrals erster oder zweiter Gattung mit algebraischen Koeffizienten und zwischen voneinander verschiedenen algebraischen Grenzen ist transzendent.*

Daraus folgt weiterhin:

Die Länge eines Bogens einer jeden Ellipse, deren Achsen mit den Koordinatenachsen zusammenfallen, mit algebraischen Achsenlängen und

zwischen algebraischen Abszissen- oder Ordinatenwerten ist transzendent oder Null.

Setzen wir $\alpha = \dfrac{\omega}{2}$, so ergibt sich ferner:

Die Zahl $a\omega + 2\,b\zeta\!\left(\dfrac{\omega}{2}\right)$ ist für algebraische a, b und $|a| + |b| \neq 0$ transzendent, d.h.: $\omega, \zeta\!\left(\dfrac{\omega}{2}\right), 1$ *sind mit algebraischen Koeffizienten linear unabhängig,*
oder:

Jede Periode eines elliptischen Integrals erster oder zweiter Gattung mit algebraischen Koeffizienten ist transzendent.

Für den Ellipsenumfang bedeutet das:

Der Umfang einer Ellipse mit algebraischen Achsenlängen ist transzendent.

Durch $a = 0$ und $b = 1$ gewinnen wir die Aussage:

$\wp(\alpha)$ *und* $\zeta(\alpha)$ *sind nicht beide algebraisch,*

und schließlich durch $a = \dfrac{\zeta(\alpha)}{\alpha}$ und $b = -1$:

$\wp(\alpha)$ *und* $\dfrac{\zeta(\alpha)}{\alpha}$ *sind nicht beide algebraisch,* woraus sich mit $\alpha = \dfrac{\omega}{2}$

die *Transzendenz von* $\dfrac{2\zeta\!\left(\dfrac{\omega}{2}\right)}{\omega} = \dfrac{\eta}{\omega}$ ergibt.

4. Es seien $f_1(z) = \wp(z)$, $f_2(z) = \wp^*(\beta z)$ mit algebraischem $\beta \neq 0$. $\wp(z)$ habe die Invarianten g_2, g_3 und $\wp^*(\beta z)$ die Invarianten g_2^*, g_3^*, die ebenfalls sämtlich algebraisch sein sollen. In diesem Falle ist wieder $\mu = 2$. Die Folge $z_0, z_1, \ldots$ werde gebildet durch die positiven ganzen rationalen Vielfachen einer Zahl α, nach der Größe der Absolutbeträge geordnet, wobei diejenigen Vielfachen wegzulassen sind, für die $\lambda\alpha$ Perioden von $\wp(z)$ oder $\wp^*(\beta z)$ werden. Nach den Überlegungen, die in **3** zu Satz 15 führten, folgt nun aus Satz 13 der

Satz 16 (I. Fassung): *Mindestens eine der sieben Zahlen*

$$g_2,\ g_3,\ g_2^*,\ g_3^*,\ \beta,\ \wp(\alpha),\ \wp^*(\beta\alpha)$$

ist transzendent, falls die beiden Funktionen $\wp(z)$ und $\wp^*(\beta z)$ voneinander algebraisch unabhängig sind.

Aus der Theorie der elliptischen Funktionen ist bekannt, daß die beiden Funktionen $\wp(z)$ und $\wp^*(\beta z)$ dann und nur dann voneinander algebraisch abhängig sind, wenn die Beziehungen

$$\frac{\omega_1^*}{\beta} = r_{11}\omega_1 + r_{12}\omega_2, \qquad \frac{\omega_2^*}{\beta} = r_{21}\omega_1 + r_{22}\omega_2$$

mit rationalen Zahlen $r_{11}, r_{12}, r_{21}, r_{22}$ erfüllbar sind, wobei ω_1^*, ω_2^* die Perioden von $\wp^*(z)$ bezeichnet*).

---

*) Siehe Tricomi-Krafft: Elliptische Funktionen, S. 194. Leipzig 1948.

Satz 16 läßt sich ähnlich wie Satz 15 in invarianter Form aussprechen:

Satz 16 (II. Fassung): *Falls $\wp(z)$ und $\wp^*(\beta z)$ voneinander algebraisch unabhängig sind, können die sechs Zahlen*

$$\beta, \; J(\tau), \; J(\tau^*), \; g_2^* \, g_2^{-1}, \; \wp^2(\alpha) \cdot g_2^{-1}, \; \wp(\alpha) \, (\wp^*(\beta\alpha))^{-1}$$

nicht alle algebraisch sein.

Auch aus Satz 16 mögen einige Folgerungen gezogen werden, wobei wir g_2, g_3, g_2^*, g_3^* als algebraisch voraussetzen. Für $\alpha = \dfrac{\omega}{2}$ erhalten wir:

Sind $\wp(z)$ und $\wp^*(\beta z)$ algebraisch unabhängig, so sind β und $\wp^*\!\left(\dfrac{\beta\omega}{2}\right)$ nicht beide algebraisch.

Ferner folgt:

Sind $\wp(z)$ und $\wp^*(\beta z)$ algebraisch unabhängig und $\wp(\alpha)$ wie auch $\wp^*(\gamma)$ beide algebraische Zahlen, so muß $\dfrac{\gamma}{\alpha}$ transzendent sein;

oder:

Der Quotient von zwei elliptischen Integralen erster Gattung mit algebraischen Koeffizienten, genommen zwischen voneinander verschiedenen algebraischen Grenzen auf RIEMANN*schen Flächen, die nicht durch birationale Transformation ineinander überführbar sind, ist eine transzendente Zahl.*

Ist speziell $\alpha = \dfrac{\omega}{2}$, $\gamma = \dfrac{\omega^*}{2}$, so folgt die *Transzendenz von* $\dfrac{\omega^*}{\omega}$.

Diese Folgerung enthält insbesondere eine interessante Aussage über die Modulfunktion $J(\tau)$. Es sei $\omega_1^* = \omega_2$, $\omega_2^* = \omega_1$ und $\beta = \tau = \dfrac{\omega_2}{\omega_1}$ vorausgesetzt. Dann ist ebenfalls $\beta = \dfrac{\omega_1^*}{\omega_2^*}$, und außerdem gilt $g_2^* = g_2$, $g_3^* = g_3$. Sind nun $\wp(z)$ und $\wp^*(\tau z)$ voneinander algebraisch abhängig, so muß $\dfrac{\omega_2^*}{\tau} = r_{21}\omega_1 + r_{22}\omega_2$ sein mit rationalen Zahlen r_{21} und r_{22}. Daraus folgt $\dfrac{\omega_2^*}{\tau} = \dfrac{\omega_1}{\tau} = r_{21}\omega_1 + r_{22}\tau\omega_1$ und mithin

$$r_{22}\tau^2 + r_{21}\tau - 1 = 0 \,.$$

In diesem und nur in diesem Fall der komplexen Multiplikation sind $\wp(z)$ und $\wp^*(\tau z)$ algebraisch abhängig voneinander. Liegt dieser Fall nicht vor, so ist bei algebraischen Werten von g_2 und g_3 nach der oben angegebenen Folgerung der Quotient $\dfrac{\omega_1^*}{\omega_1} = \tau$ transzendent. Verschärfen wir diese Aussage im Sinne von Satz 16 (II. Fassung), so reduziert sich die Voraussetzung, g_2 und g_3 seien algebraisch, auf die einzige, daß $J(\tau)$ algebraisch sei. Wir erhalten so die folgende Aussage über die Werte der Modulfunktion, die wir als Satz formulieren wollen:

Satz 17: *Ist $J(\tau)$ algebraisch, so muß τ entweder imaginärquadratisch oder transzendent sein. Umgekehrt, ist τ algebraisch, aber nicht imaginärquadratisch, so folgt die Transzendenz von $J(\tau)$.*

Weitere Folgerungen aus Satz 16 erhalten wir, wenn wir $\omega_1^* = \omega_1$, $\omega_2^* = \omega_2$ voraussetzen.

Es ist dann $g_2 = g_2^*$, $g_3 = g_3^*$ und $\wp(z) \equiv \wp^*(z)$. Damit folgt aus Satz 16:

Sind $\wp(z)$ und $\wp(\beta z)$ algebraisch unabhängig voneinander, so können $\wp(\alpha)$, $\wp(\beta\alpha)$, β nicht sämtlich algebraisch sein.

Liegt der Fall eines imaginärquadratischen Periodenverhältnisses $\dfrac{\omega_2}{\omega_1}$ nicht vor, so ergibt sich daraus:

Gestattet $\wp(z)$ keine komplexe Multiplikation, so muß für irrationales β eine der beiden Zahlen $\wp(\alpha)$ und $\wp(\beta\alpha)$ transzendent sein.

Für $\alpha = \dfrac{\omega}{2}$ erhalten wir dann:

Der Wert eines elliptischen Integrals erster Gattung mit algebraischen Koeffizienten zwischen algebraischen Grenzen ist entweder ein rationaler oder transzendenter Teil einer Periode.

5. Mit einer Konstanten $\beta \neq 0$ sei $f_1(z) = \wp(z)$, $f_2(z) = e^{\beta z}$. Wieder ist $\mu = 2$. Die Stellen $z_0, z_1, \ldots$ seien die positiven ganzrationalen Vielfachen einer Zahl α, wobei diejenigen, für die sich Perioden von $\wp(z)$ ergeben, ausgelassen seien. Dann folgt, da $\wp(z)$ und $e^{\beta z}$ aus Periodizitätsgründen algebraisch unabhängig sind,

Satz 18: *Die fünf Zahlen*

$$g_2,\ g_3,\ \beta,\ \wp(\alpha),\ e^{\beta\alpha}$$

sind nicht sämtlich algebraisch.

Speziell folgt hieraus bei als algebraisch vorausgesetzten g_2, g_3:

Sind $\wp(\alpha)$ und $e^\gamma \neq 1$ algebraisch, so folgt die Transzendenz von $\dfrac{\gamma}{\alpha}$.

Darin ist insbesondere die *Transzendenz von $\dfrac{\pi}{\omega}$* enthalten. Setzen wir $\alpha = \dfrac{\omega}{2}$, so ergibt sich:

$\beta \neq 0$ und $e^{\beta\omega}$ sind nicht beide algebraisch,

und schließlich durch $\alpha = \dfrac{2\pi i}{\beta}$:

Mindestens eine der Zahlen β und $\wp\left(\dfrac{2\pi i}{\beta}\right)$ ist transzendent.

Wir haben bisher Funktionen einer Veränderlichen, die gewisse Eigenschaften hatten, auf Transzendenz der Funktionswerte untersucht. Bei diesen Eigenschaften spielte neben der Existenz einer Differentialgleichung bestimmten Typs das Vorhandensein eines algebraischen Additionstheorems, das die Periodizitätseigenschaft umfaßt, eine wichtige Rolle. Wir haben keineswegs alle Funktionen mit solchen

Eigenschaften berücksichtigt, und wir würden auch weitere Resultate erhalten können. Z. B. lassen sich die Sätze natürlich auch auf die trigonometrischen Funktionen anwenden. Allerdings folgen die so zu erhaltenden Transzendenzresultate auch unmittelbar aus unseren Resultaten bezüglich der Exponentialfunktion. Wir können aber zu nichttrivialen weiteren Transzendenzergebnissen kommen, indem wir die unserem Satz 12 zugrunde liegende Beweismethode auf Funktionen von mehreren Veränderlichen übertragen. Diese Übertragung ist, wenn auch nicht in vollem Umfange, so doch in einigen bemerkenswerten Fällen durchgeführt worden und hat Resultate über ABELsche Funktionen und ABELsche Integrale geliefert. Als interessanteste Anwendung konnte hieraus unter Beachtung der Transzendenz von π ein Satz über die Betafunktion

$$B(p, q) = \int\limits_0^1 x^{p-1} (1 - x)^{q-1} \, dx = \frac{\Gamma(p)\,\Gamma(q)}{\Gamma(p + q)}$$

für rationale p und q gefolgert werden, der folgendermaßen lautet:

Die Betafunktion $B(p, q)$ *nimmt für alle rationalen, aber nicht ganzzahligen* p *und* q *transzendente Werte an* (SCHNEIDER [5]).

Darin sind auch bereits unsere sämtlichen Transzendenzkenntnisse über Werte der Γ-Funktion eingeschlossen. Auf den nicht ganz mühelosen Beweis (SCHNEIDER [5]), bei dem die Periodizitätseigenschaft der ABELschen Funktionen ebenfalls von Bedeutung ist, möge hier verzichtet werden.

Drittes Kapitel

Eine Klasseneinteilung der Zahlen nach MAHLER

§ 1. Einführung der MAHLERschen Klassifikation

Wir haben in den beiden vorangegangenen Kapiteln bereits auf vielfältige Weise transzendente Zahlen kennengelernt. Wir können solche konstruieren und wir kennen sie als Werte gewisser transzendenter Funktionen für algebraische Argumente. Es liegt daher der Wunsch nahe, die transzendenten Zahlen und darüber hinaus alle komplexen Zahlen in Klassen zu ordnen, und dieser Wunsch wird noch verstärkt bei der Feststellung, daß die Menge der transzendenten Zahlen die Mächtigkeit des Kontinuums hat, da die Menge der algebraischen Zahlen bekanntlich abzählbar ist.

Welche Gesichtspunkte sollten für eine Klasseneinteilung aller Zahlen maßgebend sein? Es ist naheliegend, eine Klassifikation nach dem Gesichtspunkt der algebraischen Abhängigkeit durchführen zu wollen, also zu wünschen, daß Zahlen in verschiedenen Klassen stets voneinander algebraisch unabhängig und, wenn möglich, Zahlen in derselben Klasse voneinander algebraisch abhängig sind, insbesondere, daß die algebraischen Zahlen eine Klasse für sich bilden. Darüber hinaus aber wird ein einfaches und einheitliches Kriterium zur Festlegung der Klasse einer jeden vorgelegten Zahl zu wünschen sein.

Bisher ist keine Einteilung bekannt, die alle diese Wünsche auch nur einigermaßen erfüllte. Einen ersten Versuch auf dem Wege zu einer solchen Klasseneinteilung stellt aber wohl die von MAHLER mitgeteilte Klassifikation dar (MAHLER [2]). Seine Einteilung erfüllt den einen Wunsch, daß Zahlen in verschiedenen Klassen algebraisch unabhängig sind, während der zweite nach der Charakterisierung jeder Klasse jeweils als eine Menge voneinander algebraisch abhängiger Zahlen nur für eine Klasse realisiert wird. Eine solche Einteilung wäre trivial vorzunehmen, indem wir die algebraischen Zahlen in eine Klasse, alle übrigen in eine zweite einordnen. MAHLER gibt aber keine triviale Klassifikation, denn er stellt vier Hauptklassen auf, wobei eine Klasse die der algebraischen Zahlen ist und die Menge der transzendenten Zahlen in drei Klassen unterteilt wird, von denen sich zwei unter Beibehaltung der Eigenschaft, daß in verschiedenen Klassen algebraisch unabhängige Zahlen liegen, beliebig oft weiter unterteilen lassen. Allerdings darf nicht verschwiegen werden, daß die MAHLERsche Einteilung recht grob ist in dem Sinne, daß die eine Hauptklasse, die wir nicht unterteilen können, „fast alle" Zahlen (im Sinne des LEBESGUEschen Maßes) umfaßt, während von einer der beiden anderen Hauptklassen nicht bekannt ist, ob sie überhaupt wenigstens ein Element enthält.

Der MAHLERschen Klassifikation gehen in der Literatur drei andersartige voraus, die unseren Wünschen noch weit weniger entgegenkommen. Die älteste dieser Einteilungen ist die von MAILLET, die auf reelle irrationale Zahlen beschränkt ist und dieselben nach dem Wachstum der Teilnenner der regelmäßigen Kettenbruchentwicklung klassifiziert (MAILLET [2, 3]). Noch geringere Bedeutung dürften die von A. PERNA und D. MORDOUCHAI-BOLTOVSKOJ angegebenen Einteilungen haben (PERNA [2]; MORDOUCHAI-BOLTOVSKOJ [2]).

So unbefriedigend bei den bis heute bekannten Klassifikationen auch vieles ist, so scheint doch die Frage der Klassifikation so wichtig, daß ihr dieser Abschnitt gewidmet sei, zumal sich bei einer Gegenüberstellung der MAHLERschen mit einer späteren, von KOKSMA gegebenen Einteilung die Notwendigkeit ergeben wird, auf eine Frage einzugehen, die auch unabhängig von der Zielsetzung dieses Kapitels von Interesse sein dürfte.

MAHLER zieht als Ordnungsprinzip für seine Klasseneinteilung der Zahlen ξ die Genauigkeit heran, mit welcher nichtidentisch verschwindende Polynome in ξ mit ganzen rationalen Koeffizienten die Zahl Null nichttrivial approximieren. Er bildet, genauer gesagt, ausgehend von einer beliebigen komplexen Zahl ξ, bei festem n und festem H die Funktion

$$w_n(H, \xi) = \underset{\substack{0 \leq |a_\nu| \leq H \\ a_\nu \text{ ganzrational} \\ \sum\limits_{\nu=0}^{n} a_\nu \xi^\nu \neq 0}}{\text{Min}} \left(\left| \sum_{\nu=0}^{n} a_\nu \xi^\nu \right| \right). \tag{1}$$

Diese Funktion ist für $n \geq 1$, $H \geq 1$ höchstens gleich 1, und zwar ist sie gleich 1 für $a_0 = 1$, $a_1 = a_2 = \cdots = a_n = 0$, und sie nimmt mit wachsendem n und H nicht zu.

Wir bilden nun

$$w_n(\xi) = w_n = \varlimsup_{H \to \infty} \frac{-\log w_n(H, \xi)}{\log H} \qquad (n = 1, 2, \ldots) \tag{2}$$

und

$$w(\xi) = w = \varlimsup_{n \to \infty} \frac{w_n(\xi)}{n} \tag{3}$$

oder

$$w = \varlimsup_{n \to \infty} \varlimsup_{H \to \infty} \frac{-\log w_n(H, \xi)}{n \log H}.$$

Für $n \geq 1$ ist offenbar $0 \leq w_n \leq \infty$ und $0 \leq w \leq \infty$; ferner ist $w_{n+1}(H, \xi) \leq w_n(H, \xi)$, also $-\log w_{n+1}(H, \xi) \geq -\log w_n(H, \xi)$ und damit

$$w_{n+1}(\xi) \geq w_n(\xi).$$

Daher ist w entweder eine nichtnegative endliche Größe oder positiv unendlich.

Sei μ der kleinste Index, für den $w_\mu = \infty$ ist, falls ein solcher existiert, und im anderen Falle, daß w_n für alle n unter einer endlichen Schranke liegt, sei $\mu = \infty$. Dadurch ist μ eindeutig bestimmt. Es folgt: für ein endliches μ ist $w = \infty$. Es können also μ und w nicht beide für das gleiche ξ endliche Werte haben. Damit bleiben für die Werte von μ und w die folgenden vier Möglichkeiten, nach denen die Einteilung aller Zahlen ξ vorgenommen werden soll. Die Zahl ξ heiße

A-Zahl, falls $w = 0$, $\mu = \infty$,
S-Zahl, falls $0 < w < \infty$, $\mu = \infty$,
T-Zahl, falls $w = \infty$, $\mu = \infty$,
U-Zahl, falls $w = \infty$, $\mu < \infty$

gilt, und dementsprechend seien die Klassen benannt. Die Klasse der T-Zahlen ist diejenige, von der wir nicht wissen, ob sie nicht leer ist, und die T- und die U-Klasse lassen sich weiter unterteilen. Diese Unterteilungen entstehen dadurch, daß wir bei den Zahlen der T-Klasse an Stelle des Grenzwertes (3) die Grenzwerte mit heranziehen, die bei

Ersetzen des Nenners n durch stärker wachsende Funktionen als n, z. B.: n^σ für $\sigma \geq 1$ auftreten, und bezüglich der Zahlen der U-Klasse nehmen wir außerdem noch mit (2) eine entsprechende Veränderung vor, indem wir $\log H$ im Nenner ebenfalls durch mit H stärker wachsende Funktionen, etwa $(\log H)^\tau$ für $\tau \geq 1$ ersetzen. Wir wollen auf diesbezügliche Einzelheiten nicht eingehen und uns der Untersuchung der A-, S-, T- und U-Klassen, die wir Hauptklassen nennen, widmen.

Aus den Definitionen der S-, T- und U-Zahlen wollen wir gleich einige unmittelbar einsichtige Folgerungen ziehen.

1. Ist ξ eine S-Zahl, so ist wegen $\varlimsup\limits_{n \to \infty} \dfrac{w_n(\xi)}{n} = w(\xi) < \infty$ die Folge $\dfrac{w_n(\xi)}{n}$ beschränkt oder m. a. W.: es gibt ein $\vartheta_0 > 0$ derart, daß

$$w_n(\xi) = \varlimsup\limits_{H \to \infty} \frac{-\log w_n(H, \xi)}{\log H} < \vartheta_0 n \qquad \text{für alle } n = 1, 2, \ldots$$

ist. Somit existiert zu jedem $\varepsilon > 0$ eine ganze Zahl $H_0\,(n, \vartheta_0, \varepsilon)$, so daß

$$\frac{-\log w_n(H, \xi)}{\log H} < (\vartheta_0 + \varepsilon)\, n \qquad \text{für alle } H > H_0\,(n, \vartheta_0, \varepsilon)$$

oder

$$w_n(H, \xi) > H^{-(\vartheta_0 + \varepsilon)n} \qquad \text{für } H > H_0\,(n, \vartheta_0, \varepsilon)$$

gilt. Bezeichnen wir

$$c_n = c(\xi, n, \vartheta_0, \varepsilon) = \operatorname*{Min}_{H=1}^{H_0\,(n,\,\vartheta_0,\,\varepsilon)} \left(\tfrac{1}{2}\, w_n(H, \xi) \cdot H^{(\vartheta_0 + \varepsilon)n},\, 1 \right),$$

so folgt für das durch (1) definierte Minimum

$$w_n(H, \xi) > c_n H^{-(\vartheta_0 + \varepsilon)n} \tag{4}$$

mit einem von H unabhängigen $c_n > 0$.

Es sei noch eine Bezeichnung eingeführt, die sich auf die S-Zahlen bezieht. Die untere Grenze aller ϑ_1, zu denen ein c_n existiert derart, daß $w_n(H, \xi) > c_n H^{-\vartheta_1 n}$ für alle $H = 1, 2, \ldots$ gilt, sei ϑ und, abweichend von der MAHLERschen Benennung, *Typus der S-Zahl* ξ genannt. Dann folgt $\vartheta = \sup\limits_{n=1}^{\infty} \left(\dfrac{w_n(\xi)}{n} \right)$.

2. Wir gehen von einer U-Zahl aus. Dann gibt es ein endliches $\mu = \mu(\xi)$, daß für jedes $n \geq \mu$ die Größe $w_n(\xi) = \infty$ oder $\varlimsup\limits_{H \to \infty} \dfrac{-\log w_n(H, \xi)}{\log H} = \infty$ ist. Hier läßt sich zu jedem $\vartheta > 0$ und festem $n \geq \mu$ eine unendliche Teilfolge H_λ angeben, für die

$$\frac{-\log w_n(H_\lambda, \xi)}{\log H_\lambda} > \vartheta n$$

erfüllt ist. Es gibt also Polynome mit ganzen Koeffizienten einer

Höhe $H \leqq H_\lambda$, für die zu beliebig großem H_λ und beliebig vorgegebenem ϑ die Ungleichung

$$0 \neq \left| \sum_{\nu=0}^{n} a_\nu\, \xi^\nu \right| < H_\lambda^{-\vartheta n} \quad \text{mit } |a_\nu| \leqq H_\lambda,\ \lim_{\lambda \to \infty} H_\lambda = \infty \qquad (5)$$

gilt, und da H_λ beliebig groß sein kann, muß es zu jedem festen ϑ und festem n unendlich viele solcher Polynome geben. Daraus folgt, daß jede LIOUVILLE-Zahl eine U-Zahl ist, und zwar mit $\mu = 1$.

Umgekehrt ergibt sich aus (5) mit beliebigem ϑ, daß dann ξ eine U-Zahl sein muß.

3. Ist ξ eine T-Zahl, so folgt, da es dann nicht U-Zahl sein kann, die Gültigkeit der Ungleichungen

$$w_n(H, \xi) > c_n \cdot H^{-\vartheta_n n} \qquad (n = 1, 2, \ldots) \qquad (6)$$

mit geeigneten $\vartheta_n = \vartheta(\xi, n) > 0$ und geeigneten $c_n = c(\xi, n, \vartheta_n)$, die von H unabhängig sind. Wäre nun die obere Grenze der Zahlen ϑ_n für $n \to \infty$ eine endliche Größe, so müßte ξ eine S-Zahl sein. Da es dies nicht sein soll, folgt $\overline{\lim}_{n \to \infty} \vartheta_n = \infty$. Für jede T-Zahl gilt daher (6) mit geeigneten Größen c_n und ϑ_n nur mit $\overline{\lim}_{n \to \infty} \vartheta_n = \infty$.

§ 2. Eigenschaften der MAHLERschen Klasseneinteilung

Es sollen die schon in § 1 behaupteten Eigenschaften bewiesen werden. Wir zeigen zuerst den

Satz 19: *Jede algebraische Zahl ist A-Zahl, und jede A-Zahl ist algebraisch.*

Beweis: 1. Es sei ξ eine algebraische Zahl vom Grade s und $\sum_{\nu=0}^{n} a_\nu\, x^\nu = P(x)$ ein Polynom mit ganzen rationalen Koeffizienten der Höhe H und $P(\xi) \neq 0$. Dann folgt aus Satz 3

$$0 \neq \left| \sum_{\nu=0}^{n} a_\nu\, \xi^\nu \right| > \frac{c}{H^{s-1}}\,,$$

wobei c nur von ξ und n abhängt. Daraus und aus (2) erhalten wir

$$w_n(\xi) \leqq \overline{\lim_{H \to \infty}} \left(\frac{-\log c}{\log H} + s - 1 \right) = s - 1\,,$$

also wegen (3)

$$w(\xi) \leqq \overline{\lim_{n \to \infty}} \frac{s-1}{n} = 0\,,$$

d. h.: ξ ist A-Zahl.

2. Die Umkehrung ergibt sich daraus, daß für jede transzendente Zahl ξ der Wert von $w(\xi)$ größer als Null ist. Dieses wiederum folgt direkt aus Hilfssatz 8 und 9.

Für reelles ξ erhalten wir aus der Abschätzung (2) von Hilfssatz 27 (s. Anhang) für den Betrag des Polynoms $\sum\limits_{\nu=0}^{n} a_\nu \xi^\nu$, das wir als Linearform in den a_ν bei festem ξ auffassen, mit $C = \mathrm{Max}\,(1, |\xi^n|)$,

$$\left| \sum_{\substack{\nu=0 \\ (|a_\nu| \leq H)}}^{n} a_\nu\, \xi^\nu \right| < (n+1)\, C\, H^{1-(n+1)},$$

denn für die Bezeichnungen von Hilfssatz 2 ist hier $M = 1$, $N = n+1$. Daher gilt mit einem von H unabhängigen C_1 nach (1)

$$w_n(H,\, \xi) < C_1 H^{-n},$$

und daraus folgt

$$w_n(\xi) \geqq n$$

und

$$w(\xi) \geqq 1, \tag{7}$$

falls ξ reell transzendent ist.

Ist ξ komplex, so wenden wir Hilfssatz 28 an und erhalten analog mit einem von H nicht abhängigen C_2 aus (3) des Hilfssatzes 28.

$$w_n(H,\, \xi) < C_2 H^{-\frac{n-1}{2}}$$

und

$$w_n(\xi) \geqq \frac{n-1}{2}.$$

Also wird

$$w(\xi) \geqq \tfrac{1}{2}, \tag{8}$$

falls ξ komplex transzendent ist.

Nun wollen wir über den Satz 19 hinaus zeigen, daß zwei Zahlen aus verschiedenen Klassen stets voneinander algebraisch unabhängig sind. Wir behaupten den hiermit gleichbedeutenden

Satz 20: Zwei voneinander algebraisch abhängige Zahlen ξ und η gehören derselben Klasse an.

Beweis: Für algebraische Zahlen folgt die Behauptung aus Satz 19.

Es seien also ξ und η transzendente Zahlen, und es bestehe zwischen diesen eine algebraische Beziehung

$$\sum_{\sigma=0}^{s} \sum_{\tau=0}^{t} A_{\sigma,\tau}\, \xi^\sigma\, \eta^\tau = 0,$$

die ohne Einschränkung der Allgemeinheit mit ganzrationalen $A_{\sigma,\tau}$ angenommen werden darf. Das Polynom

$$P(x) = \sum_{\sigma=0}^{s} \sum_{\tau=0}^{t} A_{\sigma,\tau}\, x^\sigma\, \eta^\tau$$

sei irreduzibel, und $\xi_1, \ldots, \xi_s$ seien die Nullstellen von $P(x)$. Diese Nullstellen müssen sämtlich transzendente Zahlen sein, da andernfalls

η algebraisch oder $P(x)$ reduzibel sein müßte. Also folgt mit beliebigen ganzen rationalen $a_1, \ldots, a_n$, die nicht sämtlich verschwinden,

$$\prod_{\lambda=1}^{s}\left(\sum_{\nu=0}^{n} a_\nu \, \xi_\lambda^\nu\right) \neq 0 .$$

Durch Ausmultiplizieren erhalten wir daraus

$$\prod_{\lambda=1}^{s}\left(\sum_{\nu=0}^{n} a_\nu \, \xi_\lambda^\nu\right) = \sum_{\substack{l_\sigma=0 \\ (\sigma=1,\ldots,s)}}^{n} b_{l_1,\ldots,l_s}\, \xi_1^{l_1} \cdots \xi_s^{l_s} , \tag{9}$$

wobei sich die $b_{l_1,\ldots,l_s}$ als ganzrationale Zahlen ergeben, für die

$$|b_{l_1,\ldots,l_s}| \leqq H^s$$

mit $H = \underset{\nu=0}{\overset{n}{\operatorname{Max}}} |a_\nu|$ gilt.

Da die linke Seite von (9) eine symmetrische Funktion in $\xi_1, \ldots, \xi_s$ ist, läßt sie sich nach dem Hauptsatz über symmetrische Funktionen in der Form

$$\sum_{\substack{k_\sigma=0 \\ \left(\sigma=1,\ldots,s \atop \sum\limits_{\sigma=1}^{s} k_\sigma \leqq n\right)}}^{n} c_{k_1,\ldots,k_s}\, f_1^{k_1} \cdots f_s^{k_s} \quad \text{oder kurz} \quad \sum_{(k_\sigma)} c_{(k_\sigma)}\, f_1^{k_1} \cdots f_s^{k_s}$$

durch die elementarsymmetrischen Funktionen $f_1, \ldots, f_s$ der s Veränderlichen $\xi_1, \ldots, \xi_s$ ausdrücken. Dabei lassen sich die $c_{(k_\sigma)}$ durch

$$c_{(k_\sigma)} = c_{k_1,\ldots,k_s} = \sum_{\substack{l_\sigma=0 \\ (\sigma=1,\ldots,s)}}^{n} B_{k_1,\ldots,k_s;\, l_1,\ldots,l_s}\, b_{l_1,\ldots,l_s}$$

in den $b_{l_1,\ldots,l_s}$ mit ganzen rationalen Koeffizienten $B_{k_1,\ldots,k_s;\, l_1,\ldots,l_s}$ darstellen, die nicht von den $b_{l_1,\ldots,l_s}$, sondern nur von n und s abhängen.

Es gibt somit eine geeignete, nur von n und s abhängige Konstante γ_1, so daß gilt

$$|c_{(k_\sigma)}| < \gamma_1 H^s . \tag{10}$$

Bekanntlich lassen sich die elementarsymmetrischen Funktionen $f_1, \ldots, f_s$ mit Hilfe der Koeffizienten von $P(x)$ ausdrücken durch

$$f_\sigma = (-1)^\sigma \frac{\displaystyle\sum_{\tau=0}^{t} A_{s-\sigma,\tau}\, \eta^\tau}{\displaystyle\sum_{\tau=0}^{t} A_{s,\tau}\, \eta^\tau} \qquad (\sigma=1,\ldots,s) .$$

Wir erhalten demnach aus (9)

$$\prod_{\lambda=1}^{s}\left(\sum_{\nu=0}^{n} a_\nu\, \xi_\lambda^\nu\right) = \frac{\sum_{(k_\sigma)} c_{(k_\sigma)} \left(\prod_{\sigma=1}^{s}\left\{(-1)^\sigma\left(\sum_{\tau=0}^{t} A_{s-\sigma,\tau}\,\eta^\tau\right)\right\}^{k_\sigma}\right)\left(\sum_{\tau=0}^{t} A_{s,\tau}\,\eta^\tau\right)^{n-\sum_{\sigma=1}^{s} k_\sigma}}{\left(\sum_{\tau=0}^{t} A_{s,\tau}\,\eta^\tau\right)^n}.$$

$$(11)$$

Es werde der Ausdruck oberhalb des Bruchstrichs auf der rechten Seite mit Z, der Ausdruck unterhalb mit N_0 bezeichnet. Dann folgt aus (10) mit $\xi_1 = \xi$

$$\sum_{\nu=0}^{n} a_\nu\, \xi^\nu = \frac{Z}{N_0 \cdot \prod_{\lambda=2}^{s}\left(\sum_{\nu=0}^{n} a_\nu\, \xi_\lambda^\nu\right)} = \frac{Z}{N}. \tag{12}$$

Zähler Z und Nenner N lassen sich leicht abschätzen.

Wir majorisieren den Nenner und erhalten mit den Abkürzungen

$$C_1 = \operatorname*{Max}_{\lambda=2}^{s}(1, |\xi_\lambda|)\,, \quad C_2 = \operatorname{Max}(1, |\eta|)\,, \quad A = \operatorname*{Max}_{\sigma,\tau=0}^{s,t} |A_{\sigma,\tau}|$$

$$|N| < (t+1)^n\, A^n\, C_2^{nt}\, (n+1)^{s-1}\, H^{s-1}\, C_1^{n(s-1)} < \gamma_2\, H^{s-1}\,, \tag{13}$$

wobei γ_2 eine von H unabhängige Größe bezeichnet. Der Zähler Z ist ein Polynom in η von einem Grade $\leq nt$ mit ganzzahligen Koeffizienten $d_\nu (\nu = 0, 1, \ldots, nt)$, für die aus der Definition von Z wegen (11) und (10) die Abschätzung

$$|d_\nu| < (n+1)^s\, \gamma_1\, H^s (t+1)^n\, A^n < \gamma_3\, H^s$$

mit einer von H unabhängigen Konstanten γ_3 gilt. Also folgt aus der MAHLERschen Definition (1)

$$|Z| \geqq w_{nt}(\gamma_3\, H^s,\, \eta)$$

und damit wegen (12) und (13)

$$\left|\sum_{\nu=0}^{n} a_\nu\, \xi^\nu\right| > \frac{w_{nt}\,(\gamma_3 H^s,\, \eta)}{\gamma_2 H^{s-1}}\,.$$

Für das Minimum der linken Seite $w_n(H,\, \xi)$ gilt dann auch

$$w_n(H,\, \xi) > \frac{w_{nt}\,(\gamma_3 H^s,\, \eta)}{\gamma_2 H^{s-1}}\,,$$

und hieraus folgt

$$w_n(\xi) \leqq s - 1 + s\, w_{nt}(\eta)\,. \tag{14}$$

Durch Vertauschung von ξ mit η und dementsprechend von s mit t erhalten wir daraus

$$w_n(\eta) \leqq t - 1 + t\, w_{ns}(\xi)\,. \tag{15}$$

Schließlich liefern die beiden letzten Ungleichungen die Beziehungen

$$w(\xi) \leq st\, w(\eta)\ ,$$

$$w(\eta) \leq st\, w(\xi)\ .$$

Es können folglich $w(\xi)$ und $w(\eta)$ nur beide endlich oder beide unendlich sein. Ist ξ eine S-Zahl, so muß demnach auch η eine S-Zahl sein und umgekehrt. Ist der Limes superior einer der beiden Folgen $\left(\dfrac{w_n(\xi)}{n}\right)$, $\left(\dfrac{w_n(\eta)}{n}\right)$ unendlich, so kann das jeweilige μ, etwa $\mu(\xi)$ endlich oder auch unendlich sein. Für endliches $\mu(\xi)$ ist wegen (14) $\mu(\eta)$ endlich und für endliches $\mu(\eta)$ ist nach (15) auch $\mu(\xi)$ endlich. Mit anderen Worten: ξ und η sind auch beide T-Zahlen oder beide U-Zahlen.

§ 3. Die Klassifikation von Koksma und ihr Zusammenhang mit der Mahlerschen Einteilung

Bei einer Klasseneinteilung aller Zahlen erhebt sich natürlich auch die Frage nach dem Lebesgueschen Maß der Menge derjenigen Zahlen, die in einer Klasse gelegen sind, darüber hinaus nach dem Maß der Menge aller S-Zahlen, deren Typus gewissen Intervallbedingungen genügt, und auch Mahler hatte sich mit dieser Frage bereits beschäftigt (Mahler [4]). J. F. Koksma verbesserte das diesbezügliche Mahlersche Ergebnis (Koksma [2]) und legte bei dieser Gelegenheit eine von der Mahlerschen zwar abweichende, aber doch ähnliche Klassifikation vor, wobei er sich allerdings nur auf die Gesamtheit aller transzendenten Zahlen beschränkte. In dieser Koksmaschen Klassifikation ist gerade die oben angeschnittene, noch unpräzisierte Frage verhältnismäßig einfach zu beantworten. Die Aufgabe dieses Abschnitts ist es, zwischen der Koksmaschen und der Mahlerschen Einteilung gewisse Beziehungen herzustellen.

Zunächst sei die Klassifikation von Koksma mitgeteilt. Koksma geht bei seiner Einteilung nicht von der unteren Grenze der Polynome

$$\left|\sum_{v=0}^{n} a_v\, \xi^v\right| \quad \text{mit} \quad |a_v| \leq H \qquad (v = 0, \ldots, n)$$

(die Bedingung $\sum\limits_{v=0}^{n} a_v\, \xi^v \neq 0$ kann bei Beschränkung auf transzendentes ξ wegbleiben) aus, sondern zieht die Approximationsfähigkeit transzendenter Zahlen durch algebraische Zahlen α einer Höhe $\leq H$ und eines Grades $\leq n$ heran; in Zeichen: Es wird nach der unteren Grenze von

$$|\xi - \alpha| \quad \text{mit Grad } (\alpha) \leq n,\ \text{Höhe } (\alpha) \leq H$$

gefragt. Wir führen also analog den entsprechenden Mahlerschen

Symbolen

$$w_n^* (H, \xi) = \underset{\substack{\text{Grad}(\alpha) \leqq n \\ \text{Höhe}(\alpha) \leqq H}}{\text{Min}} |\xi - \alpha| , \quad \xi \text{ transzendent,} \quad (16)$$

und daraus

$$w_n^*(\xi) = w_n^* = \varlimsup_{H \to \infty} \frac{- \log(H w_n^*(H, \xi))}{\log H} , \qquad (17)$$

$$w^*(\xi) = w^* = \varlimsup_{n \to \infty} \frac{w_n^*(\xi)}{n} \qquad (18)$$

ein. In der Definition von w_n^* tritt scheinbar abweichend von der Analogie im Argument des Logarithmus im Zähler ein Faktor H auf, der bei Mahlers w_n nicht vorkommt, jedoch stellt sich bei genauerer Prüfung diese Definition als die tatsächlich analoge heraus.

Für transzendentes ξ ist offenbar stets $w_n^*(H, \xi) > 0$. Nun führen wir μ^* als kleinsten Index, für den $w_{\mu^*} = \infty$ ist, falls ein solcher existiert, sonst $\mu^* = \infty$, ein und bezeichnen in Analogie zur Mahlerschen Einteilung eine transzendente Zahl ξ als

$$S^*\text{-Zahl, falls } w^* < \infty , \mu^* = \infty ,$$

$$T^*\text{-Zahl, falls } w^* = \infty , \mu^* = \infty ,$$

$$U^*\text{-Zahl, falls } w^* = \infty , \mu^* < \infty$$

gültig ist. Schließlich sei die untere Grenze aller ϑ_1^*, zu denen ein $c_n^* = c_n^*(\xi)$ mit $w_n^*(H, \xi) > c_n^* H^{-\vartheta_1^* n}$ existiert, ϑ^* oder *Typus der S*-Zahl* ξ genannt. Ebenso wie die Mahlersche läßt sich auch diese Einteilung ganz entsprechend verfeinern. Warum die Analogisierung nicht auch auf die Mahlersche A-Klasse ausgedehnt ist, liegt daran, daß es nicht gelingt zu zeigen: Aus $w^*(\xi) = 0$ folgt die Algebraizität von ξ. Darin liegt ein Nachteil der Koksmaschen Einteilung, denn die Klasse der algebraischen Zahlen läßt sich hier nicht durch die Begriffe w^* und μ^* beschreiben, aber dieser Nachteil spielt für die maßtheoretische Frage, die wir erst im nächsten Paragraphen beantworten wollen, keine Rolle, da das Lebesguesche Maß der Menge der algebraischen Zahlen Null ist. Die Richtigkeit des Satzes 20 für die Klassifikation nach Koksma folgt unmittelbar aus dem Zusammenhang zwischen Mahlerscher und Koksmascher Einteilung der transzendenten Zahlen, der ausgedrückt ist in

Satz 21: *Jede S*-Zahl ist S-Zahl, jede T*-Zahl auch T-Zahl und jede U*-Zahl eine U-Zahl.*

Beweis: Zum Zwecke des Beweises dieses Satzes fragen wir nach Beziehungen zwischen dem Mahlerschen $w_n(H, \xi)$ und dem Koksmaschen $w_n^*(H, \xi)$, und diese Frage dürfte über das Ziel dieses Beweises hinaus von allgemeinerem Interesse sein, denn es wird ja darin gefragt nach Beziehungen zwischen der nichttrivialen Annäherung der Null durch Polynome mit ganzrationalen Koeffizienten für ein festes transzendentes Argument und der Approximation dieser transzendenten Zahl durch algebraische Zahlen. Wir werden in unserer Beantwortung dieser Frage etwas mehr zeigen, als in Satz 21 behauptet wird.

1. Es ist leicht einzusehen, daß für jedes $n = 1, 2, \ldots$ gilt: $w_n^*(\xi) \leqq w_n(\xi)$. Wir beweisen hierzu zunächst den

Hilfssatz 15: *Bedeutet $P(x)$ ein Polynom vom Grade $\leqq n$ und mit der Höhe $\leqq H$, α eine Nullstelle von $P(x)$ und $c(n) = n^{-2}(1 + |\xi|^{n-1})^{-1}$, so gilt für jedes ξ mit $|\xi - \alpha| \leqq 1$ die Ungleichung*

$$|\xi - \alpha| \geqq c(n)\, H^{-1} |P(\xi)|\,. \tag{19}$$

Beweis: Da α Nullstelle von $P(x)$ ist, folgt

$$P(\xi) = P(\xi) - P(\alpha)\,,$$

und die rechte Seite ist durch $\xi - \alpha$ teilbar. Durch Abschätzung des zu $\xi - \alpha$ komplementären Faktors von $P(\xi) - P(\alpha)$ wird

$$|P(\xi)| \leqq |\xi - \alpha|\, H\, n^2\, \operatorname*{Max}_{\genfrac{}{}{0pt}{}{0 \leqq \varkappa < \nu}{1 \leqq \nu \leqq n}} |\xi^{\nu-1-\varkappa}\, \alpha^\varkappa|\,. \tag{20}$$

Wegen $|\xi - \alpha| \leqq 1$ erhalten wir $|\alpha| \leqq 1 + |\xi|$ und daher

$$\operatorname*{Max}_{\genfrac{}{}{0pt}{}{0 \leqq \varkappa < \nu}{1 \leqq \nu \leqq n}} |\xi^{\nu-1-\varkappa}\, \alpha^\varkappa| \leqq (1 + |\xi|)^{n-1}\,,$$

woraus sich in Verbindung mit (20) die Ungleichung (19) ergibt.

Aus (19) folgt dann mit den Definitionen (1) und (16)

$$w_n^*(H, \xi) \geqq c(n)\, H^{-1}\, w_n(H, \xi)$$

und, die Bedeutung von $c(n)$ eingetragen,

$$-\log(H\, w_n^*(H, \xi)) \leqq \log(n^2(1 + |\xi|^{n-1})) - \log w_n(H, \xi)\,.$$

Mittels (2) und (17) erhalten wir daraus die obige Behauptung

$$w_n^*(\xi) \leqq w_n(\xi) \qquad (n = 1, 2, \ldots) \tag{21}$$

und endlich wegen (3) und (18)

$$w^*(\xi) \leqq w(\xi)\,. \tag{22}$$

Aus (22) schließen wir: Ist ξ eine S-Zahl, so ist es auch S^*-Zahl; und da auch für den Typus ϑ^* gilt, daß $\vartheta^* = \sup\limits_{n=1}^{\infty}\left(\dfrac{w_n^*(\xi)}{n}\right)$ ist, so können wir wegen (21) genauer sagen: *Ist ξ eine S-Zahl vom Typus ϑ, so ist es S^*-Zahl vom Typus $\vartheta^* \leqq \vartheta$.* Ferner folgt aus (21): *Wenn ξ eine U^*-Zahl ist, so ist es auch U-Zahl, und wenn es T^*-Zahl ist, so können wir folgern, daß es T- oder U-Zahl sein muß.*

2. Nicht ganz so einfach ist die Abschätzung nach der anderen Seite. Wir bereiten diese Abschätzung durch mehrere Hilfssätze vor und beginnen mit einem Ergebnis von J. Popken und J. F. Koksma (Popken, Koksma [1]):

Hilfssatz 16: *Es seien $P_1(x), \ldots, P_r(x)$ beliebige Polynome und $P(x) = \prod_{\varrho=1}^{r} P_\varrho(x)$. Mit H_ϱ sei die Höhe und mit n_ϱ der Grad von $P_\varrho(x)$ für $\varrho = 1, \ldots, r$ bezeichnet. Dann gilt für die Höhe H von $P(x)$ die Ungleichung*

$$H \geq (4n)^{-n} \prod_{\varrho=1}^{r} H_\varrho \quad mit \ n = \mathrm{Grad}\,(P(x)) = \sum_{\varrho=1}^{r} n_\varrho \, . \tag{23}$$

Beweis: Wir führen den Beweis induktiv und behandeln zuerst $r = 2$. Wir beweisen an Stelle von (23) für $r = 2$ die bessere Abschätzung

$$H \geq (4\,(n_1 + n_2))^{-n_1} H_1 H_2 \, . \tag{24}$$

Es sei $P_1(x) = p_0 + p_1 x + \cdots + p_{n_1} x^{n_1}$, $P_2(x) = Q(x) = q_0 + q_1 x + \cdots + q_{n_2} x^{n_2}$ und zunächst $n_1 = 1$, mithin $P_1(x) = p_0 + p_1 x$. Es habe $P(x)$ die Darstellung $P(x) = t_0 + t_1 x + \cdots + t_{n_2+1} x^{n_2+1}$. Mit $q_{-1} = 0$ und $q_{n_2+1} = 0$ ist dann

$$t_\nu = p_0 q_\nu + p_1 q_{\nu-1} \quad (\nu = 0, 1, \ldots, n_2 + 1) \, . \tag{25}$$

q_{ν_1} sei ein Koeffizient maximalen Betrags von $Q(x)$. Wir unterscheiden dann die beiden folgenden Fälle:

a)
$$|p_0| < \left(1 - \frac{1}{2(n_2 + 1)}\right) H_1 \, .$$

Dann ist erst recht $|p_0| < H_1$ und daher $|p_1| = H_1$. Wegen (25) folgt für $\nu = \nu_1 + 1$

$$H \geq |t_{\nu_1+1}| \geq |p_1 q_{\nu_1}| - |p_0 q_{\nu_1+1}| \geq$$

$$\geq H_1 H_2 - \left(1 - \frac{1}{2(n_2 + 1)}\right) H_1 H_2 = \frac{H_1 H_2}{2(n_2 + 1)} \, ,$$

was noch besser ist als die behauptete Ungleichung (24).

b)
$$|p_0| \geq \left(1 - \frac{1}{2(n_2 + 1)}\right) H_1 \, .$$

Nehmen wir an, es sei

$$H < \frac{H_1 H_2}{2(n_2 + 1)} \, , \tag{26}$$

so wollen wir durch vollständige Induktion die Hilfsabschätzung

$$|q_{\nu_1-\mu}| \geq \left(1 - \frac{\mu}{n_2 + 1}\right) H_2 \tag{27}$$

zeigen. Für $\mu = 0$ ist (27) wegen $|q_{\nu_1}| = H_2$ offenbar erfüllt. Zum Induktionsschluß von μ auf $\mu + 1$ wenden wir (25) für $\nu = \nu_1 - \mu$ an und erhalten, zusammen mit (26) und $|t_\nu| \leq H$,

$$|p_0 q_{\nu_1-\mu} + p_1 q_{\nu_1-\mu-1}| \leq H < \frac{H_1 H_2}{2(n_2 + 1)}$$

und daraus nacheinander

$$H_1 |q_{\nu_1-\mu-1}| \geq |p_1| \, |q_{\nu_1-(\mu+1)}| \geq |p_0| \, |q_{\nu_1-\mu}| - \frac{H_1 H_2}{2(n_2+1)} \, ,$$

$$H_1 |q_{\nu_1-(\mu+1)}| \geq \left(1 - \frac{1}{2(n_2+1)}\right) H_1 \left(1 - \frac{2\,\mu}{2(n_2+1)}\right) H_2 - \frac{H_1 H_2}{2(n_2+1)} \, ,$$

$$|q_{\nu_1-(\mu+1)}| \geq \left(1 - \frac{\mu+1}{n_2+1}\right) H_2 \, ,$$

womit (27) für alle $\mu = 0, 1, \ldots$ bewiesen ist. Wenden wir (27) für $\mu = \nu_1$ an, so ergibt sich mit der vorausgesetzten Abschätzung für p_0 und $H \geq |t_0| = |p_0| \, |q_0|$

$$H \geq \left(1 - \frac{1}{2(n_2+1)}\right)\left(1 - \frac{\nu_1}{n_2+1}\right) H_1 H_2 \geq \left(1 - \frac{2\,\nu_1+1}{2(n_2+1)}\right) H_1 H_2 \geq \frac{H_1 H_2}{2(n_2+1)}$$

im Widerspruch zu (26). Also gilt stets

$$H \geq \frac{H_1 H_2}{2(n_2+1)} \, . \tag{28}$$

Wir machen nun unter Annahme von (24) einen Induktionsschluß von n_1 auf n_1+1. Es habe $P_1(x)$ den Grad n_1+1. Dann gibt es sicher eine Zerlegung von $P_1(x)$ der Form

$$P_1(x) = R_1(x)\, S(x) \quad \text{mit} \quad S(s) = x + s_0 \, .$$

Daraus folgt

$$P(x) = P_1(x)\, P_2(x) = R_1(x)\, P_2(x)\, S(x) \, .$$

Nach (24) ist mit den Bezeichnungen h_1 für die Höhe von R_1 und $h_{1,2}$ für die Höhe von $R_1(x) \cdot P_2(x)$

$$h_{1,2} \geq \frac{h_1 H_2}{(4(n_1+n_2))^{n_1}} \geq \frac{h_1 H_2}{(4(n_1+1+n_2))^{n_1}} \, .$$

Ferner folgt aus (28)

$$H \geq \frac{h_{1,2}\, \mathrm{Max}\,(1,\, |s_0|)}{2(n_1+1+n_2)} \, ,$$

und schließlich ergibt sich unmittelbar

$$H_1 \leq 2\, h_1\, \mathrm{Max}\,(1,\, |s_0|) \, .$$

Aus den drei letzten Ungleichungen erhalten wir

$$H \geq \frac{h_1 H_2\, \mathrm{Max}\,(1,\, |s_0|)}{(4(n_1+1+n_2))^{n_1}\, 2(n_1+1+n_2)}$$

und daraus

$$H \geq \frac{H_1 H_2}{(4(n_1+1+n_2))^{n_1+1}} \, ,$$

womit (24) bewiesen ist.

Zum vollständigen Beweis des Hilfssatzes führen wir die Induktion nach r durch. Wir bezeichnen für beliebiges ganzzahliges positives

r das Produkt $\prod\limits_{\varrho=1}^{r} P_\varrho(x) = T_r(x)$ und mit H die Höhe von $T_{r+1}(x)$ sowie mit H' die Höhe von $T_r(x)$. Dann gilt, wie soeben bewiesen,

$$H \geq \frac{H' H_{r+1}}{(4(n_1 + \cdots + n_{r+1}))^{n_{r+1}}}$$

und nach Induktionsvoraussetzung (23)

$$H' \geq (4(n_1 + \cdots + n_r))^{-(n_1 + \cdots + n_r)} \prod\limits_{\varrho=1}^{r} H_\varrho ,$$

und daraus folgt (23) für $T_{r+1}(x)$, was noch zu zeigen war.

Dieser Hilfssatz wurde von A. Gelfond zu

$$H \geq e^{-n} \prod\limits_{\varrho=1}^{r} H_\varrho \quad \text{mit} \quad n = \sum\limits_{\varrho=1}^{r} n_\varrho$$

verschärft und auf Polynome von s Veränderlichen ausgedehnt (Gelfond [11], Lemma II). Der Gelfondsche Beweis ist jedoch nicht so elementar wie der von Popken und Koksma.

Wir benötigen eine Verschärfung von Hilfssatz 2 zu

Hilfssatz 17: *Ist $\alpha = \alpha^{\{1\}}$ eine algebraische Zahl mit den Konjugierten $\alpha^{\{2\}}, \ldots, \alpha^{\{n\}}$ und ist a_0 der höchste Koeffizient des Minimalpolynoms von α, so ist jedes Produkt*

$$a_0 \, \alpha^{\{v_1\}} \ldots \alpha^{\{v_k\}} \qquad\qquad \textit{ganzalgebraisch,}$$

wenn die $v_1, \ldots, v_k$ verschiedene der Zahlen $1, \ldots, n$ bedeuten.

Beweis: Nach Hilfssatz 2 ist $a_0\alpha$ ganzalgebraisch.

Wir zeigen durch vollständige Induktion nach dem Grad des Polynoms: Ist $G(x) = \sum\limits_{\sigma=0}^{s} b_\sigma x^{s-\sigma}$ ein Polynom mit ganzen algebraischen Koeffizienten und α eine seiner Nullstellen, so besitzt das Polynom $(x - \alpha)^{-1}G(x)$ ebenfalls ganze algebraische Koeffizienten.

Für $s = 1$ hat $(x - \alpha)^{-1}G(x) = b_0$ ganze Koeffizienten. Angenommen, die Behauptung gelte für alle Polynome mit einem Grad $< s$. Da $b_0\alpha$ ganzalgebraisch ist, muß auch

$$F(x) = G(x) - b_0 x^{s-1} (x - \alpha)$$

ein Polynom mit ganzen Koeffizienten sein. Außerdem besitzt $F(x)$ die Nullstelle α und einen Grad, der $< s$ ist. Nach Induktionsannahme ist daher $(x - \alpha)^{-1}F(x)$ ein Polynom mit ganzen Koeffizienten. Auf Grund vorstehender Gleichung hat dann auch $(x - \alpha)^{-1}G(x)$ ganze Koeffizienten.

Ist β eine weitere Nullstelle von $G(x)$, also auch von $(x - \alpha)^{-1}G(x)$, so folgt, daß $(x - \alpha)^{-1}(x - \beta)^{-1}G(x)$ ebenfalls ein Polynom mit ganzen Koeffizienten ist. Durch wiederholte Anwendung dieses Schlusses zeigt sich so

$$(x - \alpha^{\{\lambda_1\}})^{-1} \ldots (x - \alpha^{\{\lambda_l\}})^{-1} G(x) = b_0 (x - \alpha^{\{\nu_1\}}) \ldots (x - \alpha^{\{\nu_k\}})$$

als Polynom mit ganzen Koeffizienten, wobei die Zahlen $\alpha^{\{\lambda_1\}}, \ldots, \alpha^{\{\lambda_l\}}$ und $\alpha^{\{\nu_1\}}, \ldots, \alpha^{\{\nu_k\}}$ die sämtlichen Nullstellen von $G(x)$, jede mit ihrer Vielfachheit gezählt, bedeuten mögen. Dann ist insbesondere das konstante Glied dieses Polynoms, das durch den Ausdruck

$$(-1)^k \, b_0 \, \alpha_1^{\{\nu_1\}} \ldots \alpha^{\{\nu_k\}}$$

wiedergegeben wird, eine ganze algebraische Zahl. Nehmen wir für $G(x)$ das Minimalpolynom von α, so folgt daraus Hilfssatz 17.

Wir erhalten in gewissem Sinne ein Gegenstück zu Hilfssatz 15 in der Aussage von

Hilfssatz 18: *Es sei $P(x)$ ein Polynom mit ganzrationalen Zahlkoeffizienten und dem höchsten Koeffizienten a_0, vom Grade n und der Höhe $\leq H$, das keine mehrfachen Nullstellen besitze, und ξ eine gegebene Zahl. Dann gibt es eine nur von n abhängige Größe $C(n)$ derart, daß für eine Nullstelle α_{ν_0}, deren Abstand von ξ in bezug auf die Abstände der übrigen Nullstellen von ξ minimal sei, die Ungleichung*

$$|\xi - \alpha_{\nu_0}| \leq C(n) \, |a_0^{-1}| \, H^{n-1} \, |P(\xi)| \tag{29}$$

erfüllt ist.

Beweis: Wir setzen $P(x) = a_0 \prod_{\varkappa=1}^{n} (x - \alpha_\varkappa)$ und bilden daraus das Polynom

$$\Omega_1(x) = a_0^{n-1} \prod_{\substack{\varkappa, \lambda = 1 \\ \varkappa < \lambda}}^{n} (x - (\alpha_\varkappa - \alpha_\lambda)) \,. \tag{30}$$

$\Omega_1(x)$ hat Koeffizienten, die sich, von Vorzeichen abgesehen, als Summen von Potenzprodukten der Wurzeln $\alpha_\varkappa$ $(\varkappa = 1, \ldots, n)$ mit Exponenten, die für jedes $\varkappa$ kleiner als n sind, multipliziert noch mit a_0^{n-1}, ergeben. Diese Koeffizienten müssen folglich nach Hilfssatz 17 ganze algebraische Zahlen sein. Benennen wir

$$f_\lambda(x) = x - \alpha_\lambda \,, \quad h_\lambda = \mathrm{Max}\,(1, |\alpha_\lambda|) \quad (\lambda = 1, \ldots, n) \,; \; f_0(x) = a_0, \; h_0 = |a_0| \,,$$

so gilt wegen

$$|a_0 \alpha_{\varkappa_1} \alpha_{\varkappa_2} \ldots \alpha_{\varkappa_l}| \leq h_0 \, h_{\varkappa_1} \, h_{\varkappa_2} \ldots h_{\varkappa_l} \quad (\varkappa_1 \neq \varkappa_2 \neq \cdots \neq \varkappa_l)$$

und Hilfssatz 16, angewandt auf $P(x) = \prod_{\lambda=0}^{n} f_\lambda(x)$,

$$|a_0 \alpha_{\varkappa_1} \alpha_{\varkappa_2} \ldots \alpha_{\varkappa_l}| \leq (4(n+1))^{n+1} \cdot \frac{H}{\displaystyle\prod_{\substack{\varrho=1 \\ \varrho \neq \varkappa_1, \varkappa_2, \ldots, \varkappa_l}}^{n} h_\varrho} \leq (4(n+1))^{n+1} \, H \,.$$

$$(\varkappa_1 \neq \varkappa_2 \neq \cdots \neq \varkappa_l) \,.$$

Nach obiger Feststellung über die Koeffizienten von $\Omega_1(x)$ erhalten wir dann unter Beachtung von (30) für die Höhe H_1 von $\Omega_1(x)$

$$H_1 \leqq 2^{\frac{(n-1)n}{2}} \left((4(n+1))^{n+1} H\right)^{n-1} = c_1(n)\, H^{n-1}\,. \tag{31}$$

Mit $x = \dfrac{1}{z}$ wird wegen (30)

$$\Omega_1\left(\frac{1}{z}\right) = a_0^{n-1}\,(-z)^{-\frac{(n-1)n}{2}} \prod_{\substack{\varkappa,\,\lambda=1 \\ \varkappa<\lambda}}^{n} (\alpha_\varkappa - \alpha_\lambda) \prod_{\substack{\varkappa,\,\lambda=1 \\ \varkappa<\lambda}}^{n} \left(z - \frac{1}{\alpha_\varkappa - \alpha_\lambda}\right),$$

und nennen wir das letzte Produkt $\Omega_2(z)$, so ist das Polynom

$$\Omega_2(z) = a_0^{-(n-1)} \prod_{\substack{\varkappa,\,\lambda=1 \\ \varkappa<\lambda}}^{n} \frac{1}{\alpha_\varkappa - \alpha_\lambda} \cdot (-z)^{\frac{(n-1)n}{2}} \Omega_1\left(\frac{1}{z}\right).$$

Die Zahl $a_0^{2(n-1)} \prod_{\substack{\varkappa,\,\lambda=1 \\ \varkappa\neq\lambda}}^{n} (\alpha_\varkappa - \alpha_\lambda)$ ist wegen Hilfssatz 17 ganzalgebraisch und als symmetrische Funktion in den $\alpha_\varkappa$ $(\varkappa = 1, \ldots, n)$ rational, also ganzrational und wegen $\alpha_\varkappa \neq \alpha_\lambda$ für $\varkappa \neq \lambda$ von Null verschieden. Folglich ist

$$\left| a_0^{2(n-1)} \prod_{\substack{\varkappa,\,\lambda=1 \\ \varkappa\neq\lambda}}^{n} (\alpha_\varkappa - \alpha_\lambda) \right| \geqq 1\,,$$

und da die linke Seite der letzten Ungleichung das Quadrat von $\left| a_0^{n-1} \prod_{\substack{\varkappa,\,\lambda=1 \\ \varkappa<\lambda}}^{n} (\alpha_\varkappa - \alpha_\lambda) \right|$ ist, erhalten wir

$$\left| a_0^{-(n-1)} \prod_{\substack{\varkappa,\,\lambda=1 \\ \varkappa<\lambda}}^{n} \frac{1}{\alpha_\varkappa - \alpha_\lambda} \right| \leqq 1\,.$$

Da die Höhe des Polynoms $(-z)^{\frac{(n-1)n}{2}} \Omega_1\left(\frac{1}{z}\right)$ die gleiche wie die von $\Omega_1(z)$ ist, genügt demnach die Höhe H_2 von $\Omega_2(z)$ wegen (31) ebenfalls der Abschätzung

$$H_2 \leqq c_1(n)\, H^{n-1}\,. \tag{32}$$

Wenden wir noch einmal den Hilfssatz 16 an, und zwar mit

$$f_{\varkappa,\lambda}(z) = z - \frac{1}{\alpha_\varkappa - \alpha_\lambda}\,, \quad h_{\varkappa,\lambda} = \mathrm{Max}\left(1, \left|\frac{1}{\alpha_\varkappa - \alpha_\lambda}\right|\right) \quad (\varkappa,\lambda = 1, \ldots, n)$$

auf $\Omega_2(z) = \prod\limits_{\substack{\varkappa,\lambda=1 \\ \varkappa<\lambda}}^{n} f_{\varkappa,\lambda}(z)$, so folgt mit fest gewähltem ν_0 aus der Zahlen-

folge $1, \ldots, n$

$$\left|\prod\limits_{\substack{\lambda=1 \\ \lambda\neq\nu_0}}^{n} \frac{1}{\alpha_{\nu_0}-\alpha_\lambda}\right| \leq \prod\limits_{\substack{\lambda=1 \\ \lambda\neq\nu_0}}^{n} h_{\nu_0,\lambda} \leq \frac{\left(4\frac{(n-1)n}{2}\right)^{\frac{(n-1)n}{2}} H_2}{\prod\limits_{\substack{\varkappa,\lambda=1 \\ \varkappa<\lambda,\,\varkappa\neq\nu_0,\,\lambda\neq\nu_0}}^{n} h_{\varkappa,\lambda}} \leq (2(n-1)n)^{\frac{(n-1)n}{2}} H_2,$$

also nach (32)

$$\prod\limits_{\substack{\lambda=1 \\ \lambda\neq\nu_0}}^{n} |\alpha_{\nu_0}-\alpha_\lambda| \geq (2(n-1)n)^{-\frac{(n-1)n}{2}} c_1(n)^{-1} H^{-n+1} = c_2(n)\, H^{-n+1}. \tag{33}$$

Wir wählen zu gegebenem ξ die natürliche Zahl ν_0 derart, daß

$$|\xi-\alpha_{\nu_0}| \leq |\xi-\alpha_\lambda| \qquad (\lambda=1,\ldots,n)$$

erfüllt ist. Dann folgt hieraus

$$2\,|\xi-\alpha_\lambda| \geq |\xi-\alpha_{\nu_0}| + |\xi-\alpha_\lambda| \geq |\alpha_{\nu_0}-\alpha_\lambda| \quad (\lambda=1,\ldots,n),$$

also unter Berücksichtigung von (33)

$$\prod\limits_{\substack{\lambda=1 \\ \lambda\neq\nu_0}}^{n} |\xi-\alpha_\lambda| \geq 2^{-n+1} \prod\limits_{\substack{\lambda=1 \\ \lambda\neq\nu_0}}^{n} |\alpha_{\nu_0}-\alpha_\lambda| \geq 2^{-n+1} c_2(n)\, H^{-n+1}$$

oder

$$\prod\limits_{\substack{\lambda=1 \\ \lambda\neq\nu_0}}^{n} |\xi-\alpha_\lambda| \geq C(n)^{-1} H^{-n+1} \tag{34}$$

mit

$$C(n) = 2^{n-1} c_2(n)^{-1} = 2^{n-1} (2(n-1)n)^{\frac{(n-1)n}{2}} 2^{\frac{(n-1)n}{2}} (4(n+1))^{(n^2-1)}. \tag{35}$$

Aus $|P(\xi)| = |a_0|\cdot|\xi-\alpha_{\nu_0}| \prod\limits_{\substack{\lambda=1 \\ \lambda\neq\nu_0}}^{n} |\xi-\alpha_\lambda|$ und (34) erhalten wir dann

unmittelbar die Behauptung (29).

Wir schließen noch einen weiteren Hilfssatz an. ξ bezeichne eine transzendente Zahl. Es sei $P(x)$ ein beliebiges Polynom mit ganzrationalen Koeffizienten, dessen Grad n und dessen Höhe H sein möge, und das in ein Produkt von r über dem Körper der rationalen Zahlen irreduziblen Polynomen $P(x)=\prod\limits_{\varrho=1}^{r} P_\varrho(x)$ mit ganzrationalen Koeffizienten zerfalle. Diese Polynome $P_\varrho(x)$ haben sämtlich nur einfache Nullstellen und die Produktdarstellungen $P_\varrho(x) = a_{0,\varrho} \prod\limits_{\lambda=1}^{n_\varrho} (x-\alpha_{\lambda,\varrho})$; dabei seien ihre Grade $n_\varrho \geq 1$ und ihre Höhen H_ϱ genannt. Wegen des GAUSSschen

Satzes können die Zahlkoeffizienten der $P_\varrho(x)$ ebenfalls ganzrational vorausgesetzt werden. Wir wenden Hilfssatz 18 auf $P_\varrho(x)$ an und erhalten aus der Abschätzung (29), wenn wir $|a_{0,\varrho}| \geqq 1$ beachten, da $w^*_{n_\varrho}(H_\varrho, \xi) \leqq |\xi - \alpha_{\nu_0}|$ für jedes transzendente ξ sicher richtig ist,

$$w^*_{n_\varrho}(H_\varrho, \xi) \leqq C(n_\varrho)\, H_\varrho^{n_\varrho - 1} |P_\varrho(\xi)|\,.$$

Durch Produktbildung folgt daraus bei Beachtung der Ungleichung $\prod\limits_{\varrho=1}^{r} C(n_\varrho) \leqq C(n)$, die aus (35) mit $\sum\limits_{\varrho=1}^{r} n_\varrho = n$ zu schließen ist,

$$\prod\limits_{\varrho=1}^{n} w^*_{n_\varrho}(H_\varrho, \xi) \leqq C(n) \left(\prod\limits_{\varrho=1}^{r} H_\varrho^{n_\varrho - 1} \right) |P(\xi)|\,.$$

Tragen wir für $\prod\limits_{\varrho=1}^{r} H_\varrho$ die Abschätzung (23) aus Hilfssatz 16 ein und schätzen die n_ϱ durch n ab, so wird

$$\prod\limits_{\varrho=1}^{r} w^*_{n_\varrho}(H_\varrho, \xi) \leqq C(n) \cdot (4n)^{n(n-1)}\, H^{n-1}\, |P(\xi)|\,,$$

und da diese Ungleichung für jedes Polynom $P(x)$ vom Grade n und der Höhe H mit ganzrationalen Koeffizienten gilt, folgt daraus mit $C(n)\,(4n)^{n(n-1)} = C_1(n)^{-1}$

$$\prod\limits_{\varrho=1}^{r} w^*_{n_\varrho}(H_\varrho, \xi) \leqq C_1(n)^{-1}\, H^{n-1}\, w_n(H, \xi)\,,$$

was gleichbedeutend ist mit

Hilfssatz 19: *Zu beliebigen natürlichen Zahlen n und H existieren stets natürliche Zahlen $r, n_1, \ldots, n_r$ und $H_1, \ldots, H_r$ derart, daß*

$$w_n(H, \xi) \geqq C_1(n)\, H^{-n+1} \prod\limits_{\varrho=1}^{r} w^*_{n_\varrho}(H_\varrho, \xi) \quad mit \quad \begin{cases} 1 \leqq r \leqq n, \\ \sum\limits_{\varrho=1}^{r} n_\varrho = n, \\ \prod\limits_{\varrho=1}^{r} H_\varrho \leqq (4n)^n\, H \end{cases} \quad (36)$$

gilt.

Nun wollen wir den Beweis von Satz 21 zu Ende führen. Für die transzendente Zahl ξ gelte mit einer nichtnegativen, nur von n und ξ abhängigen Funktion $\vartheta(n)$ eine Abschätzung der Form

$$w^*_n(H, \xi) \geqq \gamma_n\, H^{-\vartheta(n)} \quad (n = 1, 2, \ldots\,;\, H = 1, 2, \ldots)\,, \quad (37)$$

wobei auch γ_n von H nicht abhänge. Dann folgt aus (36)

$$w_n(H, \xi) \geqq C_1(n)\, H^{-n+1} \prod\limits_{\varrho=1}^{r} \gamma_{n_\varrho}\, H_\varrho^{-\vartheta(n_\varrho)}\,.$$

Wegen der Monotonie von $w_n^*(H, \xi)$ in n ist $\vartheta(n)$ so wählbar, daß $\vartheta(n_\varrho) \leqq \vartheta(n)$ für alle $\varrho = 1, \ldots, r$ erfüllt ist. Beachten wir ferner $\prod\limits_{\varrho=1}^{r} H_\varrho \leqq (4n)^n H$, so gewinnen wir mit der Abkürzung

$$C_1(n) \left(\prod_{\varrho=1}^{r} \gamma_{n_\varrho} \right) (4n)^{-n\vartheta(n)} = \gamma_n'$$

die Ungleichung

$$w_n(H, \xi) \geqq \gamma_n' H^{-n-\vartheta(n)+1} , \tag{38}$$

wobei $\gamma_n' > 0$ von H unabhängig ist.

Sei ξ als T^*-Zahl vorausgesetzt, so existiert sicher eine unendliche Folge $\vartheta(1), \vartheta(2), \ldots, \vartheta(n), \ldots$ endlicher Zahlenwerte, die der Monotonieforderung genügt und (37) erfüllt. Dann kann diese Zahl wegen (38) aber nicht U-Zahl sein, sie muß also entweder T- oder S-Zahl sein.

In **1** haben wir aber gezeigt, daß ξ eine T- oder U-Zahl ist, wenn es als T^*-Zahl vorausgesetzt wird. Folglich ist jede T^*-Zahl notwendigerweise stets auch T-Zahl. Satz 21 wäre bewiesen, wenn wir noch gezeigt hätten, daß jede S^*-Zahl auch S-Zahl sein muß.

Wir können aber sofort noch eine schärfere Aussage über den Zusammenhang zwischen S- und S^*-Zahlen aus den Ungleichungen (37) und (38) folgern. Wird nämlich für $\vartheta(n)$ in (37) speziell die lineare Funktion

$$\vartheta(n) = \vartheta_1^* \, n + 1$$

vorausgesetzt, dann ist ξ eine S^*-Zahl, deren Typus ϑ^* die untere Grenze aller ϑ_1^* ist, für die (37) bei veränderlichem n und H gültig bleibt. Es folgt aus (38) mit diesem $\vartheta(n)$

$$w_n(H, \xi) \geqq \gamma_n' H^{-(\vartheta_1^*+1)n} ,$$

was gleichbedeutend damit ist, daß ξ zur Klasse der S-Zahlen gehört mit dem Typus $\vartheta \leqq \vartheta^* + 1$. Kombinieren wir dieses Resultat mit dem aus (21) in **1** gefolgerten, daß ξ sich als S^*-Zahl vom Typus $\vartheta^* \leqq \vartheta$ ergibt, wenn es als S-Zahl vom Typus ϑ vorausgesetzt wird, so können wir formulieren:

Satz 22: *Die Zugehörigkeit einer Zahl ξ zur Klasse der S- und S^*-Zahlen folgt wechselseitig, und wenn mit ϑ der Typus von ξ als S-Zahl und mit ϑ^* der Typus als S^*-Zahl bezeichnet wird, so besteht zwischen ϑ und ϑ^* die Beziehung*

$$\vartheta^* \leqq \vartheta \leqq \vartheta^* + 1 . \tag{39}$$

Damit ist dann auch Satz 21 bewiesen.

§ 4. Eine maßtheoretische Frage

Die Untersuchung der Klasseneinteilung wäre unbefriedigend, wenn wir uns nicht erstens die Frage vorlegen würden, ob es A-, S-, T- und

U-Zahlen gibt, und darüber hinaus die zweite Frage, was wir über das LEBESGUEsche Maß*) von A-, S-, T- und U-Zahlen aussagen können.

Die erste Frage ist bezüglich der A-Zahlen trivial. U-Zahlen gibt es sicher auch, denn wie wir in Kap. III, § 1 gesehen haben, sind alle LIOUVILLE-Zahlen zugleich U-Zahlen, und nach Kap. I, § 2 können wir beliebig viele LIOUVILLE-Zahlen leicht konstruieren. Es gibt auch S-Zahlen, denn der in Satz 9 als transzendent erkannte Dezimalbruch ist nach (81), Kap. I, § 6 eine S-Zahl, ja MAHLER zeigte in Behandlung der zweiten Frage einen Satz, der die Aussage umfaßt, daß fast alle Zahlen, d. h. alle bis auf eine Menge von LEBESGUEschem Maße Null S-Zahlen sind. Es ist aber bis heute nicht gelungen, zu entscheiden, ob es T-Zahlen gibt oder nicht.

Auch die auf die zweite Frage bislang vorliegenden Antworten erfüllen noch nicht alle Wünsche. MAHLER konnte zeigen, daß fast alle reellen Zahlen S-Zahlen sind mit einem Typus ϑ, für den die Ungleichung $1 \leq \vartheta \leq 4$ gilt, und analog für die komplexen Zahlen, daß sie sich fast alle als S-Zahlen mit $\frac{1}{2} \leq \vartheta \leq \frac{7}{4}$ erweisen (MAHLER [4]). KOKSMA verbesserte diese Schranken für den Typus auf $1 \leq \vartheta \leq 3$, falls die Zahlen reell und $\frac{1}{2} \leq \vartheta \leq \frac{5}{2}$, falls sie komplex sind (KOKSMA [2]). Schließlich zeigte W. J. LEVEQUE unter Benutzung eines Hilfssatzes von N. I. FELDMAN für reelle Zahlen mit $1 \leq \vartheta \leq 2$ und für komplexe mit $\frac{1}{2} \leq \vartheta \leq \frac{3}{2}$ die gleiche Aussage (LEVEQUE [1], FELDMAN [2]). Die unteren Schranken sind dabei scharf und folgen unmittelbar aus (7) im reellen und aus (8) im komplexen Fall. Zu beweisen sind also die oberen Schranken, die wir für das Ergebnis von LEVEQUE aus Satz 22 folgern wollen. Wir geben dabei weitgehend, wie wir es auch schon im vorangegangenen Paragraphen getan haben, den Beweis von KOKSMA wieder, den wir lediglich an entscheidender Stelle (Hilfssatz 17) verbessern konnten (KOKSMA [2]). Bereits MAHLER hat die noch unbewiesene Vermutung ausgesprochen, daß fast alle Zahlen, falls reell, S-Zahlen vom Typus 1, falls komplex, S-Zahlen vom Typus $\frac{1}{2}$ seien. Einen Anfang zum Beweis dieser Vermutung hat vielleicht J. KUBILYUS gemacht, der zeigte, daß für fast alle reellen ξ, beliebiges $\varepsilon > 0$ und $n = 2$ die Ungleichung (4) mit $\vartheta_0 = 1$ gültig ist (KUBILYUS [1]). Die MAHLERsche Vermutung läßt sich noch etwas schärfer formulieren, wenn wir ein Ergebnis von A. KHINTCHINE beachten, wonach die Menge der Zahlen, die (4) für wenigstens ein n mit $\varepsilon = 0$ und im reellen Falle $\vartheta_0 = 1$, im komplexen Falle $\vartheta_0 = \frac{1}{2}$ erfüllen, das Maß Null hat (KHINTCHINE [1]).

Wir zeigen das Resultat von LEVEQUE, indem wir zunächst die analoge Frage bei der KOKSMAschen Klassifikation untersuchen, und es ist darin gerade ein Vorzug der KOKSMAschen gegenüber der MAHLER-

---

*) Über den Begriff des LEBESGUEschen Maßes und die im folgenden benutzten Eigenschaften s. E. KAMKE: Das LEBESGUEsche Integral. Leipzig: Teubner 1925.

schen Einteilung zu sehen, daß diese Frage hier keine Schwierigkeiten bereitet. Der Satz von KOKSMA, der eine zufriedenstellende Antwort gibt, lautet:

Satz 23: *a) Bis auf eine Menge vom* LEBESGUE*schen Linienmaß Null sind alle reellen Zahlen S*-Zahlen von einem Typus* $\vartheta^* \leqq 1$.

b) Bis auf eine Menge vom LEBESGUE*schen Flächenmaß Null sind alle komplexen Zahlen S*-Zahlen von einem Typus* $\vartheta^* \leqq \frac{1}{2}$.

Beweis: Die algebraischen Zahlen sind abzählbar; also genügt es, sich auf die transzendenten Zahlen zu beschränken.

1. ξ **sei reell.** Wir nehmen an, es sei ξ eine transzendente Zahl, die nicht S^*-Zahl mit $\vartheta^* \leqq 1$ ist. Dann existiert mindestens ein n und ein positives ε, daß

$$|\xi - \alpha| < H_1^{-(n+1+\varepsilon)} \tag{40}$$

bei variablem H_1 unendlich viele Lösungen in algebraischen Zahlen α höchstens vom Grade n und höchstens von der Höhe H_1 besitzt. Hätte sie nämlich für jedes $\varepsilon > 0$ und jedes n nur endlich viele Lösungen, so wäre mit $c_n^*(\varepsilon) = \text{Min}\,(1, |\xi - \alpha|\, H^{n+\varepsilon+1}) \neq 0$ für alle α vom Grade n und der genauen Höhe H

$$|\xi - \alpha| \geqq c_n^*(\varepsilon)\, H^{-(n+1+\varepsilon)}\,,$$

was der Voraussetzung, daß ξ keine S^*-Zahl mit $\vartheta^* \leqq 1$ und keine algebraische Zahl sei, widerspricht. Da die Menge der algebraischen Zahlen α vom Grade n und der Höhe $H(\alpha) \leqq H_1$ endlich ist, muß es zu jeder der genannten Zahlen ξ sogar unendlich viele α geben, die (40) erfüllen und deren genaue Höhe H eine beliebig groß vorgegebene Zahl H_2 übersteigen. Also gilt für unendlich viele α mit den genauen Höhen $H \geqq H_2$ und mit Graden $\leqq n$

$$|\xi - \alpha| < H^{-(n+1+\varepsilon)}\,. \tag{41}$$

Die Anzahl der Minimalpolynome der genauen Höhe H und eines Grades $\leqq n$ ist höchstens $2(n+1)(2H+1)^n$, da einer der $n+1$ Koeffizienten den Wert $\pm H$ annimmt. Die Anzahl der algebraischen Zahlen α vom Grad $\leqq n$ und der genauen Höhe H ist daher höchstens

$$2\,n(n+1)(2H+1)^n \leqq 4\,n^2 \cdot 3^n \cdot H^n\,.$$

Bezeichnen wir mit $\mathfrak{M}_{n,H}$ die Menge aller ξ, denen sich ein α der Höhe H und eines Grades $\leqq n$, das Ungleichung (41) erfüllt, zuordnen läßt, so gilt für das äußere Maß $\overline{M}(\mathfrak{M}_{n,H})$ der Menge $\mathfrak{M}_{n,H}$

$$\overline{M}(\mathfrak{M}_{n,H}) \leqq 4\,n^2\,3^n\,H^n \cdot 2\,H^{-(n+1+\varepsilon)} = 8\,n^2\,3^n \cdot H^{-(1+\varepsilon)}\,. \tag{42}$$

Sei nun $\widetilde{\mathfrak{M}}_{n,H_2}$ die Menge aller ξ, zu denen mindestens ein α der genauen Höhe $H \geqq H_2$ und eines Grades $\leqq n$ existiert, das (41) erfüllt, so ist sicher

$$\widetilde{\mathfrak{M}}_{n,H_2} \leqq \sum_{H=H_2}^{\infty} \mathfrak{M}_{n,H} \, .$$

Folglich gilt für das äußere Maß dieser Menge

$$\overline{M}(\widetilde{\mathfrak{M}}_{n,H_2}) \leqq 8\, n^2\, 3^n \sum_{H=H_2}^{\infty} H^{-(1+\varepsilon)} \, .$$

Nennen wir schließlich $\mathfrak{N}_{n,\varepsilon}$ die Menge aller reellen ξ, zu denen es zu festem $\varepsilon > 0$ unendlich viele α der Höhe H und eines Grades $\leqq n$ gibt, daß (41) für $H \geqq H_2$ und jedes H_2 erfüllt ist, so folgt offenbar für jedes H_2

$$\overline{M}(\mathfrak{N}_{n,\varepsilon}) \leqq \overline{M}(\widetilde{\mathfrak{M}}_{n,H_2}) \leqq 8\, n^2\, 3^n \sum_{H=H_2}^{\infty} H^{-(1+\varepsilon)} \, .$$

Wegen der Konvergenz von $\sum\limits_{H=H_2}^{\infty} H^{-(1+\varepsilon)}$ ist

$$\overline{M}(\mathfrak{N}_{n,\varepsilon}) = M(\mathfrak{N}_{n,\varepsilon}) = 0 \, ,$$

wenn mit $M(\mathfrak{N}_{n,\varepsilon})$ das LEBESGUESche Maß von $\mathfrak{N}_{n,\varepsilon}$ bezeichnet wird. Wählen wir eine monotone Nullfolge $\varepsilon_\nu > 0$, so ist die Menge $\mathfrak{M}$ aller reellen ξ, die keine S^*-Zahlen mit $\vartheta^* \leqq 1$ und keine algebraischen Zahlen sind, eine Untermenge von $\sum\limits_{\nu,n=1}^{\infty} \mathfrak{N}_{n,\varepsilon_\nu}$, und da die Vereinigung von abzählbar vielen Mengen vom Maß Null wieder eine Menge vom Maß Null ergibt, ist auch $M(\mathfrak{M}) = 0$.

2. ξ sei komplex. Der Beweis von Teil b) verläuft analog zu dem vorgetragenen von Teil a). Es gibt zu jedem komplexen ξ, das nicht algebraisch und nicht S^*-Zahl von einem Typus $\vartheta^* \leqq \frac{1}{2}$ ist, ein n und ein $\varepsilon > 0$, daß für alle H_2 unendlich viele algebraische Zahlen α der Höhen $H \geqq H_2$ und mit Graden $\leqq n$ existieren, welche die Ungleichung

$$|\xi - \alpha| < H^{-\left(\frac{n}{2}+1+\varepsilon\right)} \tag{43}$$

erfüllen. Wir setzen den Beweis wie in **1** fort, nur sei jetzt $\mathfrak{M}_{n,H}$ die Menge aller komplexen ξ, denen sich ein α der Höhe H und eines Grades $\leqq n$, das (43) erfüllt, zuordnen läßt. Wir erhalten dann an Stelle von (42) mit $\overline{M}(\mathfrak{M}_{n,H})$ für das äußere (Flächen-) Maß von $\mathfrak{M}_{n,H}$

$$\overline{M}(\mathfrak{M}_{n,H}) \leqq 4\, n^2\, 3^n\, H^n \left(2\, H^{-\left(\frac{n}{2}+1+\varepsilon\right)}\right)^2 = 16\, n^2\, 3^n \cdot H^{-(2+2\varepsilon)} \, .$$

Der Rest des Beweises verläuft wie in **1**.

Aus (7), (8) und den Sätzen 23 und 22, von dem wir aus (39) nur die eine Ungleichung $\vartheta \leqq \vartheta^* + 1$ benötigen, schließen wir unmittelbar auf das Ergebnis von LEVEQUE:

Satz 24: *a) Alle reellen Zahlen bis auf eine Menge vom* LEBESGUE-*schen Linienmaß Null sind S-Zahlen von einem Typus* $1 \leqq \vartheta \leqq 2$.

b) Alle komplexen Zahlen bis auf eine Menge vom LEBESGUE*schen Flächenmaß Null sind S-Zahlen von einem Typus* $\frac{1}{2} \leqq \vartheta \leqq \frac{3}{2}$.

Viertes Kapitel

Das Transzendenzmaß

§ 1. Ein Transzendenzmaß für *e*

Es bezeichne $P(x)$ ein nicht identisch verschwindendes Polynom in x mit ganzen rationalen Koeffizienten $a_0, a_1, \ldots, a_n$, und es sei ξ eine transzendente Zahl; $P(\xi)$ verschwindet dann nicht. Es ist daher naheliegend zu fragen, ob wir eine positive untere Schranke für den Absolutbetrag von $P(\xi)$ angeben können. Etwas präziser fragen wir nach einer Funktion, welche von einer natürlichen Zahl n, die eine obere Schranke für den Grad sei, und einer oberen Schranke H für die Höhe des Polynoms $P(x)$ abhänge, und die mit $T(\xi, n, H)$ oder auch $T(n, H)$ bezeichnet sei derart, daß

$$|P(\xi)| \geqq T(n, H) > 0 \tag{1}$$

gilt. Wir nennen eine solche Funktion $T(n, H)$, die nur für $n = 1, 2, \ldots$; $H = 1, 2, \ldots$ definiert zu sein braucht, ein Transzendenzmaß der Zahl ξ.

Gewiß ist die in (1), Kap. III definierte MAHLERsche Funktion $w_n(H, \xi)$ ein solches Transzendenzmaß für ξ, sogar das bestmögliche Transzendenzmaß, und somit scheint die Frage, zu einer vorgelegten transzendenten Zahl ξ ein Transzendenzmaß anzugeben, bereits zur vollsten Zufriedenheit beantwortet zu sein. Jedoch damit, daß wir zu einem ξ, etwa ξ gleich der Basis e der Exponentialfunktion, $w_n(H, e)$ hinschreiben, kennen wir diese Funktion $w_n(H, e)$ so gut wie gar nicht in dem Sinne, daß wir für festes, aber großes n und H kaum numerisch angeben können, wie weit sich ein solcher Zahlwert $w_n(H, e)$ von der Null unterscheidet. Auch können wir aus der Definition schlechthin von $w_n(H, \xi)$, etwa für $\xi_1 = e$, $\xi_2 = \pi$, nicht schließen, wie sich $w_n(H, e)$ und $w_n(H, \pi)$ bezüglich ihrer Größe zueinander verhalten. Was wir also suchen, ist eine zu festem ξ gehörige Funktion $T(n, H)$, die einerseits für alle obigen $P(x)$ die Ungleichung (1) erfüllt und als Funktion von n und H bezüglich ihrer Annäherung an die Null leicht zu übersehen ist.

Aus einem solchen Transzendenzmaß können wir geeignetenfalls schließen, daß ξ eine S-Zahl ist, oder in einem anderen Falle, daß es nicht U-Zahl sein kann, oder wir können vielleicht gar eine obere Schranke für den Typus ϑ von ξ als S-Zahl angeben.

Das Transzendenzmaß stellt eine untere Schranke für die MAHLER-sche Funktion $w_n(H, \xi)$ dar. Wir können uns für die KOKSMAsche Funktion $w_n^*(H, \xi)$ die analoge Aufgabe stellen, d. h. wir fragen nach einer nur von n und H abhängigen positiven unteren Schranke für die Absolutbeträge $|\xi - \alpha|$, wobei α eine beliebige algebraische Zahl eines Grades $\leq n$ und einer Höhe $\leq H$ bedeutet, also

$$|\xi - \alpha| \geq \Theta(n, H) > 0 . \tag{2}$$

Wir wollen $\Theta(n, H)$ ein Approximationsmaß von ξ nennen. Das Approximationsmaß gibt also eine nichttriviale untere Schranke für die Approximationsfähigkeit der transzendenten Zahl ξ durch algebraische Zahlen beschränkten Grades und beschränkter Höhe.

Zwischen $w_n(H, \xi)$ und $w_n^*(H, \xi)$ bestehen Zusammenhänge, die in den Hilfssätzen 15 und 19 ausgedrückt sind bzw. aus diesen folgen. Dabei erhalten wir aus (19) in Hilfssatz 15 die folgende Beziehung

$$w_n^*(H, \xi) \geq c(n) \cdot H^{-1} w_n(H, \xi) ,$$

aus der sich wegen (1)

$$w_n^*(H, \xi) \geq c(n) H^{-1} T(n, H) \tag{3}$$

ergibt. Also ist $\Theta(n, H) = c(n) \cdot H^{-1} T(n, H)$ ein Approximationsmaß von ξ, falls $T(n, H)$ ein Transzendenzmaß bedeutet. Die Lösung der umgekehrten Aufgabe, durch ein Approximationsmaß ein Transzendenzmaß zu bestimmen, ist aus (36) in Hilfssatz 19 zu entnehmen und lautet: Es existiert ein System natürlicher Zahlen $r; n_1, \ldots, n_r;$ $H_1, \ldots, H_r$ mit $1 \leq r \leq n; \sum\limits_{\varrho=1}^{r} n_\varrho = n; \prod\limits_{\varrho=1}^{r} H_\varrho \leq (4n)^n H$ derart, daß

$$w_n(H, \xi) \geq C_1(n) H^{-n+1} \prod\limits_{\varrho=1}^{r} \Theta(n_\varrho, H_\varrho) \tag{4}$$

erfüllt ist.

Nach diesen Vorbemerkungen wollen wir nun daran gehen, zu einigen der in Kap. II als transzendent erkannten Größen Transzendenz- bzw. Approximationsmaße zu bestimmen. Leider ist hier eine einheitliche Methode, wie wir sie bei den Transzendenznachweisen in Kap. II geben konnten, noch völlig unbekannt. Es kommt uns ja jetzt auch nicht allein darauf an, nur irgendein Transzendenzmaß zu finden, sondern wir möchten auch ein möglichst gutes haben, d. h. ein solches, bei dem die Funktion $T(n, H)$ möglichst weit von der Null abweicht. Natürlich können wir in diesem Rahmen nicht alle die verschiedenen Einzeluntersuchungen zur Auffindung von Transzendenzmaßen transzendenter Zahlen darlegen, die bisher veröffentlicht worden sind, und wir wollen daher an Hand von drei ausgewählten Beispielen, auf die wir uns beschränken, einen Einblick in die Untersuchungsmethoden zu gewinnen versuchen. Anschließend mögen dann Resultate über weitere Transzendenzmaße mitgeteilt werden.

In diesem Paragraphen interessieren wir uns für Transzendenzmaße der Zahl e.

Wir wollen ein Transzendenzmaß für e herleiten, das aus einem allgemeineren Satz von MAHLER durch Spezialisierung folgt und die schärfste bislang bekannte Schranke darstellt (MAHLER [2]). Vor MAHLER hatte J. POPKEN für die Zahl e gezeigt: *Es existiert ein nur von n abhängiges c_1, so daß für jedes Polynom $P(x)$ des Grades n und der Höhe $H \geqq 3$ mit nicht sämtlich verschwindenden ganzrationalen Koeffizienten*

$$|P(e)| > H^{-n-\frac{c_1}{\log\log H}}$$

gilt, und es existiert ein nur von n abhängiges c_2, daß für jedes algebraische α vom Grad n und der Höhe $H \geqq 3$ die Ungleichung

$$|e - \alpha| > H^{-n-1-\frac{c_2}{\log\log H}}$$

besteht (POPKEN [1, 2]). Nach (3) folgt die letzte Abschätzung unmittelbar aus der vorhergehenden. Aus dem Ergebnis von POPKEN ergibt sich: *Ist $\delta > 0$ und $|P(e)| < \delta$, so existiert zu $\varepsilon > 0$ ein $c_3 = c_3(n, \varepsilon)$, daß für die Höhe von $P(x)$ gilt:*

$$H > c_3 \delta^{-\frac{1}{n+\varepsilon}}.$$

Die gleiche Frage hatte bereits E. BOREL untersucht und als erster ein Transzendenzmaß von e gefunden, das er in der letztgenannten Form ausdrückte, wobei er allerdings an Stelle der POPKENschen Ungleichung für H die schwächere Abschätzung $H > c_4 \delta^{-\frac{c_5}{\log\log H}}$ mit von H unabhängigen c_4 und c_5 gewann (BOREL [1, 2]). Ein weiteres Transzendenzmaß für e und auch ein solches für e^α ist mittels der SIEGELschen Methode zur Untersuchung der BESSELschen Funktionen, auf die wir in Kap. V zu sprechen kommen werden, zu erhalten (SIEGEL [3]), und schließlich ist in den Arbeiten von MORDOUCHAI-BOLTOVSKOJ ein allerdings wenig scharfes Transzendenzmaß für e^α enthalten (MORDOUCHAI-BOLTOVSKOJ [3].

Der Satz von MAHLER über das Transzendenzmaß von e lautet wie folgt:

Satz 25: *Es sei $P(x) \not\equiv 0$ ein Polynom mit ganzen rationalen Koeffizienten der Höhe H und vom Grade n. Dann existiert eine natürliche Zahl $H_0(n)$ und eine n und H unabhängige Zahl c derart, daß für alle $n \geqq 1$, $H > H_0(n)$ die Ungleichung*

$$|P(e)| > H^{-n-c\,n^2\,\frac{\log(n+1)}{\log\log H}} \tag{5}$$

besteht.

Daraus folgt sofort, daß e *eine S-Zahl vom Typus* $\vartheta = 1$ ist; insbesondere kann es keinesfalls eine U-Zahl sein (MAHLER [1]).

Beweis von Satz 25: Wir lehnen uns in der Durchführung an den Beweis von MAHLER an. Bei dem Beweise von Satz 12 über die algebraische Abhängigkeit zweier Funktionen, der uns in der Anwendung des Satzes 12 eine Fülle von Transzendenzresultaten, darunter auch die Transzendenz von e lieferte, haben wir mittels des Schubfachschlusses die Existenz einer geeigneten Hilfsfunktion $\Phi(z)$ nachgewiesen. Hier werden wir ein System von Hilfsfunktionen heranziehen, aber wir werden im Gegensatz zu damals diese Hilfsfunktionen explizit angeben. Die MAHLERsche Idee zur Konstruktion dieser Hilfsfunktionen tritt in ähnlicher Form schon im Transzendenzbeweis für e von HERMITE auf (HERMITE [1]).

1. **Ein lineares Gleichungssystem für** $P(e^z)$. Wir gehen aus von den Funktionen

$$\chi_k(t) = \prod_{\nu=0}^{n} (t - \nu)^{j - \delta_{k\nu}} \qquad (k = 0, 1, \ldots, n)$$

mit

$$\delta_{k\nu} = \begin{cases} 1 \ \text{für } k = \nu \\ 0 \ \text{für } k \neq \nu \end{cases}$$

und mit einer natürlichen Zahl j, über die später verfügt werde. Dann besteht mit $\dfrac{d^\lambda \chi_k(t)}{dt^\lambda} = \chi_k^{(\lambda)}(t)$ und einer Zahl z mit positivem Realteil die Identität

$$\int_{\infty}^{t} \chi_k(t)\, e^{-zt}\, dt = - e^{-zt} \sum_{\lambda=0}^{\infty} z^{-\lambda-1} \chi_k^{(\lambda)}(t) \qquad (k = 0, 1, \ldots, n)\,, \quad (6)$$

deren Richtigkeit durch $t \to \infty$ und außerdem durch einmalige Differentiation nach t zu bestätigen ist. Zur Abkürzung werde

$$\mathsf{A}_{kl}(z) = \sum_{\lambda=0}^{\infty} z^{(n+1)j - \lambda - 1} \chi_k^{(\lambda)}(l) \qquad (k, l = 0, 1, \ldots, n) \quad (7)$$

$$\Phi_{klm}(z) = z^{(n+1)j} e^{(l+m)z} \int_{l}^{m} \chi_k(t)\, e^{-zt}\, dt \tag{8}$$

eingeführt. Die Funktionen $\Phi_{klm}(z)$ entsprechen dem Polynom $\Phi(z)$ im Beweis von Satz 12; wie dort hat $\Phi_{klm}(z)$ für großes j viele Nullstellen, denn es verschwindet dann bei $z = 0$ von einer hohen Ordnung. Es folgt nun aus der trivialen Identität

$$- z^{(n+1)j} e^{lz} \int_{\infty}^{t} \chi_k(t)\, e^{-zt}\, dt\big/_{t=l} \cdot e^{mz} + z^{(n+1)j} e^{mz} \int_{\infty}^{t} \chi_k(t)\, e^{-zt}\, dt\big/_{t=m} \cdot e^{lz}$$

$$= z^{(n+1)j} e^{(l+m)z} \int_{l}^{m} \chi_k(t)\, e^{-zt}\, dt$$

wegen (6) mit den in (7) und (8) eingeführten Bezeichnungen

$$A_{kl}(z)\, e^{mz} - A_{km}(z)\, e^{lz} = \Phi_{klm}(z) \quad (k, l, m = 0, 1, \ldots, n)\,.$$

Für $m = 0$ ergibt sich daraus

$$A_{k0}(z)\, e^{lz} = A_{kl}(z) - \Phi_{kl0}(z) \quad (k, l = 0, 1, \ldots, n)\,. \qquad (9)$$

Es sei $P(x) = \sum_{\nu = 0}^{n} a_\nu x^\nu \not\equiv 0$ ein Polynom mit ganzrationalen Koeffizienten. Wir multiplizieren dann jede Gleichung von (9) des Index l mit dem Faktor a_l und summieren über l von 0 bis n, so erhalten wir ein lineares Gleichungssystem mit $k = 0, 1, \ldots, n$

$$A_{k0}(z)\, P(e^z) = \sum_{l = 0}^{n} a_l A_{kl}(z) - \sum_{l = 0}^{n} a_l \Phi_{kl0}(z)\,, \qquad (10)$$

in das $P(e^z)$ eingeht.

2. Die Determinante der $A_{kl}(z)$. Wir interessieren uns in dem Gleichungssystem (10) für die Determinante der Funktionen $A_{kl}(z)$ mit $k, l = 0, 1, \ldots, n$, die wir mit $\Delta(z)$ bezeichnen. $\Delta(z)$ ist wegen (7) ein Polynom in z und es soll zunächst der Grad dieses Polynoms bestimmt werden. Wegen

$$\chi_k^{(\lambda)}(l) = 0 \quad \text{für } \lambda < \begin{cases} j - 1 & \text{und } k = l \\ j & \text{und } k \neq l \end{cases}$$

und

$$\chi_k^{(\lambda)}(l) \neq 0 \quad \text{für } \lambda = \begin{cases} j - 1 & \text{und } k = l \\ j & \text{und } k \neq l\,, \end{cases}$$

was aus der Definition von $\chi_k(t)$ folgt, ist $A_{kl}(z)$ nach (7) ein Polynom vom genauen Grade $nj + \delta_{kl} - 1$. Weiter folgt aus (7), daß die Polynome $A_{kl}(z)$ ganzrationale Koeffizienten mit dem gemeinsamen Teiler $(j - \delta_{kl})!$ besitzen und der höchste Koeffizient in $A_{kl}(z)$ gleich $(j - \delta_{kl})! \prod\limits_{\substack{\nu = 0 \\ \nu \neq l}}^{n} (l - \nu)^{j - \delta_{k\nu}}$ ist.

Daraus geht bezüglich der Determinante $\Delta(z)$ die Eigenschaft hervor, daß die Glieder in der Hauptdiagonalen Polynome höheren Grades als die übrigen Glieder der jeweils gleichen Spalte sind. Folglich ist der Grad von $\Delta(z)$ gleich der Summe der Grade der Glieder in der Hauptdiagonalen, also gleich $(n + 1)\, nj$, und der höchste Koeffizient von $\Delta(z)$ ist gleich $(j - 1)!^{n+1} \prod\limits_{\substack{\nu, l = 0 \\ \nu \neq l}}^{n} (l - \nu)^{j}$.

Ersetzen wir in $\Delta(z)$ für $l = 1, \ldots, n$ den Ausdruck $A_{kl}(z)$ mittels (9) durch $e^{lz} A_{k0}(z) - \Phi_{k0l}(z)$ und subtrahieren in der Determinante spaltenweise für $l = 1, \ldots, n$ die mit e^{lz} multiplizierte erste Spalte ($l = 0$), so gehen die Glieder in diesen Spalten in $- \Phi_{k0l}(z)$ über. Nach Definition (8) besitzt aber $\Phi_{klm}(z)$ eine Potenzreihe in z, die erst mit der Potenz $z^{(n+1)j}$ beginnt. Mithin ist $\Delta(z)$ durch $z^{n(n+1)j}$ teilbar, und da, wie wir zuvor festgestellt hatten, $\Delta(z)$ ein Polynom in z vom Grade $n(n+1)j$ ist, muß

$$\Delta(z) = (j-1)!^{n+1} \prod_{\substack{v,l=0 \\ v \neq l}}^{n} (l-v)^j \, z^{n(n+1)j}$$

sein. Daraus folgt für $z = z_0 \neq 0$, also auch für das spezielle $z_0 = 1$,

$$\Delta(z_0) = \text{Determinante } (\mathsf{A}_{kl}(z_0)) \neq 0.$$

Es können daher nicht sämtliche Linearformen

$$L_k(z_0) = \sum_{l=0}^{n} a_l \, \mathsf{A}_{kl}(z_0) \qquad (k = 0, 1, \ldots, n)$$

verschwinden. Sei also mit $\varkappa$ einer der Indizes $0, 1, \ldots, n$ bezeichnet, für den mit $z_0 = 1$

$$L_\varkappa(1) = \sum_{l=0}^{n} a_l \, \mathsf{A}_{\varkappa l}(1) \neq 0 \tag{11}$$

ist.

3. Der weitere Beweisgang. Wir gehen mit $k = \varkappa$ und $z = 1$ in (10) ein. Die Linearform $L_\varkappa(1)$ hat dann, da $\mathsf{A}_{\varkappa l}(z)$ Polynome mit ganzrationalen Koeffizienten und die a_l ganzrational sind, einen nichtverschwindenden ganzrationalen Zahlenwert. Wir schätzen $|L_\varkappa(1)|$ nach unten ab, wobei wir uns an die in **2** festgestellten Teilbarkeitseigenschaften der Koeffizienten der $\mathsf{A}_{\varkappa l}(z)$ erinnern und suchen für $\left| \sum_{l=0}^{n} a_l \, \Phi_{\varkappa l 0}(1) \right|$ und $|\mathsf{A}_{\varkappa 0}(1)|$ geeignete obere Schranken in der Hoffnung, damit aus (10) eine nichttriviale untere Schranke für $|P(e)|$ zu gewinnen.

4. Eine untere Schranke für $|L_\varkappa(1)|$. Wie schon in **3** ausgeführt, ist $L_\varkappa(1)$ eine ganze rationale Zahl, die nach (11) nicht verschwindet. Die ganzrationalen Zahlkoeffizienten der Polynome $\mathsf{A}_{kl}(z)$ sind nach den Feststellungen in **2** sämtlich durch $(j-1)!$ teilbar, also ist auch die ganze Zahl $L_\varkappa(1) \neq 0$ durch $(j-1)!$ teilbar; folglich erhalten wir

$$|L_\varkappa(1)| \geqq (j-1)! \, .$$

Nach der STIRLINGschen Formel gilt für $(j-1)!$

$$(j-1)! = \Gamma(j) = j^{j-\frac{1}{2}} \, e^{-j} \, (2\pi)^{\frac{1}{2}} \, e^{\frac{\omega}{12j}} \quad \text{mit} \quad 0 < \omega < 1 \, . \tag{12}$$

Also folgt mit $j \geqq 1$

$$|L_\varkappa(1)| > j^{j-\frac{1}{2}} \, e^{-j} \, . \tag{13}$$

5. Eine obere Schranke für $\sum\limits_{l=0}^{n} a_l\, \Phi_{\varkappa l 0}(1)$. Schätzen wir in der aus (8) folgenden Beziehung

$$\Phi_{\varkappa l 0}(1) = e^l \int\limits_{l}^{0} \chi_\varkappa(t)\, e^{-t}\, dt = -\, e^l \int\limits_{0}^{l} \prod\limits_{\nu=0}^{n} (t-\nu)^{j-\delta_{\varkappa\nu}}\, e^{-t}\, dt$$

zunächst den Betrag des Integrals ab! Wegen $0 \leqq l \leqq n$ gilt

$$\left| \int\limits_{0}^{l} \prod\limits_{\nu=0}^{n} (t-\nu)^{j-\delta_{\varkappa\nu}}\, e^{-t}\, dt \right| \leqq n^{nj} \int\limits_{0}^{l} |t-\varkappa|^{j-1}\, dt \leqq n^{(n+1)j}\, j^{-1}, \quad (14)$$

und folglich ist

$$\left| \sum\limits_{l=0}^{n} a_l\, \Phi_{\varkappa l 0}(1) \right| \leqq (n+1)\, H\, e^n\, n^{(n+1)j}\, j^{-1}. \tag{15}$$

6. Eine obere Schranke für $|A_{\varkappa 0}(1)|$. Auf Grund seiner Definition (7) und wegen (6) gestattet der Ausdruck $A_{\varkappa 0}(1)$ die Integraldarstellung

$$A_{\varkappa 0}(1) = \int\limits_{0}^{\infty} \prod\limits_{\nu=0}^{n} (t-\nu)^{j-\delta_{\varkappa\nu}}\, e^{-t}\, dt\,.$$

Dieses Integral bis zur oberen Grenze n haben wir zuvor gerade abgeschätzt. Für das Integrationsintervall von n bis ∞ erhalten wir

$$\left| \int\limits_{n}^{\infty} \prod\limits_{\nu=0}^{n} (t-\nu)^{j-\delta_{\varkappa\nu}}\, e^{-t}\, dt \right| \leqq \int\limits_{n}^{\infty} t^{(n+1)j-1}\, e^{-t}\, dt \leqq \int\limits_{0}^{\infty} t^{(n+1)j-1}\, e^{-t}\, dt$$

$$= \Gamma((n+1)j)\,,$$

und nach der STIRLINGschen Formel (12) mit $j \geqq 1$

$$\Gamma((n+1)j) < 3\,((n+1)j)^{(n+1)j-\frac{1}{2}}\, e^{-(n+1)j}\,.$$

Mit (14) zusammengefaßt, ergibt sich unter Voraussetzung von $j \geqq 3,\, n \geqq 1$

$$\begin{aligned} |A_{\varkappa 0}(1)| &< n^{(n+1)j}\, j^{-1} + 3((n+1)j)^{(n+1)j-\frac{1}{2}}\, e^{-(n+1)j} < \\ &< 3((n+1)j)^{(n+1)j}\, e^{-(n+1)j}\, j^{-\frac{1}{2}}\,. \end{aligned} \tag{16}$$

7. Zusammenfassung. Aus (10) folgt mit der Beziehung (11)

$$|P(e)| \geqq |A_{\varkappa 0}(1)|^{-1} \left(|L_\varkappa(1)| - \left| \sum\limits_{l=0}^{n} a_l\, \Phi_{\varkappa l 0}(1) \right| \right)\,.$$

Tragen wir die in (13), (15), (16) gewonnenen Abschätzungen hierin ein, so erhalten wir

$$|P(e)| \geqq \tfrac{1}{3}\,((n+1)j)^{-(n+1)j}\, e^{(n+1)j}\,\big(j^j\, e^{-j} - (n+1)\, e^n\, n^{(n+1)j}\, j^{-\frac{1}{2}}\, H\big)\,. \tag{17}$$

Es sei nun j als die größte natürliche Zahl festgesetzt, für die

$$(j-1)^{(j-1)} e^{-(j-1)} \leqq 2(n+1) e^n n^{(n+1)(j-1)} (j-1)^{-\frac{1}{2}} H \qquad (18)$$

erfüllt ist. Wegen $n \geqq 1$, $H > 2$ folgt daraus die bisher benutzte Voraussetzung $j \geqq 3$, ja sogar $j \geqq 5$. Es folgt ferner

$$4(n+1) e^n n^{(n+1)j} j^{\frac{1}{2}} H > j^j e^{-j} > 2(n+1) e^n n^{(n+1)j} j^{-\frac{1}{2}} H. \qquad (19)$$

Für die rechte Ungleichung ist das klar. Die linke Ungleichung geht aus (18) hervor, wenn die linke Seite von (18) mit $\dfrac{1}{e}\left(1-\dfrac{1}{j}\right)^{-(j-1)} \cdot j$, die rechte mit dem größeren Faktor $2\left(1-\dfrac{1}{j}\right)^{\frac{1}{2}} n^{n+1} j$ multipliziert und die Seiten vertauscht werden. Mit den LANDAUschen Abkürzungen $\left(\varphi(x) = O(f(x)),\ \text{falls}\ \left|\dfrac{\varphi(x)}{f(x)}\right| < B\ \text{ist mit von}\ x\ \text{unabhängigem}\ B\ \text{für}\right.$ alle in Frage kommenden x, und $\psi(x) = o(f(x))$, falls $\lim\limits_{x \to \infty} \dfrac{\psi(x)}{f(x)} = 0$ ist$\Big)$ können wir aus (19) folgern

$$j \log j = \log H + j \log(e n^{n+1}) + O(\log j)$$

und daraus

$$j = \frac{\log H}{\log \log H}(1 + o(1)),$$

wobei $O(\log j)$ und $o(1)$ noch von n abhängen.

Ersetzen wir mittels der rechten Ungleichung (19) das Produkt $j^j e^{-j}$ in (17), so folgt

$$|P(e)| > H j^{-(n+1)j}, \qquad (20)$$

da für $n \geqq 1$, $j \geqq 1$

$$\tfrac{1}{3}(n+1)^{-(n+1)j} e^{(n+1)j} (n+1) e^n n^{(n+1)j} j^{-\frac{1}{2}} > 1$$

ist. Durch Elimination von j in (20) erhalten wir

$$|P(e)| > H\, e^{-(n+1)\left(\log H + j \log(e n^n + 1) + O(\log j)\right)}$$

$$= H^{-n}\, e^{-(n+1)\log(e n^{n+1}) \frac{\log H}{\log \log H}(1 + o(1)) + O(\log \log H)},$$

woraus

$$|P(e)| > H^{-n - \frac{\gamma}{\log \log H}}$$

mit

$$\gamma = (n+1)\log(e n^{n+1}) + o(1)\,(n+1)\log(e n^{n+1}) + O\left(\frac{\log \log H}{\log H}\right)^2 <$$

$$< c n^2 \log(n+1)$$

bei geeignetem $c > 1$ für alle $n \geqq 1$ und $H > H_0(n)$ folgt, und damit ist (5) bewiesen.

§ 2. Eine GELFONDsche Methode zur Annäherung von α^β durch algebraische Zahlen

A. GELFOND hat bald nach dem Transzendenznachweis von α^β bei algebraischem $\alpha \neq 0,1$ und algebraisch-irrationalem β eine Schranke in Richtung auf ein Approximationsmaß von α^β mitgeteilt. Er zeigte, daß *bei vorgegebenem $\varepsilon > 0$ und einer natürlichen Zahl n eine solche Zahl $H_0(\alpha, \beta, \varepsilon, n)$ existiert, daß für jede algebraische Zahl η von einem Grade $\leqq n$ und einer Höhe $H > H_0$ die Ungleichung*

$$|\alpha^\beta - \eta| > \exp\left(-\log H (\log\log H)^{5+\varepsilon}\right)$$

erfüllt ist (GELFOND [7]).

Später *verschärfte* er sein Ergebnis für $H > H_0$ zu

$$|P(\alpha^\beta)| > \exp\left(-\frac{n^3}{\log^3 n}\,(n + \log H)\,\log^{2+\varepsilon}(n + \log H)\right),$$

wobei $P(x)$ ein Polynom vom Grade n mit ganzrationalen Koeffizienten und der Höhe H bedeutet (GELFOND [11]). Die Beweismethode zu dem früheren Ergebnis ist nicht uninteressant und dieselbe soll in etwas modifizierter Form herangezogen werden, um ein Resultat zu zeigen, das zwischen den beiden GELFONDschen Ergebnissen liegt. Die schärfere Schranke von GELFOND ist auf einem anderen Weg mit einem erheblich größeren Aufwand bewiesen worden. Wir wollen beweisen den

Satz 26: *Seien die Zahl $\alpha \neq 0,1$ und die irrationale Zahl β beide algebraisch und sei n eine natürliche Zahl. Dann existiert eine positive Zahl $H_0(\alpha, \beta, \varepsilon, n)$ derart, daß für jedes algebraische η vom Grade $\leqq n$ und der Höhe $H > H_0$ die Abschätzung*

$$|\alpha^\beta - \eta| > \exp\left(-\log H\,(\log\log H)^{3+\varepsilon}\right) \tag{21}$$

gilt.

Beweis: 1. Existenz einer geeigneten Hilfsfunktion $\Phi(z)$. In gewisser Analogie zum ersten Schritt des Beweises von Satz 12 weisen wir die Existenz eines Polynoms in α^z und $\alpha^{\beta z}$

$$\Phi(z) = \sum_{\varrho_1, \varrho_2 = 0}^{r_1, r_2} C_{\varrho_1 \varrho_2}\, \alpha^{\varrho_1 z}\, \alpha^{\beta \varrho_2 z} \tag{22}$$

mit ganzen rationalen Koeffizienten $C_{\varrho_1 \varrho_2}$ nach, aber nun nicht mit der Eigenschaft, daß die Funktionswerte von $\Phi(z)$ und dessen Ableitungen an geeigneten Stellen z verschwinden, sondern nur mit der Bedingung, daß diese Werte dem absoluten Betrage nach genügend klein werden.

Zur Präzisierung dieser Aufgabe seien zunächst einige Festsetzungen getroffen. Wir setzen mit einer vorerst unbestimmten natürlichen Zahl $q > 1$ und einer noch willkürlichen Zahl δ aus dem Intervall $0 < \delta < 1$

$$r_1 = q;\quad r_2 = [(\log q)^{1+\delta}];\quad t = [q(\log q)^\delta];\quad m = [\tfrac{1}{5}\log q(\log\log q)^{-\frac{1}{2}}]. \tag{23}$$

Dann sollen die $C_{\varrho_1 \varrho_2}$ mit $0 \leq \varrho_1 \leq r_1$, $0 \leq \varrho_2 \leq r_2$ als nicht sämtlich verschwindende ganzrationale Zahlen mit

$$|C_{\varrho_1 \varrho_2}| < \exp\left(q(\log q)^{1+\delta}\right) \tag{24}$$

so bestimmt werden, daß die Zahlen

$$\frac{d^\tau \Phi(z)}{dz^\tau}\bigg|_{z=\mu} = \Phi^{(\tau)}(\mu) \quad \text{mit} \begin{cases} \mu = 0, 1, \ldots, m-1, \\ \tau = 0, 1, \ldots, t\ -1, \end{cases}$$

absolut genommen, geeignet klein werden.

Um eine obere Schranke für diese Zahlen zu erhalten, ziehen wir Hilfssatz 28 des Anhangs heran. Jedes $\Phi^{(\tau)}(\mu)$ ist eine Linearform in den $C_{\varrho_1 \varrho_2}$ mit komplexen Koeffizienten, und mit den Bezeichnungen des Hilfssatzes 28 ergibt sich aus (22) und (23)

$$\begin{aligned} M &\leq \left(q(\log q)^\delta\right) \left(\tfrac{1}{5} \log q (\log \log q)^{-\frac{1}{2}}\right), \\ N &= (q+1)\left[(\log q)^{1+\delta} + 1\right], \\ X &\geq \left[\exp\left(q(\log q)^{1+\delta}\right)\right] - 1, \\ A &< \exp(\gamma_1 q (\log q)^{1+\delta}) \end{aligned}$$

mit einer geeigneten Konstanten γ_1, die nur von α und β abhängt, und für genügend großes q folgt daraus

$$1 - \frac{N}{2M} < -\frac{7}{3}(\log \log q)^{\frac{1}{2}}.$$

Wir erhalten somit aus der Abschätzung von Hilfssatz 28

$$|\Phi^{(\tau)}(\mu)| < \sqrt{2}\,(q+1)\left((\log q)^{1+\delta} + 1\right) \times$$

$$\times \exp\left(\gamma_1 q (\log q)^{1+\delta}\right) \left(\left[\exp\left(q (\log q)^{1+\delta}\right)\right] - 1\right)^{-\frac{7}{8}(\log \log q)^{\frac{1}{2}}}$$

und daraus bei genügend großem q

$$|\Phi^{(\tau)}(\mu)| < \exp\left(-2q(\log q)^{1+\delta}(\log \log q)^{\frac{1}{2}}\right) \text{ für } \begin{cases} \mu = 0, 1, \ldots, m-1, \\ \tau = 0, 1, \ldots, t-1. \end{cases} \tag{25}$$

Wir setzen auch bei den weiteren Abschätzungen die Zahl q erforderlichenfalls genügend groß voraus, ohne dies jeweils besonders zu erwähnen.

2. **Eine obere Schranke von $|\Phi^{(\tau)}(\mu)|$ für weitere Stellen μ.** Um eine Schranke von $\Phi^{(\tau)}(\mu)$ für natürliche Zahlen $\mu \geq m$ zu gewinnen, wollen wir zunächst $|\Phi(z)|$ in einem Gebiet, das solche Zahlen μ umfaßt, abschätzen. Hierzu ziehen wir wieder einmal die Cauchysche Integralformel heran.

Es sei Γ eine geschlossene Kurve um den Koordinatenursprung, die die Stellen $0, 1, \ldots, m-1$ und $z \neq 0, 1, \ldots, m-1$ sämtlich im Innern enthält. Dann folgt aus der CAUCHYSCHEN Formel

$$\frac{1}{2\pi i} \int\limits_{\Gamma} \frac{\Phi(\zeta) \prod\limits_{\lambda=0}^{m-1} (z-\lambda)^t}{(\zeta-z)\prod\limits_{\lambda=0}^{m-1}(\zeta-\lambda)^t}\, d\zeta$$

$$= \Phi(z) + \frac{1}{(t-1)!} \sum_{\mu=0}^{m-1} \frac{d^{t-1}}{dy^{t-1}} \left(\frac{\Phi(y)\prod\limits_{\lambda=0}^{m-1}(z-\lambda)^t}{(y-z)\prod\limits_{\substack{\lambda=0\\ \lambda \neq \mu}}^{m-1}(y-\lambda)^t} \right)\Bigg|_{y=\mu}$$

$$= \Phi(z) + \frac{1}{(t-1)!} \sum_{\mu=0}^{m-1} \sum_{\tau=0}^{t-1} \binom{t-1}{\tau} \times$$

$$\times\ \Phi^{(\tau)}(\mu)\, \frac{d^{t-1-\tau}}{dy^{t-1-\tau}} \left(\frac{\prod\limits_{\lambda=0}^{m-1}(z-\lambda)^t}{(y-z)\prod\limits_{\substack{\lambda=0\\ \lambda \neq \mu}}^{m-1}(y-\lambda)^t} \right)\Bigg|_{y=\mu} .$$

Der Ausdruck auf der rechten Seite soll weiter umgeformt werden. Verstehen wir unter Γ_μ den Kreis $|\zeta - \mu| = \tfrac{1}{2}$ in der ζ-Ebene und liegt z außerhalb von Γ_μ, so gilt wieder wegen der CAUCHYSCHEN Formel

$$\frac{d^{t-1-\tau}}{dy^{t-1-\tau}} \left(\frac{\prod\limits_{\lambda=0}^{m-1}(z-\lambda)^t}{(y-z)\prod\limits_{\substack{\lambda=0\\ \lambda \neq \mu}}^{m-1}(y-\lambda)^t} \right)\Bigg|_{y=\mu}$$

$$= \frac{(t-1-\tau)!}{2\pi i} \int\limits_{\Gamma_\mu} \frac{\left(\prod\limits_{\lambda=0}^{m-1}(z-\lambda)^t\right)(\zeta-\mu)^{\tau-t}}{(\zeta-z)\prod\limits_{\substack{\lambda=0\\ \lambda \neq \mu}}^{m-1}(\zeta-\lambda)^t}\, d\zeta .$$

Liegt z außerhalb aller Kreise Γ_μ, so kann diese Beziehung für alle μ in die vorhergehende eingesetzt werden, und beachten wir noch, daß $\frac{(t-1-\tau)!}{(t-1)!}\binom{t-1}{\tau} = \frac{1}{\tau!}$ ist, dann erhalten wir

$$\Phi(z) = \frac{1}{2\pi i} \int\limits_{\Gamma} \frac{\Phi(\zeta)\prod\limits_{\lambda=0}^{m-1}(z-\lambda)^t}{(\zeta-z)\prod\limits_{\lambda=0}^{m-1}(\zeta-\lambda)^t}\, d\zeta\ +$$

$$+ \frac{1}{2\pi i} \sum_{\mu=0}^{m-1} \sum_{\tau=0}^{t-1} \frac{\Phi^{(\tau)}(\mu)}{\tau!} \int\limits_{\Gamma_\mu} \frac{\left(\prod\limits_{\lambda=0}^{m-1}(z-\lambda)^t\right)(\zeta-\mu)^{\tau-t}}{(z-\zeta)\prod\limits_{\substack{\lambda=0\\ \lambda \neq \mu}}^{m-1}(\zeta-\lambda)^t}\, d\zeta . \tag{26}$$

Auf Grund dieser Beziehung schätzen wir $|\Phi(z)|$ ab und wählen hierzu Γ als den Kreis $|\zeta| = (\log q)^{1+\delta}$, der sämtliche Stellen $\mu = 0, 1, \ldots, m-1$ im Innern enthält. Ferner möge $|z| = (\log q)^{1 + \frac{2}{3}\delta}$ sein. Dann liegt z innerhalb Γ und für genügend großes q wegen $m < |z|$ außerhalb aller Γ_μ.

Unter Beachtung von (24) erhalten wir mit ζ auf dem Rande von Γ, wenn γ_2, wie auch die noch folgenden Größen $\gamma_3, \gamma_4, \ldots$, von q unabhängig ist,

$$|\Phi(\zeta)| < (r_1 + 1)\,(r_2 + 1)\, e^{q(\log q)^{1+\delta}}\, \gamma_2^{q(\log q)^{1+\delta}},$$

$$\left| \prod_{\lambda=0}^{m-1} (z - \lambda)^t \right| < (2\,(\log q)^{1 + \frac{2}{3}\delta})^{mt},$$

$$\left| (\zeta - z) \prod_{\lambda=0}^{m-1} (\zeta - \lambda)^t \right| > \left(\frac{1}{2}\,(\log q)^{1+\delta} \right)^{mt+1},$$

und folglich ist der absolute Betrag des ersten Summanden auf der rechten Seite von (26) kleiner als

$$\gamma_3^{q(\log q)^{1+\delta}} \left(4\,(\log q)^{-\frac{\delta}{3}} \right)^{mt} <$$

$$< \exp\left(-\frac{2}{7}\,\delta mt \log\log q \right) < \exp\left(-\frac{\delta}{18}\, q\,(\log q)^{1+\delta}\,(\log\log q)^{\frac{1}{2}} \right).$$

Jedes der Integrale unter der Doppelsumme von (26) ist, absolut genommen, kleiner als

$$(2\,(\log q)^{1 + \frac{2}{3}\delta})^{mt} \cdot 2^{mt} < \exp\left(\frac{1}{2}\, q\,(\log q)^{1+\delta}\,(\log\log q)^{\frac{1}{2}} \right),$$

und unter Berücksichtigung von (25) folgt damit, daß der Betrag der Doppelsumme in (26) kleiner als

$$mt \cdot \exp\left(-2\,q\,(\log q)^{1+\delta}\,(\log\log q)^{\frac{1}{2}} + \frac{1}{2}\, q\,(\log q)^{1+\delta}\,(\log\log q)^{\frac{1}{2}} \right) <$$

$$< \exp\left(-q\,(\log q)^{1+\delta}\,(\log\log q)^{\frac{1}{2}} \right)$$

sein muß. Wir erhalten also insgesamt für $|\Phi(z)|$ die Abschätzung

$$|\Phi(z)| < \exp\left(-\frac{\delta}{18}\, q\,(\log q)^{1+\delta}\,(\log\log q)^{\frac{1}{2}} \right) +$$

$$+ \exp\left(-q\,(\log q)^{1+\delta}\,(\log\log q)^{\frac{1}{2}} \right),$$

mithin

$$|\Phi(z)|\big|_{|z| = (\log q)^{1 + \frac{2}{3}\delta}} < \exp\left(-\frac{\delta}{19}\, q\,(\log q)^{1+\delta}\,(\log\log q)^{\frac{1}{2}} \right). \qquad (27)$$

Da $\Phi(z)$ als reguläre Funktion ihr Maximum auf dem Rande annimmt, gilt diese Abschätzung sogar für alle z mit $|z| \leqq (\log q)^{1 + \frac{2}{3}\delta}$.

Daraus kann nun mittels der Integralformel

$$\Phi^{(\tau)}(z) = \frac{\tau!}{2\pi i} \int\limits_{\Gamma} \frac{\Phi(\zeta)}{(\zeta - z)^{\tau+1}}\, d\zeta \qquad (28)$$

eine Abschätzung für die Ableitungen von $\Phi(z)$ gewonnen werden. Sei jetzt Γ der Kreis $|\zeta| = (\log q)^{1+\frac{2}{3}\delta}$, so gilt für $|z| < (\log q)^{1+\frac{2}{3}\delta} - 1$, also erst recht für $|z| \leq (\log q)^{1+\frac{\delta}{2}}$ und $1 \leq \tau \leq [q(\log q)^\delta]$, wenn noch $\tau! \leq \tau^\tau$ beachtet wird,

$$|\Phi^{(\tau)}(z)| < (q\,(\log q)^\delta)^{q(\log q)^\delta}\, e^{-\frac{\delta}{19}\,q(\log q)^{1+\delta}\,(\log\log q)^{\frac{1}{2}}}\,(\log q)^{1+\frac{2}{3}\delta}\,,$$

und daraus folgt

$$|\Phi^{(\tau)}(\mu)| < \exp\left(-\frac{\delta}{20}\,q(\log q)^{1+\delta}\,(\log\log q)^{\frac{1}{2}}\right)$$

$$\text{für}\ \begin{cases} \mu = 0, 1, \ldots, \left[(\log q)^{1+\frac{\delta}{2}}\right], \\ \tau = 0, 1, \ldots, [q\,(\log q)^\delta]\,. \end{cases} \tag{29}$$

3. Verbesserung der oberen Schranke von $|\Phi^{(\tau)}(\mu)|$. Wir bezeichnen in der Variablen x

$$\Psi_{\mu\tau}(x) = \sum_{\varrho_1,\varrho_2=0}^{r_1,r_2} C_{\varrho_1\varrho_2}\,\alpha^{\varrho_1\mu}\,x^{\varrho_2\mu}\,(\varrho_1 + \beta\varrho_2)^\tau\,. \tag{30}$$

Dann ist

$$\Psi_{\mu\tau}(\alpha^\beta) = (\log\alpha)^{-\tau}\,\Phi^{(\tau)}(\mu)\,, \tag{31}$$

und es folgt

$$|\Psi_{\mu\tau}(\alpha^\beta) - \Psi_{\mu\tau}(\eta)| \leq \sum_{\varrho_1,\varrho_2=0}^{r_1,r_2} |C_{\varrho_1\varrho_2}\alpha^{\varrho_1\mu}(\varrho_1+\beta\varrho_2)^\tau|r_2\mu(|\alpha^\beta|+1)^{r_2\mu-1}\cdot|\alpha^\beta-\eta|$$

$$< (r_1+1)(r_2+1)\,e^{q(\log q)^{1+\delta}}\,\gamma_3^{r_1\mu}\,(2q)^\tau\,\gamma_4^{r_2\mu}\cdot|\alpha^\beta-\eta|$$

mit den gleichen Werten von μ und τ, für die (29) gilt, wenn unter η eine algebraische Zahl mit $|\eta| \leq |\alpha^\beta| + 1$ verstanden wird, was für η im Sinne des Satzes 26 keine Einschränkung bedeutet. Also erhalten wir wegen $\mu \leq (\log q)^{1+\frac{\delta}{2}}$ und $\tau \leq q\,(\log q)^\delta$

$$|\Psi_{\mu\tau}(\alpha^\beta) - \Psi_{\mu\tau}(\eta)| < |\alpha^\beta - \eta|\cdot\exp(3\,q\,(\log q)^{1+\delta})\,. \tag{32}$$

Bis zu dieser Stelle wurde der Beweis direkt geführt. Nun schließen wir indirekt weiter und nehmen an, die Ungleichung (21) des Satzes 26 sei falsch, es gebe also Zahlen η vom Grade $\leq n$ mit beliebig großer Höhe H, für die

$$|\alpha^\beta - \eta| \leq \exp(-\log H\,(\log\log H)^{3+\varepsilon}) \tag{33}$$

gelte. Wir fixieren δ durch $5\delta = \varepsilon$ und bringen H und q durch die Festsetzung

$$H = [\exp(q(\log q)^{-1-\delta})]$$

miteinander in Verbindung. Es ist dann

$$\log H > q(\log q)^{-1-2\delta}\,,\quad \log\log H > (1-\omega)\log q \ \text{mit}\ \omega > 0\,.$$

Damit folgt aus (33) bei genügend kleinem ω

$$|\alpha^\beta - \eta| < \exp\left(-\,(1-\omega)^{3+\varepsilon}\,q(\log q)^{2+3\delta}\right) < \exp\left(-\tfrac{1}{2}\,q(\log q)^{2+3\delta}\right), \quad (34)$$

und tragen wir diese Abschätzung in (32) ein, so ergibt sich

$$|\Psi_{\mu\tau}(\alpha^\beta) - \Psi_{\mu\tau}(\eta)| < \exp\left(-\,q(\log q)^{2+2\delta}\right)$$

$$\text{für } \begin{cases} \mu = 0, 1, \ldots, \left[(\log q)^{1+\frac{\delta}{2}}\right], \\ \tau = 0, 1, \ldots, [q(\log q)^\delta]\,. \end{cases} \quad (35)$$

Aus der Beziehung (31) und der Abschätzung (29) gewinnen wir

$$|\Psi_{\mu\tau}(\alpha^\beta)| < \exp\left(-\frac{\delta}{21}\,q(\log q)^{1+\delta}\,(\log\log q)^{\frac{1}{2}}\right),$$

und durch Kombination der beiden letzten Ungleichungen folgt

$$|\Psi_{\mu\tau}(\eta)| < \exp\left(-\frac{\delta}{22}\,q(\log q)^{1+\delta}\,(\log\log q)^{\frac{1}{2}}\right)$$

$$\text{für } \begin{cases} \mu = 0, 1, \ldots, \left[(\log q)^{1+\frac{\delta}{2}}\right], \\ \tau = 0, 1, \ldots, [q(\log q)^\delta]\,. \end{cases} \quad (36)$$

Da η eine algebraische Zahl ist, kann für $|\Psi_{\mu\tau}(\eta)|$, falls dies nicht verschwindet, eine untere Schranke bestimmt werden. $\Psi_{\mu\tau}(\eta)$ liegt offenbar im Körper $\Re$, der aus dem Körper der rationalen Zahlen durch Adjunktion von α, β und η entsteht, und der den Grad s habe. a_0, b_0 und h_0 seien die höchsten Koeffizienten der Minimalpolynome von α, β und η, so daß $a_0\alpha$, $b_0\beta$ und $h_0\eta$ ganzalgebraisch sind. Wegen (30) ist dann die Zahl

$$\Xi = a_0^{q\left[(\log q)^{1+\frac{\delta}{2}}\right]}\; b_0^{\left[q(\log q)^\delta\right]}\; h_0^{\left[(\log q)^{1+\delta}\right]\left[(\log q)^{1+\frac{\delta}{2}}\right]}\Psi_{\mu\tau}(\eta) \quad (37)$$

ganzalgebraisch, und für deren Norm erhalten wir, falls $\Psi_{\mu\tau}(\eta)$ verschieden von Null ist, was nun vorausgesetzt werde,

$$|N(\Xi)| \geqq 1\,.$$

Da nach Hilfssatz 1 die Ungleichung $|\eta| \leqq H+1$ und da ferner $h_0 \leqq H$ gilt, ergibt sich nach kurzer Rechnung

$$|\Xi| < \gamma_4^{q(\log q)^{1+\delta}}\,H^{2(\log q)^2+\frac{3}{2}\delta} < \exp\left(\gamma_5\,q(\log q)^{1+\delta}\right)\,.$$

Folglich wird

$$|\Xi| \geqq \prod_{\sigma=2}^{s}|\Xi^{(\sigma)}|^{-1} > \exp\left(-\,(s-1)\,\gamma_5\,q(\log q)^{1+\delta}\right)\,. \quad (38)$$

Da der Grad von η unabhängig von H und somit auch unabhängig von q durch n beschränkt sein sollte, kann auch s nicht von q abhängen, und wir erhalten somit aus (37) und (38) mit geeignetem γ_6

$$|\Psi_{\mu\tau}(\eta)| > \exp\left(-\,\gamma_6\,q(\log q)^{1+\delta}\right)\,. \quad (39)$$

Die Ungleichungen (36) und (39) stehen aber für genügend großes q im Widerspruch zueinander. Daher muß entgegen unserer gemachten Annahme $\Psi_{\mu\tau}(\eta) = 0$ sein. Aus (31), (32) und (34) gewinnen wir deswegen die Abschätzung

$$|\Phi^{(\tau)}(\mu)| < |\log\alpha|^{q(\log q)^\tau} \exp\left(-\tfrac{1}{2} q(\log q)^{2+3\delta} + 3\,q(\log q)^{1+\delta}\right),$$

und daraus

$$|\Phi^{(\tau)}(\mu)| < \exp\left(-q(\log q)^{2+2\delta}\right) \quad \text{für} \begin{cases} \mu = 0, 1, \ldots, \left[(\log q)^{1+\frac{\delta}{2}}\right], \\ \tau = 0, 1, \ldots, [q(\log q)^\delta], \end{cases} \tag{40}$$

was gegenüber (29), ja sogar gegenüber (25), eine erhebliche Verschärfung bedeutet, die durch die vorausgesetzte Ungleichung (33) erzielt wurde.

4. Ein Induktionsschluß. Unser Ziel ist es, den Gültigkeitsbereich der Ungleichung (40) für die gleichen Zahlen τ auf alle natürlichen Zahlen μ von 0 bis $\left[(\log q)^{2+\frac{\delta}{2}}\right]$ auszudehnen. Hierzu verwenden wir einen Induktionsschluß, indem wir aus der Voraussetzung

$$|\Phi^{(\tau)}(\mu)| < \exp\left(-q(\log q)^{2+2\delta}\right) \quad \text{für} \begin{cases} \mu = 0, 1, \ldots, [(\log q)^{1+\delta_1}] = m_1, \\ \tau = 0, 1, \ldots, [q(\log q)^\delta] \end{cases} \tag{41}$$

mit $\dfrac{\delta}{2} \leqq \delta_1 \leqq 1$ auf die Richtigkeit von

$$|\Phi^{(\tau)}(\mu)| < \exp\left(-q(\log q)^{2+2\delta}\right) \quad \text{für} \begin{cases} \mu = 0, 1, \ldots, \left[(\log q)^{1+\delta_1+\frac{\delta}{2}}\right], \\ \tau = 0, 1, \ldots, [q(\log q)^\delta] \end{cases} \tag{42}$$

schließen wollen. Um dieses durchzuführen, haben wir die Gedanken der Abschnitte *2* und *3* zu wiederholen, wobei (41) sozusagen an die Stelle der Ungleichung (25) tritt. Ist die Folgerung von (42) aus (41) bewiesen, so folgt wegen der Identität von (41) mit (40) für $\delta_1 = \dfrac{\delta}{2}$ die Richtigkeit der Ungleichung (40) für alle $0 \leqq \mu \leqq \left[(\log q)^{2+\frac{\delta}{2}}\right]$ und $0 \leqq \tau \leqq [q(\log q)^\delta]$.

Wieder schätzen wir zunächst $\Phi(z)$ mittels Formel (26) ab. Es sei Γ der Kreis $|\zeta| = (\log q)^{1+\delta_1+\delta}$, der die Stellen $\mu = 0, 1, \ldots, [(\log q)^{1+\delta_1}]$ im Innern enthält. Die Kreise Γ_μ bleiben wie zuvor $|\zeta - \mu| = \tfrac{1}{2}$, und für z gelte $|z| = (\log q)^{1+\delta_1+\frac{2}{3}\delta}$, womit auch z in Γ liegt. Da die Rechnungen völlig analog zu den entsprechenden in *2* und *3* verlaufen, sei eine kürzere Fassung erlaubt. Wir erhalten an Stelle von (27) nunmehr, wenn wir m durch m_1 ersetzen und für Γ und z die angegebenen Bedeutungen in (26) eintragen, unter Beachtung von (41)

$$|\Phi(z)|\big/_{|z| = (\log q)^{1+\delta_1+\frac{2}{3}\delta}} < \exp\left(-\frac{\delta}{4} q(\log q)^{1+\delta_1+\delta} \log\log q\right), \tag{43}$$

und daraus folgt

$$|\Phi^{(\tau)}(\mu)| < \exp\left(-\frac{\delta}{5}\, q(\log q)^{1+\delta_1+\delta} \log\log q\right)$$

$$\text{für}\ \begin{cases} \mu = 0, 1, \ldots, \left[(\log q)^{1+\delta_1+\frac{\delta}{2}}\right], \\ \tau = 0, 1, \ldots, [q(\log q)^\delta]\,. \end{cases} \tag{44}$$

Diese Abschätzung verbessern wir wieder unter Heranziehung von (33). An die Stelle von (32) tritt nun

$$|\Psi_{\mu\tau}(\alpha^\beta) - \Psi_{\mu\tau}(\eta)| < |\alpha^\beta - \eta|\, \exp\,(q(\log q)^{1+\delta_1+\delta})\,. \tag{45}$$

Wegen (34) folgt dann wieder (35), aber nunmehr für alle $0 \leq \mu \leq \left[(\log q)^{1+\delta_1+\frac{\delta}{2}}\right]$, $0 \leq \tau \leq [q(\log q)^\delta]$, und daraus schließen wir unter Beachtung von (44) auf

$$|\Psi_{\mu\tau}(\eta)| < \exp\left(-\frac{\delta}{6}\, q(\log q)^{1+\delta_1+\delta} \log\log q\right)\,.$$

Unter der Annahme $\Psi_{\mu\tau}(\eta) \neq 0$ gelingt in Analogie zu den Betrachtungen in **3** für alle in Betracht kommenden μ und τ die Abschätzung

$$|\Psi_{\mu\tau}(\eta)| > \exp\,(-\,\gamma_7\, q(\log q)^{1+\delta_1+\delta})\,,$$

die für großes q zu der vorhergehenden im Widerspruch steht. Also folgt $\Psi_{\mu\tau}(\eta) = 0$ und daher durch Kombination von (31), (34) und (45) die behauptete Ungleichung (42).

5. Eine obere Schranke von $|\Phi^{(\tau)}(0)|$ für größere τ. Nunmehr wollen wir eine Schranke für $|\Phi^{(\tau)}(0)|$ und $0 \leq \tau \leq 2q[(\log q)^{1+\delta}]$ zu gewinnen suchen. Zu diesem Zweck gehen wir von der Ungleichung (43) für $\delta_1 = 1$ aus. Da diese Abschätzung mit $\delta_1 = 1$ für $|z| = (\log q)^{2+\frac{2}{3}\delta}$ gilt, ist sie wegen der Regularität von $\Phi(z)$ auch für alle z mit $|z| \leq (\log q)^{2+\frac{2}{3}\delta}$ gültig. Zur Abschätzung von $|\Phi^{(\tau)}(0)|$ ziehen wir nun die Integralformel (28) mit $z = 0$ heran und wählen für Γ den Kreis $|\zeta| = 1$. Dann folgt mittels (28) für alle $\tau = 0, 1, \ldots, 2q[(\log q)^{1+\delta}]$, wenn (43) für die Abschätzung von $|\Phi(\zeta)|$ benutzt wird,

$$|\Phi^{(\tau)}(0)| < \tau^\tau \exp\left(-\frac{\delta}{4}\, q(\log q)^{2+\delta} \log\log q\right) <$$

$$< q^{4q(\log q)^{1+\delta}} \cdot \exp\left(-\frac{\delta}{4}\, q(\log q)^{2+\delta} \log\log q\right)\,,$$

und daraus

$$|\Phi^{(\tau)}(0)| < \exp\left(-\frac{\delta}{5}\, q(\log q)^{2+\delta} \log\log q\right)$$

$$\text{für}\ \tau = 0, 1, \ldots, 2q[(\log q)^{1+\delta}]\,. \tag{46}$$

6. Beweisschluß. Da $\Phi^{(\tau)}(0)$ bis auf den Faktor $(\log\alpha)^\tau$ algebraisch ist, kann eine untere Schranke für $|\Phi^{(\tau)}(0)|$, falls dies nicht verschwindet, angegeben werden. Wegen

$$\Phi^{(\tau)}(0) = (\log \alpha)^{\tau} \sum_{\varrho_1, \varrho_2 = 0}^{r_1, r_2} C_{\varrho_1 \varrho_2} (\varrho_1 + \beta \varrho_2)^{\tau} = (\log \alpha)^{\tau} \Psi_{0\tau}$$

ist $b_0^{\tau} \Psi_{0\tau}$ ganzalgebraisch. Analog den entsprechenden Untersuchungen in **3** und **4** folgt hier über $|N(b_0^{\tau} \Psi_{0\tau})| \geq 1$, falls $\Psi_{0\tau} \neq 0$, für $\tau = 0, 1, \ldots, 2\,q[(\log q)^{1+\delta}]$

$$|\Psi_{0\tau}| > \exp\left(- \gamma_8\, q(\log q)^{2+\delta}\right),$$

also auch

$$|\Phi^{(\tau)}(0)| > \exp\left(- \gamma_9\, q(\log q)^{2+\delta}\right). \tag{47}$$

Die beiden Ungleichungen (46) und (47) widersprechen einander, folglich verschwinden für genügend großes q und sämtliche

$$\tau = 0, 1, \ldots, 2q[(\log q)^{1+\delta}]$$

die Zahlen $\Phi^{(\tau)}(0)$, was gleichbedeutend ist mit dem Bestehen des Gleichungssystems

$$\sum_{\varrho_1, \varrho_2 = 0}^{r_1, r_2} C_{\varrho_1 \varrho_2} (\varrho_1 + \beta \varrho_2)^{\tau} = 0 \quad \text{für } \tau = 0, 1, \ldots, 2\,q[(\log q)^{1+\delta}].$$

Dieses homogene Gleichungssystem für die $C_{\varrho_1 \varrho_2}$ als Unbestimmte besteht aus einer größeren Anzahl von Gleichungen als Unbekannten. Greifen wir aus der Koeffizientenmatrix

$$((\varrho_1 + \beta \varrho_2)^{\tau})$$

eine quadratische Matrix mit $(q+1)([(\log q)^{1+\delta}]+1)$ aufeinanderfolgenden Zeilen heraus, so ist deren Determinante wegen der Irrationalität von β als VANDERMONDEsche Determinante ungleich Null. Dann müßten aber alle $C_{\varrho_1 \varrho_2}$ verschwinden im Widerspruch zur Bestimmung der $C_{\varrho_1 \varrho_2}$ zu Beginn des Beweises. Aus diesem Widerspruch folgt endlich, daß die Annahme (33) nicht zulässig und folglich die Behauptung des Satzes 26 richtig ist.

§ 3. Eine verallgemeinerte Fragestellung und weitere Resultate

Wir können den Satz 26 auch als Transzendenzergebnis formulieren, und zwar folgendermaßen: *Ist $\alpha \neq 0, 1$, ferner β irrational und gestattet α^β mit algebraischen Zahlen η beschränkten Grades und beliebig großer Höhe H die Approximation (33), so muß mindestens eine der beiden Zahlen α und β transzendent sein.* Wir haben damit das in Kap. II bewiesene Transzendenzresultat — α, β und α^β sind, triviale Fälle ausgeschlossen, nicht sämtlich algebraisch — ausgedehnt auf den Fall, daß α^β eine U-Zahl ist, die eine gewisse Approximation erlaubt und sehen, daß dann α und β auch nicht beide algebraisch sein können.

Es ist nun naheliegend zu fragen, ob und wieweit auch α oder β oder auch beide, α und β, durch transzendente Zahlen, die geeignet gute Approximationen durch algebraische Zahlen gestatten, ersetzt werden können und dabei ein Satz von dieser Art — es können α, β, α^β nicht sämtlich algebraische oder transzendente Zahlen sein, die sich durch algebraische Zahlen geeignet gut approximieren lassen — erhalten bleibt. G. RICCI hat sich mit einer ähnlichen Frage als erster beschäftigt. Er beweist einen in seiner allgemeinsten Fassung nicht sehr durchsichtigen Satz, von dem hier nur zwei Spezialfälle mitgeteilt seien:

1. *Ist $\alpha \neq 0, 1$ algebraisch und β algebraisch irrational, ferner χ irrational mit einer Kettenbruchentwicklung von unendlich vielen Näherungen $\dfrac{p_\nu}{q_\nu}$ mit $\left|\chi - \dfrac{p_\nu}{q_\nu}\right| < \exp\left(-\log^{3+\varepsilon} q_\nu\right)$, $\varepsilon > 0$, so ist $\alpha^{\chi\beta}$ transzendent.*

2. *Ist α algebraisch und β algebraisch irrational, ferner $\chi\alpha \neq 0, 1$ mit irrationalem χ, das eine Kettenbruchentwicklung von unendlich vielen Näherungen mit $\left|\chi - \dfrac{p_\nu}{q_\nu}\right| < \exp\left(-\log^{2+\varepsilon} q_\nu\right)$, $\varepsilon > 0$ besitzt, so ist $(\chi\alpha)^\beta$ transzendent* (RICCI [1]).

In gewisser Weise etwas umfassender als das Ergebnis von RICCI ist dasjenige von P. FRANKLIN zum gleichen Gegenstand. FRANKLIN stützt sich wie RICCI auf die Beweismethode von GELFOND (FRANKLIN[1], GELFOND [7]). Er zeigt in seinem Hauptsatz, dem er noch einige weitere verwandte Resultate beifügt: *Seien $\eta_{1\nu}$, $\eta_{2\nu}$, $\eta_{3\nu}$; $\nu = 1, 2, \ldots$ drei Folgen irrationaler algebraischer Zahlen aus einem festen algebraischen Körper, deren Konjugierte gleichmäßig beschränkt seien und c_ν eine Folge ganzrationaler Zahlen derart, daß $c_\nu\eta_{1\nu}$, $c_\nu\eta_{2\nu}$, $c_\nu\eta_{3\nu}$ ganzalgebraisch sind. Besitzen die drei Folgen $\eta_{1\nu}$, $\eta_{2\nu}$, $\eta_{3\nu}$; $\nu = 1, 2, \ldots$ die Grenzwerte $\lim\limits_{\nu\to\infty} \eta_{1\nu} = \alpha \neq 0, 1$; $\lim\limits_{\nu\to\infty} \eta_{2\nu} = \alpha^\beta$ und irrationales $\beta = \lim\limits_{\nu\to\infty} \eta_{3\nu}$ so, daß für jedes feste $\nu > \nu_0$*

$$\mathrm{Max}\left(|\alpha - \eta_{1\nu}|, |\alpha^\beta - \eta_{2\nu}|, |\beta - \eta_{3\nu}|\right) < \exp\left(-(\log c_\nu)^k\right)$$

gilt, so kann nicht $k > 7$ sein. — Hierbei ist besonders die Bedingung, daß die sämtlichen Konjugierten der $\eta_{\varkappa\nu}$ $\left(\begin{array}{l}\varkappa = 1, 2, 3, \\ \nu = 1, 2, \ldots\end{array}\right)$ gleichmäßig beschränkt sein sollen, eine unbefriedigende Einschränkung.

Wir wollen einen entsprechenden Satz beweisen, der keine derartige Einschränkung enthält, und zwar behaupten wir:

Satz 27: *Es seien η_1, η_2, η_3 algebraische Zahlen eines Grades $\leq n$ und einer Höhe $\leq H$. Sind für $\alpha \neq 0, 1$ und irrationales β die drei Ungleichungen*

$$\left.\begin{array}{l}|\alpha - \eta_1| \\ |\alpha^\beta - \eta_2| \\ |\beta - \eta_3|\end{array}\right\} < \exp\left(-(\log H)^k\right) \tag{48}$$

mit beliebig großem H durch geeignete Wahl der η_1, η_2, η_3 simultan erfüllbar, so kann nicht $k > 5$ sein.

Dieses gegenüber dem FRANKLINschen Satz auch schärfere Ergebnis läßt sich in bezug auf die Schranke von k leicht weiter verbessern, wenn statt der drei Ungleichungen (48) nur eine oder zwei von diesen zu erfüllen sind. Wir können das Ergebnis auch so aussprechen: α, β, α^β können, ·triviale Fälle ausgeschlossen, weder algebraische noch U-Zahlen mit einer simultanen Approximation (48) und $k > 5$ bei beliebig großem H sein.

Beweis des Satzes 27: Wir führen den Beweis in weitgehender Analogie zum Beweis des Satzes 26 und erlauben uns daher eine knappere Fassung.

1. Die Hilfsfunktion $\Phi(z)$. Mit einer natürlichen Zahl $q \geqq 10$ werde gesetzt

$$r_1 = q^2, \; r_2 = q^2, \; m = \left[\tfrac{1}{5} q (\log q)^{-\frac{1}{2}}\right], \; t = q^3 . \tag{49}$$

$C_{\varrho_1 \varrho_2}$ bedeute mit $\varrho_1 = 0, 1, \ldots, r_1$; $\varrho_2 = 0, 1, \ldots, r_2$ nicht sämtlich verschwindende ganzrationale Zahlen mit

$$|C_{\varrho_1 \varrho_2}| < \exp (q^4) \tag{50}$$

und mit der Forderung, daß die aus $\Phi(z) = \sum\limits_{\varrho_1, \varrho_2 = 0}^{r_1, r_2} C_{\varrho_1 \varrho_2} \alpha^{\varrho_1 z} \alpha^{\beta \varrho_2 z}$ gebildeten Zahlen $\Phi^{(\tau)}(\mu)$ für $\mu = 0, 1, \ldots, m - 1$; $\tau = 0, 1, \ldots, t - 1$, absolut genommen, nahe bei Null liegen. Mittels Hilfssatz 28 erhalten wir in den dortigen Bezeichnungen für genügend großes q wegen

$$M \leqq q^3 (\tfrac{1}{5} q (\log q)^{-\frac{1}{2}}), \; N = (q^2 + 1)^2, \; X \geqq [\exp (q^4)] - 1, \; A < \exp (4 q^3 \log q)$$

und daher wegen $1 - \dfrac{N}{2M} < - \dfrac{7}{3} (\log q)^{\frac{1}{2}}$ die Abschätzung

$$|\Phi^{(\tau)}(\mu)| < \exp (- 2 q^4 (\log q)^{\frac{1}{2}}) \text{ für } \begin{cases} \mu = 0, 1, \ldots, m - 1, \\ \tau = 0, 1, \ldots, t - 1. \end{cases} \tag{51}$$

2. Eine obere Schranke von $\Phi^{(\tau)}(\mu)$ für weitere Stellen. Mit $|\zeta| = q^2$ für Γ, sowie $|\zeta - \mu| = \tfrac{1}{2}$ für Γ_μ und $\mu = 0, 1, \ldots, m - 1$ gehen wir in die Integralformel (26) ein. Dabei sei $|z| = q^{\frac{3}{2}}$. Dann folgt wegen (49), (50) und (51), daß der Betrag des ersten Integrals auf der rechten Seite von (26) kleiner als

$$\exp (\gamma_1 q^4 - \tfrac{1}{11} q^4 (\log q)^{\frac{1}{2}}) < \exp (- \tfrac{1}{12} q^4 (\log q)^{\frac{1}{2}})$$

und der Betrag der Doppelsumme kleiner als

$$\exp (- 2 q^4 (\log q)^{\frac{1}{2}} + \tfrac{1}{2} q^4 (\log q)^{\frac{1}{2}}) < \exp (- q^4 (\log q)^{\frac{1}{2}})$$

ist. Wir erhalten somit

$$|\Phi(z)|/_{|z| \leqq q^{\frac{3}{2}}} < \exp (- \tfrac{1}{13} q^4 (\log q)^{\frac{1}{2}}) .$$

Diese Abschätzung, in die Integralformel (28) mit Γ als Kreis $|\zeta| = q^{\frac{3}{2}}$ und für z eine Zahl mit $|z| \leq q^{\frac{5}{4}}$ eingetragen, liefert

$$|\Phi^{(\tau)}(\mu)| < \exp\left(-\tfrac{1}{14}\, q^4\, (\log q)^{\frac{1}{2}}\right) \text{ für } \begin{cases} \mu = 0, 1, \ldots, [q^{\frac{5}{4}}] \\ \tau = 0, 1, \ldots, q^3 . \end{cases} \tag{52}$$

3. **Verbesserung der oberen Schranke von $\Phi^{(\tau)}(\mu)$.** Mit der Bezeichnung

$$\Psi_{\mu\tau}(x_1, x_2, x_3) = \sum_{\varrho_1, \varrho_2 = 0}^{r_1, r_2} C_{\varrho_1 \varrho_2}\, x_1^{\varrho_1 \mu}\, x_2^{\varrho_2 \mu}\, (\varrho_1 + x_3 \varrho_2)^\tau$$

ist

$$\Psi_{\mu\tau}(\alpha, \alpha^\beta, \beta) = (\log \alpha)^{-\tau}\, \Phi^{(\tau)}(\mu) . \tag{53}$$

Seien l_1, l_2, l_3 natürliche Zahlen, $x_1, x_2, x_3, y_1, y_2, y_3$ beliebige Unbestimmte, so gilt die Identität

$$x_1^{l_1} x_2^{l_2} x_3^{l_3} - y_1^{l_1} y_2^{l_2} y_3^{l_3} = (x_1^{l_1} - y_1^{l_1})\, x_2^{l_2} x_3^{l_3} + (x_2^{l_2} - y_2^{l_2})\, y_1^{l_1} x_3^{l_3} + (x_3^{l_3} - y_3^{l_3})\, y_1^{l_1} y_2^{l_2}.$$

Ferner ist

$$|x_\varkappa^{l_\varkappa} - y_\varkappa^{l_\varkappa}| \leq |x_\varkappa - y_\varkappa|\, l_\varkappa \cdot \mathrm{Max}(|x_\varkappa|, |y_\varkappa|)^{l_\varkappa - 1} .$$

Daher folgt mit den gleichen Werten μ und τ wie bei Abschätzung (52) und mit $\underset{\varkappa = 1}{\overset{3}{\mathrm{Max}}}|\eta_\varkappa| < \gamma_2$, was mit einem nur von α, β abhängigen γ_2 keine Einschränkung für die $\eta_\varkappa$ bedeutet, unter Beachtung von (50)

$$|\Psi_{\mu\tau}(\alpha, \alpha^\beta, \beta) - \Psi_{\mu\tau}(\eta_1, \eta_2, \eta_3)| < (|\alpha - \eta_1| + |\alpha^\beta - \eta_2| + |\beta - \eta_3|)\, \exp(2q^4). \tag{54}$$

Wir nehmen nun an, (48) sei mit $k = 5 + \varepsilon$ und $\varepsilon > 0$ für beliebig große H erfüllt, und wir verknüpfen H mit q durch

$$H = [\exp(q^{1-\delta})] + 1 \quad \text{bei} \quad \varepsilon = 9\,\delta . \tag{55}$$

Es folgt dann $\log H > q^{1-\delta}$. Aus (54) erhalten wir jetzt, da für $\varepsilon < 1$, worauf wir uns beschränken können, $- (\log H)^{5+\varepsilon} < - q^{5 + 3\delta}$ ist,

$$\begin{aligned} |\Psi_{\mu\tau}(\alpha, \alpha^\beta, \beta) - \Psi_{\mu\tau}(\eta_1, \eta_2, \eta_3)| < \\ < 3 \exp\left(-(\log H)^{5+\varepsilon}\right) \exp(2\,q^4) < \exp\left(-q^{5+2\delta}\right) . \end{aligned} \tag{56}$$

Durch Kombination von (52) mit (53) gewinnen wir

$$|\Psi_{\mu\tau}(\alpha, \alpha^\beta, \beta)| < \exp\left(-\tfrac{1}{15}\, q^4\, (\log q)^{\frac{1}{2}}\right) ,$$

und aus den beiden letzten Ungleichungen folgt

$$|\Psi_{\mu\tau}(\eta_1, \eta_2, \eta_3)| < \exp\left(-\tfrac{1}{16}\, q^4\, (\log q)^{\frac{1}{2}}\right) \text{ für } \begin{cases} \mu = 0, 1, \ldots, [q^{\frac{5}{4}}] , \\ \tau = 0, 1, \ldots, q^3 . \end{cases}$$

Nach Voraussetzung sind η_1, η_2, η_3 algebraische Zahlen höchstens n-ten Grades, also ist $\Psi_{\mu\tau}(\eta_1, \eta_2, \eta_3)$ algebraisch und liegt in dem aus η_1, η_2, η_3 erzeugten Körper $\Re$ vom Grade $s \leq n^3$. Seien h_1, h_2, h_3

die höchsten Koeffizienten der Minimalpolynome von η_1, η_2, η_3, so sind $h_1\eta_1$, $h_2\eta_2$, $h_3\eta_3$ ganz, und es muß mit $\mu = 0, 1, \ldots, [q^{1+\delta}]$, $\tau = 0, 1, \ldots, q^3$

$$\Xi = h_1^{q^2[q^{\delta+1}]} \, h_2^{q^2[q^{\delta+1}]} \, h_3^{q^3} \, \Psi_{\mu\tau}(\eta_1, \eta_2, \eta_3) \tag{57}$$

ganz sein. Nehmen wir $\Psi_{\mu\tau}(\eta_1, \eta_2, \eta_3) \neq 0$ an, so folgt $|N(\Xi)| \geqq 1$. Wegen $\overset{3}{\underset{\varkappa=1}{\mathrm{Max}}} (h_\varkappa, \overline{|\eta_\varkappa|}) \leqq H + 1$ und (55) ergibt sich

$$|\Xi| \leqq \exp\left(\gamma_3 \, q^4 + 6 \, q^{3+\delta} \log H\right) < \exp\left(\gamma_4 \, q^4\right) . \tag{58}$$

Aus $|\Xi| \geqq \overset{8}{\underset{\sigma=2}{\prod}} |\Xi^{\{\sigma\}}|^{-1}$ und wegen (57) und (58) folgt

$$|\Psi_{\mu\tau}(\eta_1, \eta_2, \eta_3)| > \exp\left(-\gamma_5 \, q^4\right)$$

im Widerspruch zu (52) für genügend großes q. Folglich verschwindet $\Psi_{\mu\tau}(\eta_1, \eta_2, \eta_3)$ und es gilt dann wegen (56) und der Formel (53) für $\mu = 0, 1, \ldots, [q^{1+\delta}]$; $\tau = 0, 1, \ldots, q^3$ die Abschätzung

$$|\Phi^{(\tau)}(\mu)| < \exp\left(-q^{5+\delta}\right) . \tag{59}$$

4. Ein Induktionsschluß. Die Abschätzung (59) soll für alle $\mu = 0, 1, \ldots, q^2$; $\tau = 0, 1, \ldots, q^3$ gezeigt werden. Wir weisen dies nach, indem wir ihre Richtigkeit für $\mu = 0, 1, \ldots, \left[q^{1+\delta_1+\frac{\delta}{2}}\right]$; $\tau = 0, 1, \ldots, q^3$ aus derjenigen für $\mu = 0, 1, \ldots, [q^{1+\delta_1}]$; $\tau = 0, 1, \ldots, q^3$ herleiten, wenn nur $0 \leqq \delta_1 \leqq 1$ erfüllt ist, und bemerken, daß (59) für $\delta_1 = \delta$ bereits bewiesen ist. Wieder werde zuerst $\Phi(z)$ mittels (26) abgeschätzt, wofür Γ durch $|\zeta| = q^{2+\delta_1}$ und Γ_μ durch $|\zeta - \mu| = \frac{1}{2}$ festgelegt sei und für z die Bedingung $|z| = q^{\frac{3}{2}+\delta_1}$ gelte. Wir erhalten dann

$$\begin{aligned}
|\Phi(z)|/_{|z| \leqq q^{\frac{3}{2}+\delta_1}} &< \exp\left(-\tfrac{1}{3} q^{4+\delta_1} \log q\right) + \exp\left(-\tfrac{1}{2} q^{5+\delta}\right) \\
&< \exp\left(-\tfrac{1}{4} q^{4+\delta_1} \log q\right)
\end{aligned} \tag{60}$$

und hieraus mittels (28) für $\mu = 0, 1, \ldots, \left[q^{1+\delta_1+\frac{\delta}{2}}\right]$; $\tau = 0, 1, \ldots, q^3$

$$|\Phi^{(\tau)}(\mu)| < \exp\left(-\tfrac{1}{5} q^{4+\delta_1} \log q\right) .$$

Unter der Annahme von (48) mit $k = 5 + \varepsilon$ und Heranziehung von (54) erhalten wir jetzt für alle in Frage kommenden μ und τ wiederum

$$|\Psi_{\mu\tau}(\alpha, \alpha^\beta, \beta) - \Psi_{\mu\tau}(\eta_1, \eta_2, \eta_3)| < \exp\left(-q^{5+2\delta}\right) , \tag{61}$$

also aus den beiden letzten Abschätzungen wegen (53)

$$|\Psi_{\mu\tau}(\eta_1, \eta_2, \eta_3)| < \exp\left(-\tfrac{1}{6} q^{4+\delta_1} \log q\right) .$$

Ist die algebraische Zahl $\Psi_{\mu\tau}(\eta_1, \eta_2, \eta_3) \neq 0$, so ergibt sich für

$$\mu = 0, 1, \ldots, \left[q^{1 + \delta_1 + \frac{\delta}{2}}\right]; \tau = 0, 1, \ldots, q^3$$

$$|\Psi_{\mu\tau}(\eta_1, \eta_2, \eta_3)| > \exp\left(- q^{4 + \delta_1}\right).$$

Aus dem Widerspruch der beiden letzten Ungleichungen folgt $\Psi_{\mu\tau}(\eta_1, \eta_2, \eta_3) = 0$ und daher aus (61) die Richtigkeit von (59) für

$$\mu = 0, 1, \ldots, \left[q^{1 + \delta_1 + \frac{\delta}{2}}\right].$$

5. **Eine obere Schranke von $\Phi^{(\tau)}(0)$ für größere τ.** Wir benutzen noch einmal die Formel (28) und wählen für Γ den Kreis $|\zeta| = 1$. Zur Abschätzung des Integranden verwenden wir (60) mit $\delta_1 = 1$ und erhalten für $\tau = 0, 1, \ldots, 2 q^4$

$$|\Phi^{(\tau)}(0)| < \exp\left(- \tfrac{1}{5} q^5 \log q\right). \tag{62}$$

6. **Beweisschluß.** Gegenüber dem Beweise von Satz 26 wird nun dadurch eine geringfügige Änderung der Schlußweise notwendig, daß $\Psi_{0\tau}(\alpha, \alpha^\beta, \beta) = \Psi_{0\tau}(0, 0, \beta)$ bei transzendentem β keine algebraische Zahl mehr ist. Wir ziehen daher noch $\Psi_{0\tau}(0, 0, \eta_3)$ heran und erhalten analog (54) für $\tau = 0, 1, \ldots, 2 q^4$

$$|\Psi_{0\tau}(0, 0, \beta) - \Psi_{0\tau}(0, 0, \eta_3)| < |\beta - \eta_3| \exp\left(\gamma_6 q^4 \log q\right) < \exp\left(- q^{5 + 2\delta}\right).$$

Aus (62) folgt wegen (53)

$$|\Psi_{0\tau}(0, 0, \beta)| < \exp\left(- \tfrac{1}{6} q^5 \log q\right),$$

also ist

$$|\Psi_{0\tau}(0, 0, \eta_3)| < \exp\left(- \tfrac{1}{7} q^5 \log q\right). \tag{63}$$

Die Zahl $\Psi_{0\tau}(0, 0, \eta_3)$ ist algebraisch und $h_3^{2q^4} \Psi_{0\tau}(0, 0, \eta_3)$ ganz. Wegen

$$\overline{\left|h_3^{2q^4} \Psi_{0\tau}(0, 0, \eta_3)\right|} < \exp\left(q^{5 - \frac{\delta}{2}}\right)$$

folgt dann, falls $\Psi_{0\tau}(0, 0, \eta_3)$ nicht verschwindet,

$$|\Psi_{0\tau}(0, 0, \eta_3)| > \exp\left(- q^5\right).$$

Das bedingt wegen (63) das Verschwinden von $\Psi_{0\tau}(0, 0, \eta_3)$ für alle $\tau = 0, 1, \ldots, 2 q^4$. Dies wiederum ist mit dem Bestehen eines Systems von $2 q^4 + 1$ linearen homogenen Gleichungen für die $(q^2 + 1)^2$ Größen $C_{\varrho_1 \varrho_2}$ gleichbedeutend. Jede $(q^2 + 1)^2$-reihige Determinante der Koeffizientenmatrix stellt für aufeinanderfolgende τ eine VANDERMONDEsche Determinante dar. Dieselbe ist für irrationales η_3 von Null verschieden. Aber auch für rationales η_3 von einer genügend großen genauen Höhe H kann die VANDERMONDEsche Determinante, die sich als Produkt von Linearfaktoren $\varrho_1^* + \eta_3 \varrho_2^*$ mit Max $(\varrho_1^*, \varrho_2^*) < 2 q^2$ in ganzrationalen ϱ_1^*, ϱ_2^* schreiben läßt, nicht verschwinden, da wegen $H = [\exp(q^{1 - \delta})] + 1$ jeder dieser Faktoren ungleich Null ist. Also sind alle $C_{\varrho_1 \varrho_2}$ als Lösungen eines homogenen linearen Gleichungssystems mit nichtverschwindender Determinante gleich Null im Widerspruch zu den eingangs des Beweises festgestellten Eigenschaften derselben. Aus diesem Widerspruch folgt Satz 27.

Außer für die bisher genannten sind noch für eine Reihe weiterer transzendenter Zahlen die Fragen nach der Approximation durch algebraische Zahlen bzw. nach dem Transzendenzmaß untersucht worden. Darüber möge kurz berichtet werden.

Für die Zahl π und die Logarithmen algebraischer Zahlen zeigt MAHLER: *Es sei $\alpha \neq 1$ eine positive rationale Zahl und $P(x)$ ein Polynom mit ganzen rationalen Koeffizienten der Höhe $H > 0$ und des Grades $n > 0$. Dann gibt es eine von n und H unabhängige Konstante $c > 1$ und zu jedem n ein nicht von H abhängiges $C(n)$, so daß für den reellen Logarithmus von α oder auch für die Zahl π die Ungleichung $|P(\log \alpha)| \geqq C(n)\, H^{-c^n}$ erfüllt ist* (MAHLER [3]). Damit verschärft er frühere Resultate von MORDOUCHAI-BOLTOVSKOJ, SIEGEL und POPKEN. Letzterer hat bewiesen: *Es gilt $|\pi - \eta| > 2^{-H^{c(n)}}$, wenn η eine algebraische Zahl vom Grade n und der Höhe H und $c(n)$ eine nur von n abhängige geeignete Konstante bedeutet* (MORDOUCHAI-BOLTOVSKOJ [1]; SIEGEL [3]; POPKEN [3]). FELDMAN seinerseits verschärft und verallgemeinert die Ergebnisse von MAHLER zu den Aussagen, daß *mit einem konstanten, von n und H unabhängigen c_1 die Abschätzung*

$$|P(\pi)| > \exp\left(- c_1 n \operatorname{Max}\left(\log H \log \log H,\, n \log^2 n\right)\right)$$

und mit einem nur von α abhängigen $c_2 = c_2(\alpha)$ für beliebiges algebraisches $\alpha \neq 0, 1$

$$|P(\log \alpha)| > \exp\left(- c_2 n\, (1 + \log n) \operatorname{Max}\left(\log H \log \log H,\, n \log^2 n\right)\right)$$

gilt (FELDMAN [1, 2]). Darauf zeigt MAHLER, daß *die Zahlen $\log \alpha$ und π keine U-Zahlen* sein können. Er beweist eine gegenüber dem FELDMANschen Resultat bezüglich der Abhängigkeit von H noch schärfere Abschätzung, die folgendermaßen lautet: *Sei α algebraisch $\neq 0, 1$, sowie h die Höhe und s der Grad von α. Das Polynom $P(x)$ mit ganzrationalen Koeffizienten habe die Höhe H und den Grad n. Dann folgt*

$$|P(\log \alpha)| > \frac{1}{2}\left\{ H \exp\left(2n \operatorname{Max}\left(30 \log C(n),\, \left[\frac{\log H}{n}\right] + 1 \right)\right)\right\}^{-C(n)\cdot s},$$

wobei $C(n) = \operatorname{Max}\left(\left[e^{4ns+1} \log(h+1)\right] + 1,\, 50\,h\right)$ ist. Aus dieser Abschätzung geht unmittelbar hervor, daß $\log \alpha$ nicht U-Zahl sein kann. Besonders wertvoll ist bei dem MAHLERschen Resultat, daß hier nicht nur die Abhängigkeit von H und n, sondern auch von h und s als Parameter zum Ausdruck kommt. MAHLER gibt in der gleichen Arbeit (MAHLER [9]) noch einige Anwendungen, die im wesentlichen durch

Spezialisierungen erzielt werden. So beweist er z. B. *für vier ganze Zahlen a, b, p, q mit $a > b \geq 1$, $p \geq 0$, $q \geq 1$, $\frac{p}{q} \leq 2 \log a$ und $\gamma = [10 \log a]$ die Ungleichung*

$$\left|\log\left(\frac{a}{b}\right) - \frac{p}{q}\right| > \{2^\gamma \, (\log a)^{\gamma-1} \, e^{3(\gamma+1)\operatorname{Max}([3\log(\gamma+1)]+1,\,[2\log q]+1)} \, q^\gamma\}^{-1} \ ;$$

und noch spezieller: *Für ganze Zahlen a und p gilt bei genügend großem a*

$$|\log a - p| > a^{-40 \log\log a} \, .$$

Wenig später zeigt MAHLER ein erstaunliches *Irrationalitätsmaß für π durch die Abschätzung*

$$\left|\pi - \frac{p}{q}\right| > q^{-42}$$

für alle positiven ganzen Zahlen p und $q \geq 2$ (MAHLER [10]). Dieses Resultat ist besser als irgendein früheres in dieser Richtung. MAHLER beweist in der gleichen Arbeit *für die Approximation von π durch algebraische Zahlen η vom Grade n und der Höhe H, wenn* $m = \left[20 \cdot 2^{\frac{5(n-1)}{2}}\right]$ *und* $H^* = \operatorname{Max}\left(H, (m+1)^{\frac{m+1}{n}}\right)$ *gesetzt wird, die Ungleichung*

$$|\pi - \eta| > \left(\frac{e}{(m+1)^{1+n\log \bar{H}^*}}\right)^{m+1} \, .$$

Daraus folgt erneut, daß π keine *U*-Zahl sein kann.

Zum Transzendenzmaß für α^β ist noch nachzutragen, daß POPKEN und KOKSMA noch vor der ersten GELFONDschen Untersuchung der Approximation von α^β (POPKEN, KOKSMA [1]; GELFOND [7]) *für den Spezialfall e^π in*

$$|P(e^\pi)| < c(n, \varepsilon) \exp\left(-(4+\varepsilon) \frac{\log^2 H}{\log\log H}\right) \qquad mit\ \varepsilon > 0$$

ein Transzendenzmaß aufstellten, das für die Zahl e^π das beste bisher bekannte Resultat ist.

GELFOND hat mehrfach die Frage der Approximation von $\frac{\log \alpha}{\log \beta}$ für algebraische α und β, beide $\neq 0, 1$, untersucht, über die auch Satz 27 eine, wenn auch nicht gerade die beste, Auskunft gibt. Zuerst hat GELFOND *für irrationales* $\frac{\log \alpha}{\log \beta}$ bewiesen, daß *die Ungleichung* $\left|\frac{\log \alpha}{\log \beta} - \eta\right| > \exp\left(-\log^{3+\varepsilon} H\right)$ *für genügend großes H unlösbar ist, wobei η eine algebraische Zahl beschränkten Grades der Höhe H bedeutet* (GELFOND [8]). Später hat er diese Aussage *zu*

$$\left|P\left(\frac{\log \alpha}{\log \beta}\right)\right| > \exp\left(-n^2 (n + \log H)^{2+\varepsilon}\right)$$

verbessert (GELFOND [11]). Aus seinem früheren Resultat schließt er auf die *Existenz einer Zahl* $b_0(\varepsilon)$ *mit der Eigenschaft, daß für ganzrationale Zahlen* $a > 0$, $b > b_0(\varepsilon)$ *unter der Bedingung* $|\beta|^a \geqq |\alpha|^b$ *die Beziehung*

$$|\alpha^b - \beta^a| > |\beta|^a \, e^{-\log^{3+\varepsilon} |a|}$$

gilt. Ferner schätzt er mit einer Methode von MAHLER und SKOLEM den p-adischen Wert $|\alpha^b - \beta^a|_p$ ab für den Fall, daß α und β algebraische p-adische Zahlen sind, und erhält

$$|\alpha^b - \beta^a|_p > p^{-\log^{3+\varepsilon} b} \,,$$

falls $b \geqq a > 0$, $n \geqq n_1(\varepsilon)$, $|\alpha|_p \geqq 1$, $|\beta|_p \geqq 1$ *erfüllt sind.* Durch Kombination der Abschätzung des Absolutbetrags und des p-adischen Betrags von $\alpha^b - \beta^a$ folgert GELFOND schließlich den interessanten Satz, daß *die Gleichung*

$$\alpha^x + \beta^y = \gamma^z$$

für reelle algebraische Zahlen α, β, γ *mit* $|\alpha| \neq 0, 1$; $|\beta| \neq 0, 1$; $|\gamma| \neq 0, 1$, *die nicht sämtlich Einheiten sind, nur eine endliche Anzahl von Lösungen in ganzen rationalen Zahlen* x, y, z *besitzt, wenn der Fall* $\alpha = \pm 2^{k_1}$, $\beta = \pm 2^{k_2}$, $\gamma = \pm 2^{k_3}$ *mit rationalen* k_1, k_2, k_3 *ausgeschlossen wird* (GELFOND [9]; siehe auch [12]).

Approximationsaussagen transzendenter Zahlen, die mit den elliptischen Funktionen in Zusammenhang stehen, hat FELDMAN veröffentlicht (FELDMAN [1, 3]). Nach seinen Resultaten besteht *für eine Periode* ω *der* WEIERSTRASS*schen* $\wp$-*Funktion mit algebraischen* g_2, g_3 *mit geeigneten* $c_3 = c_3(\omega, g_2, g_3)$ *die Ungleichung*

$$|P(\omega)| > \exp\left(- c_3 \, n^4 \, \mathrm{Max}\, (\log H \, \log^4 \log H, \, n \log^5 n)\right) .$$

Ferner beweist er: *Für jede Zahl* β *mit der Eigenschaft, daß* $\wp(\beta)$ *algebraisch ist bei algebraischen* g_2 *und* g_3, *existiert zu Konstanten* $\varepsilon > 0$ *und* k *eine Größe* $c_4 = c_4(\varepsilon, k, \beta, g_2, g_3)$ *derart, daß für* $\mathrm{Max}\,(\log H, \exp(n^{2+k})) \geqq c_4$ *die Abschätzung*

$$|P(\beta)| >$$
$$> \exp\left\{- \mathrm{Max}\left(\log H \exp(m \, (\log \log H)^{\frac{1}{2}+\varepsilon}), \, \exp(n^{2+k} + n^{(2+k)(\frac{1}{2}+\varepsilon)+1})\right)\right\}$$

erfüllt ist.

Die Resultate von FELDMAN und teilweise auch diejenigen von GELFOND, die beweismethodisch miteinander verwandt sind, erfordern erheblich umfangreichere Rechnungen und z. T. auch tiefere Betrachtungen, als wir es hier an den drei Beispielen, den Sätzen 25, 26, 27, demonstriert haben. Die Frage nach möglichst guten Transzendenzmassen gegebener Zahlen sollte trotz der dabei auftretenden Schwierigkeiten weiter verfolgt werden, da hiervon die Feststellung der Transzendenz anderer Zahlen oder auch die Entscheidung der algebraischen

Unabhängigkeit transzendenter Zahlen abhängen kann (siehe hierzu GELFOND [10, 11]).

Fünftes Kapitel

Algebraische Unabhängigkeit transzendenter Zahlen
(Die SIEGELsche Methode)

§ 1. Arithmetische Hilfsbetrachtungen

Unsere Kenntnisse über die algebraische Unabhängigkeit bestimmter transzendenter Zahlen sind noch erheblich geringer als unsere Transzendenzkenntnisse schlechthin. Zwar ist der LINDEMANNsche Satz, der eine Aussage über algebraische Unabhängigkeit von Potenzen unter geeigneten Bedingungen macht, schon recht bald nach den ersten Transzendenzergebnissen gefunden worden, jedoch blieb er lange als isoliertes Ergebnis stehen. Erst SIEGEL zeigte in seiner Untersuchung über Werte der BESSELschen und verwandter Funktionen einen etwas breiteren Weg zur Gewinnung von Transzendenzergebnissen und Ergebnissen über algebraische Unabhängigkeit gewisser Größen. Diese Methode, die so sehr befruchtend auf die Transzendenzuntersuchungen gewirkt hat, ist auch heute noch fast das einzige Instrument zur Feststellung der algebraischen Unabhängigkeit von transzendenten Zahlen. Leider ist ihre Anwendungsmöglichkeit durch mehrere analytische und arithmetische Bedingungen nicht allzu groß. In diesem Abschnitt wird die Methode von SIEGEL nicht in ihrer vollsten Allgemeinheit, sondern nur soweit entwickelt werden, wie sie zum Beweis des Satzes von LINDEMANN und des SIEGELschen Resultats über die Werte der BESSELschen Funktion notwendig ist. Bezüglich des allgemeinen Umfangs dieser Methode sei auf die SIEGELsche Originalarbeit (SIEGEL [3], siehe auch [5]) verwiesen.

Die Hilfsbetrachtungen in diesem Paragraphen, die, in drei Hilfssätze aufgegliedert, wesentliche Teile der SIEGELschen Methode darstellen, entwickeln einheitlich einen Teil der Beweise für den LINDEMANNschen Satz bzw. für das Resultat über die BESSEL-Funktion. In den nächsten Paragraphen werden dann die Beweise durch Spezialisierung auf die jeweilige Fragestellung vollendet.

Es sei versucht, den Beweisgedanken der SIEGELschen Methode vorweg knapp zu skizzieren. Es soll gezeigt werden, daß die Werte gegebener geeigneter Funktionen $f_1(x_0), \ldots, f_m(x_0)$ für ein festes algebraisches $x_0 \neq 0$ transzendent und voneinander algebraisch unabhängig sind, d. h. daß kein Polynom in $f_1(x_0), \ldots, f_m(x_0)$ mit algebraischen Zahlkoeffizienten, die nicht alle Null sind, verschwindet. Es sei gleich bemerkt, daß dies gleichbedeutend ist damit, daß kein Polynom in den genannten Größen mit rationalen Zahlkoeffizienten, die nicht alle Null sind, verschwindet. Der erste Schritt des Beweises besteht in der Aufstellung eines Polynoms in x und $f_1(x), \ldots, f_m(x)$ mit Koeffizienten aus einem geeigneten algebraischen Zahlkörper $\Re$, welches als Funktion von x die Zahl Null gut annähert oder, was dasselbe bedeutet, deren Potenzreihe in x mit einem hohen Index beginnt. Nennen wir die in diesem Polynom auftretenden Potenzprodukte von $f_1(x), \ldots, f_m(x)$ dann $E_1(x), \ldots, E_k(x)$, so haben wir damit eine Linearform in $E_1(x), \ldots, E_k(x)$ mit Polynomen in x als Koeffizienten, welche die Null gut annähert. Im zweiten Schritt bilden wir durch Differentiation dieser Linearform weitere Näherungsformen. Dazu ist es notwendig, daß die Funktionen $E_\varkappa(x)$ einem linearen Differentialgleichungssystem der Form

$$\frac{dE_\varkappa(x)}{dx} = \varphi_{\varkappa 1}(x)\, E_1(x) + \cdots + \varphi_{\varkappa k}(x)\, E_k(x) \quad (\varkappa = 1, \ldots, k) \quad (1)$$

mit Koeffizienten $\varphi_{\varkappa 1}(x), \ldots, \varphi_{\varkappa k}(x)$ aus dem Körper $\Re(x)$ der rationalen Funktionen über $\Re$ genügen. Die Nenner dieser rationalen Funktionen multiplizieren wir nach jeder Differentiation weg. Wir erhalten so ein System von linearen Näherungsformen in den $E_1(x), \ldots, E_k(x)$ mit Polynomkoeffizienten aus $\Re(x)$. Im dritten Schritt wird untersucht, inwieweit diese Formen voneinander linear unabhängig sind. Natürlich gehen hier die Eigenschaften der gegebenen Funktionen $f_1(x), \ldots, f_m(x)$ wesentlich ein, und diese Frage ist gerade bei den BESSEL-Funktionen nicht trivial. Im vierten Schritt gewinnen wir aus einem System von über dem rationalen Funktionenkörper $\Re(x)$ linear unabhängiger Näherungsformen ein anderes System gleicher Art, welches auch nach Spezialisierung der Variablen x zu $x = x_0$ aus $\Re$ linear unabhängig über dem Zahlkörper $\Re$ bleibt. Im fünften Schritt nehmen wir an, es gäbe ein nichttriviales Polynom $P(f_1(x_0), \ldots, f_m(x_0))$ mit rationalen Koeffizienten, das verschwindet. Dann lassen sich mit Hilfe dieses Polynoms weitere Näherungsformen leicht bilden. Es gelingt dann, ein System von k linear unabhängigen Formen auszuwählen, aus dem wir durch Darstellung eines $E_\varkappa(x_0)$ als Linearkombination dieser Näherungsformen und Abschätzung der beiderseitigen Absolutbeträge zu einem Widerspruch kommen, woraus dann $P(f_1(x_0), \ldots, f_m(x_0)) \neq 0$ folgt.

Wir wollen in diesem Paragraphen den ersten, zweiten und vierten Schritt vorbereiten bzw. durchführen. Der erste Schritt ist bis auf eine geringfügige Verallgemeinerung der Satz 7 in der SIEGELschen Abhandlung, der vierte Schritt deckt sich im wesentlichen mit dem dortigen Satz 8 (SIEGEL [3], S. 22—25).

Es sei $\Re$ ein algebraischer Zahlkörper vom Grade s. Unter $E(x)$ sei eine Funktion verstanden, die eine Potenzreihenentwicklung der Form

$$E(x) = \sum_{\nu = 0}^{\infty} a_\nu \frac{x^\nu}{\nu!} \tag{2}$$

besitze, wobei die a_ν algebraische Zahlen aus $\Re$ seien mit den folgenden Eigenschaften:

a) Ist ε eine beliebige positive Zahl, so gelte $\overline{|a_n|} = O(n^{\varepsilon n})$.

b) Es existiert eine Folge positiver ganzrationaler Zahlen $q_0, q_1, \ldots$ derart, daß $q_n a_n$ ganzalgebraisch ist und für das kleinste gemeinschaftliche Vielfache v_n von $q_0, \ldots, q_n$ die Abschätzung $v_n = O(n^{\varepsilon n})$ gilt.

Ein Beispiel für eine solche E-Funktion ist offenbar die Funktion $f(x) = e^{\alpha x}$ mit algebraischem α. Es ist sofort einzusehen, daß die

BESSELsche Funktion $f(x) = J_0(\alpha x) = \sum_{n=0}^{\infty} \frac{(-1)^n}{(n!)^2} \left(\frac{\alpha x}{2} \right)^{2n}$ ein weiteres

Beispiel für eine E-Funktion darstellt. Ferner ist klar, daß jede Ableitung einer E-Funktion wieder eine E-Funktion sein muß. Also ist auch $\dfrac{d J_0(x)}{d x} = J_0'(x)$ eine E-Funktion.

Die SIEGELsche Forderung, daß eine E-Funktion einer linearen Differentialgleichung genüge, wollen wir jetzt nicht aufnehmen, da dieselbe zur Durchführung des ersten Schrittes der SIEGELschen Methode nicht notwendig ist. An späterer Stelle werden wir jedoch eine geeignete analytische Bedingung fordern müssen, um den geplanten Weg weiterschreiten zu können.

Wir beginnen nun mit

Hilfssatz 20: *Es seien k und t natürliche Zahlen, ε eine beliebig kleine feste positive Zahl und $E_1(x), \ldots, E_k(x)$ gegebene E-Funktionen, deren Entwicklungskoeffizienten nach Potenzen von x in einem festen algebraischen Zahlkörper $\Re$ vom Grade s gelegen seien. Mit $\varkappa = 1, \ldots, k$ und $\lambda = 0, \ldots, 2t - 1$ existieren dann ganze algebraische, nicht sämtlich verschwindende Zahlen $C_{\varkappa\lambda}$ aus $\Re$ derart, daß*

1. *die Funktion*

$$\Phi(x) = \sum_{\varkappa = 1}^{k} \sum_{\lambda = 0}^{2t-1} C_{\varkappa\lambda}\, x^\lambda\, E_\varkappa(x) \tag{3}$$

an der Stelle $x = 0$ mindestens von der Ordnung $(2k - 1)t$ verschwindet und

2. *die Ungleichungen*

$$\overline{|C_{\varkappa\lambda}|} = O(t^{(2+\varepsilon)t}) \quad mit\ \varkappa = 1, \ldots, k;\ \lambda = 0, \ldots, 2t - 1 \tag{4}$$

erfüllt sind. Es folgt dann, daß

3. *$\Phi(x)$ eine E-Funktion ist, für deren Entwicklungskoeffizienten b_ν in der Potenzreihe*

$$\Phi(x) = \sum_{\nu = (2k-1)t}^{\infty} b_\nu\, \frac{x^\nu}{\nu!} \tag{5}$$

in Abhängigkeit von t und ν die Abschätzung

$$\overline{|b_\nu|} = O(t^{2t}\, \nu^{\varepsilon \nu}) \tag{6}$$

gilt.

Beweis: Wir schreiben analog (2)

$$E_{\varkappa}(x) = \sum_{\nu=0}^{\infty} a_{\varkappa,\nu}\, \frac{x^{\nu}}{\nu!}\,.$$

Dann sind die Bedingungen des Verschwindens von $\Phi(x)$ an der Stelle $x = 0$ von mindestens der Ordnung $(2\,k-1)\,t$ wegen (3) gleichbedeutend mit dem Bestehen der Gleichungen

$$\sum_{\varkappa=1}^{k} \sum_{\lambda=0}^{\mathrm{Min}(\varrho,\,2t-1)} C_{\varkappa\lambda}\, \frac{a_{\varkappa,\,\varrho-\lambda}}{(\varrho-\lambda)!} = 0 \quad \text{für } \varrho = 0, 1, \ldots, (2\,k-1)\,t-1\,.$$

In diesem Gleichungssystem ersetzen wir $C_{\varkappa\lambda}$ durch

$$C_{\varkappa\lambda} = \frac{(2\,t-1)!}{\lambda!}\, c_{\varkappa\lambda} \tag{7}$$

und fragen nach einer Lösung in ganzen Zahlen $c_{\varkappa\lambda}$. Ist $c_{\varkappa\lambda}$ ganz, so auch $C_{\varkappa\lambda}$. Das Gleichungssystem geht dann, wenn wir zudem noch die ϱ-te Gleichung mit $\dfrac{\varrho!}{(2\,t-1)!}$ multiplizieren, über in

$$\sum_{\varkappa=1}^{k} \sum_{\lambda=0}^{\mathrm{Min}(\varrho,\,2t-1)} \binom{\varrho}{\lambda} c_{\varkappa\lambda}\, a_{\varkappa,\,\varrho-\lambda} = \sum_{\varkappa=1}^{k} \sum_{\lambda=0}^{2t-1} \binom{\varrho}{\lambda} c_{\varkappa\lambda}\, a_{\varkappa,\,\varrho-\lambda} = 0 \tag{8}$$
$$\text{für } \varrho = 0, 1, \ldots, (2\,k-1)\,t-1\,.$$

Das sind $(2\,k-1)\,t$ homogene lineare Gleichungen für die $2\,kt$ Unbestimmten $c_{\varkappa\lambda}$, deren Koeffizienten algebraische Zahlen aus $\Re$ sind. Nach der Eigenschaft b) der E-Funktionen $E_{\varkappa}(x)$ existieren positive ganze rationale Zahlen $q_{\varkappa\nu}$, für die $q_{\varkappa\nu}\,a_{\varkappa\nu}$ ganzalgebraisch und die kleinsten gemeinschaftlichen Vielfachen $v_{\varkappa n} = v_{\varkappa n}(q_{\varkappa 0}, \ldots, q_{\varkappa n}) = O(n^{\varepsilon\, n})$ sind mit $\varkappa = 1, \ldots, k$. Die Koeffizienten der Gleichungen (8) werden demnach durch Multiplikation einer jeden Gleichung mit $\prod\limits_{\varkappa=1}^{k} v_{\varkappa,\,(2\,k-1)\,t-1}$ ganzalgebraisch, und die so entstandenen ganzalgebraischen Koeffizienten aus $\Re$ haben dann samt ihren Konjugierten wegen der über die E-Funktionen vorausgesetzten Eigenschaften a) und b) Beträge von der Größenordnung $O(t^{\varepsilon^* t})$ in t, wenn $\varepsilon^* = \varepsilon^*(\varepsilon)$ eine positive Konstante bedeutet, die mit ε gegen Null geht. Wir wollen verabreden, eine mit ε gegen Null strebende positive Funktion von ε stets mit dem gleichen Buchstaben ε zu bezeichnen. Das Gleichungssystem (8) ist dann nach Hilfssatz 31 des Anhangs lösbar in ganzen Zahlen $c_{\varkappa\lambda}$ aus $\Re$, die nicht sämtlich verschwinden und für die mit beliebigem $\varepsilon > 0$

$$\overline{|c_{\varkappa\lambda}|} < O(t^{\varepsilon t}) \tag{9}$$

erfüllt ist. Wegen (7) folgt aus (9) dann (4). Aus (3) und (7) erhalten wir für die Koeffizienten b_ν in (5) die Beziehung

$$b_\nu = (2\,t - 1)!\sum_{\varkappa=1}^{k}\sum_{\lambda=0}^{2t-1}\binom{\nu}{\lambda}\,c_{\varkappa\lambda}\,a_{\varkappa,\,\nu-\lambda}\,,$$

und damit ergibt sich wegen der Eigenschaft $a)$ der E-Funktionen und (9) die Abschätzung (6).

Die Funktion $\Phi(x)$ verschwindet an der Stelle $x = 0$ von hoher Ordnung; sie nähert die Null gut an. Wir bezeichnen $\Phi(x)$ darum als Näherungsform, für die wir auch

$$\Phi(x) = \sum_{\varkappa=1}^{k} P_{0\varkappa}(x)\,E_\varkappa(x)$$

schreiben.

Weitere Näherungsformen erhalten wir durch Bildung der ι-ten Ableitung von $\Phi(x)$ mit $\iota = 1, 2, \ldots$ und Multiplikation mit x^ι. Damit die Funktionen $x^\iota \Phi^{(\iota)}(x)$ aber Linearformen in $E_1(x), \ldots, E_k(x)$ sind, muß für die E-Funktionen $E_\varkappa(x)$ mit $\varkappa = 1, \ldots, k$ ein System von Differentialgleichungen der Form (1) gelten, das wir nunmehr voraussetzen wollen. Wir können dann schreiben

$$x^\iota\,\Phi^{(\iota)}(x) = \sum_{\varkappa=1}^{k} P_{\iota\varkappa}(x)\,E_\varkappa(x) \quad (\iota = 0, 1, \ldots)\,. \quad (10)$$

Wenn keine speziellere Voraussetzung über die rationalen Funktionen $\varphi_{\varkappa 1}(x), \ldots, \varphi_{\varkappa k}(x)$ in (1) gemacht wird, ergeben sich dabei die Koeffizienten $P_{\iota\varkappa}(x)$ ebenfalls als rationale Funktionen, deren Nenner natürlich durch Multiplikation einer jeden der Gleichungen (10) mit einem geeigneten Polynom beseitigt werden können. Wir wollen diese allgemeinere Untersuchung nicht aufnehmen, sondern nur in den beiden Spezialfällen, in denen wir die SIEGELsche Methode explizit durchführen, nach der Gestalt der $P_{\iota\varkappa}(x)$ fragen.

Erstens setzen wir für $E_\varkappa(x)$ die Funktion $e^{\beta_\varkappa x}$ ein, wobei die Zahlen $\beta_\varkappa$ ganzalgebraisch und sämtlich voneinander verschieden seien. Dann lautet das System (1)

$$\frac{d E_\varkappa(x)}{d x} = \beta_\varkappa E_\varkappa(x) \qquad (\varkappa = 1, \ldots, k)\,. \quad (11)$$

Zweitens wollen wir, wenn $J_0(x) = \sum_{n=0}^{\infty} \frac{(-1)^n}{(n!)^2}\left(\frac{x}{2}\right)^{2n}$ bedeutet, unter $E_1(x), \ldots, E_k(x)$ die Funktionen $J_0^\lambda(x)\,J_0'^{\,\mu-\lambda}(x)$ mit $\lambda = 0, 1, \ldots, \mu$; $\mu = 0, 1, \ldots, l$ verstehen. Es muß dazu $k = \dfrac{(l+1)\,(l+2)}{2}$ und die Funktionen $J_0^\lambda(x)\,J_0'^{\,\mu-\lambda}(x)$ müssen E-Funktionen sein. Letzteres folgt aus der leicht zu bestätigenden Tatsache, daß das Produkt von zwei E-Funktionen stets wieder eine E-Funktion ist. Wegen der Differentialgleichung

8*

der BESSELschen Funktion

$$J_0''(x) = -\frac{1}{x} J_0'(x) + J_0(x)$$

folgt dann mit $E_\varkappa(x) = J_0^\lambda(x) J_0'^{\mu-\lambda}(x)$

$$\frac{dE_\varkappa(x)}{dx} = \frac{d(J_0^\lambda(x) J_0'^{\mu-\lambda}(x))}{dx}$$

$$= \lambda J_0^{\lambda-1}(x) J_0'^{\mu-\lambda+1}(x) + (\mu - \lambda) J_0^\lambda(x) J_0'^{\mu-\lambda-1}(x) J_0''(x) \qquad (12)$$

$$= \lambda J_0^{\lambda-1}(x) J_0'^{\mu-\lambda+1}(x) - \frac{\mu-\lambda}{x} J_0^\lambda(x) J_0'^{\mu-\lambda}(x) + (\mu-\lambda) J_0^{\lambda+1}(x) J_0'^{\mu-\lambda-1},$$

und die Potenzprodukte von $J_0(x)$ und $J_0'(x)$, die auf der rechten Seite vorkommen, sind ebenfalls E-Funktionen aus der Folge $E_1(x), \ldots, E_k(x)$, sofern sie einen von Null verschiedenen Koeffizienten besitzen. Wir erhalten also hier für (1) das spezielle System

$$\frac{dE_\varkappa(x)}{dx} = \lambda E_{\varkappa_1}(x) - \frac{\mu-\lambda}{x} E_\varkappa(x) + (\mu - \lambda) E_{\varkappa_2}(x) \quad (\varkappa = 1, \ldots, k) , \quad (13)$$

wobei $\lambda = \lambda(\varkappa)$ und $\mu = \mu(\varkappa)$ den Bedingungen $0 \leq \lambda \leq \mu$, $\mu \leq l$ und ganzzahlig genügen, sowie $\varkappa_1 = \varkappa_1(\varkappa)$ und $\varkappa_2 = \varkappa_2(\varkappa)$ zu jedem $\varkappa$ geeignete Indizes aus der Folge $1, \ldots, k$ bedeuten. In beiden Fällen von $E_1(x), \ldots, E_k(x)$ werden wir über die im folgenden benötigten Eigenschaften der Näherungsformen $x^\iota \Phi^{(\iota)}(x)$ Auskunft erhalten durch den

Hilfssatz 21: *Die mittels der in Hilfssatz* 20 *eingeführten Funktion* $\Phi(x) = \Phi_0(x)$ *für* $\iota = 1, 2, \ldots$ *gebildeten Näherungsformen* $\Phi_\iota(x) = x^\iota \Phi^{(\iota)}(x)$ *haben folgende Eigenschaften:*

1. sie verschwinden an der Stelle $x = 0$ *mindestens von der Ordnung* $(2k-1)\iota$;

2. die Potenzreihe von $\Phi_\iota(x)$ *hat für* $\iota < t + k^2$ *die Reihe*

$$O\left(t^{3t} \sum_{\nu = (2k-1)t}^{\infty} \frac{|x|^\nu}{\nu^{(1-\varepsilon)\nu}}\right)$$

zur Majorante;

3. in den Fällen, in denen $E_1(x), \ldots, E_k(x)$ *erstens gleich* $e^{\beta_1 x}, \ldots, e^{\beta_k x}$ *mit ganzen algebraischen Zahlen* $\beta_1, \ldots, \beta_k$, *zweitens gleich* $J_0^\lambda(x) J_0'^{\mu-\lambda}(x)$ *mit* $\lambda = 0, 1, \ldots, \mu$; $\mu = 0, 1, \ldots, l$; $\dfrac{(l+1)(l+2)}{2} = k$ *sind, gestattet* $\Phi_\iota(x)$ *eine Linearformendarstellung* (10) *in* $E_1(x), \ldots, E_k(x)$, *deren Koeffizienten* $P_{\iota\varkappa}(x)$ *Polynome in* x *höchstens vom Grade* $2t-1+\iota$ *und mit ganzalgebraischen Zahlkoeffizienten aus* $\Re$ *sind. Die Beträge dieser Zahlkoeffizienten sind samt den Beträgen ihrer Konjugierten für* $\iota < t + k^2$ *von der Größenordnung* $O(t^{(3+\varepsilon)t})$.

Beweis: Die Eigenschaft 1 für $\Phi_\iota(x)$ folgt unmittelbar aus der Potenzreihendarstellung (5) für $\Phi(x)$. Auch Eigenschaft 2 folgt aus (6) wegen

$$\Phi_\iota(x) = \sum_{\nu = (2k-1)t}^{\infty} b_\nu\, \nu(\nu - 1) \ldots (\nu - \iota + 1)\, \frac{x^\nu}{\nu!}$$

und (5) unmittelbar, denn es ist $\nu(\nu - 1) \ldots (\nu - \iota + 1) < \nu^\iota < \nu^{t + k^2}$ und, wie leicht zu bestätigen ist, $\nu^{t+k^2} < \gamma_1\, t^t\, \nu^{\varepsilon\,\nu}$ mit einer von t und ν unabhängigen Größe $\gamma_1 = \gamma_1(\varepsilon, k)$. Somit bleibt nur noch Eigenschaft 3 zu zeigen.

Im ersten Falle gilt das System von Differentialgleichungen (11), und $\mathfrak{R}$ ist der aus $\beta_1, \ldots, \beta_k$ erzeugte Körper. Es ist dann klar, daß nach (3) für $\Phi_\iota(x)$ die Darstellung (10) gilt mit Polynomen $P_{\iota\varkappa}(x)$, deren Grade höchstens $2\,t - 1 + \iota$ sein können.

Im zweiten Falle ist $\mathfrak{R}$ der Körper der rationalen Zahlen und (13) das Linearsystem der Differentialgleichungen für die Funktionen $E_\varkappa(x)$. Wegen der Multiplikation mit x bei der Bildung von $\Phi_\iota(x)$ aus $\Phi_{\iota-1}(x)$ ergeben sich die Funktionen $P_{\iota\varkappa}(x)$ auch hier als Polynome in x vom Höchstgrade $2\,t - 1 + \iota$.

Die Zahlkoeffizienten der Polynome $P_{\iota\varkappa}(x)$ sind nach der Definition von $\Phi_\iota(x)$ und wegen (11) mit ganzen $\beta_\varkappa$ oder wegen (12), und da auch die $C_{\varkappa\tau}$ ganze algebraische Zahlen aus $\mathfrak{R}$ sind, wieder ganze algebraische Zahlen aus $\mathfrak{R}$. Aus (4) folgt für das Maximum der Beträge der Konjugierten eines jeden Zahlkoeffizienten der $P_{\iota\varkappa}(x)$ durch eine einfache Majorantenbetrachtung mit $\iota < t + k^2$ schließlich die behauptete Größenordnung $O(t^{(3+\varepsilon)t})$.

Es soll nun unsere Aufgabe sein, die lineare Unabhängigkeit von Linearformen $\Phi_\iota(x_0)$ in den $E_1, \ldots, E_k$ bei festem $x_0 \neq 0$ für geeignete Werte von ι zurückzuführen auf die identisch in x geltende lineare Unabhängigkeit von $\Phi_0(x), \ldots, \Phi_{q-1}(x)$ mit $q \leqq k$. Mit anderen Worten, es sei $q \leqq k$ und wir wollen von dem nichtidentischen Verschwinden der Determinante der Formen $\Phi_0(x), \ldots, \Phi_{q-1}(x)$, genannt

$$D(x) = \begin{vmatrix} P_{0,\varkappa_1}(x), & \ldots, P_{0,\varkappa_q}(x) \\ \vdots & \vdots \\ P_{q-1,\varkappa_1}(x), & \ldots, P_{q-1.\varkappa_q}(x) \end{vmatrix} \not\equiv 0 , \tag{14}$$

das wir voraussetzen, schließen auf das Nichtverschwinden der Determinante

$$D^*(x_0) = \begin{vmatrix} P_{\iota_1,1}(x_0), & \ldots, P_{\iota_1,k}(x_0) \\ \vdots & \vdots \\ P_{\iota_k,1}(x_0), & \ldots, P_{\iota_k,k}(x_0) \end{vmatrix} \neq 0$$

bei geeigneten Werten $\iota_1, \ldots, \iota_k$. Dieser Schluß stellt ein Kernstück der SIEGELschen Methode dar, und er sei präzisiert in

Hilfssatz 22: *Es sei x_0 eine von Null verschiedene Zahl, q eine natürliche Zahl, die k nicht übersteigt, und die Linearformen (10) in $E_1, \ldots, E_k$ mögen den Bedingungen des Hilfssatzes 21 genügen. Ferner sei $2t \geq k^2$ vorausgesetzt. In dem System der Näherungsformen (10), die bei Ersetzen von $E_\varkappa(x)$ durch $u_\varkappa$ mit*

$$\Phi_\iota(x, \mathfrak{u}) = P_{\iota 1}(x)\, u_1 + \cdots + P_{\iota k}(x)\, u_k \quad (\iota = 0, 1, \ldots, q-1) \quad (15)$$

bezeichnet seien, mögen für die Indizes $\iota = 0, 1, \ldots, q-1$ nicht mehr als q der Unbestimmten $u_1, \ldots, u_k$, genannt $u_{\varkappa_1}, \ldots, u_{\varkappa_q}$, auf der rechten Seite mit nicht identisch verschwindenden Koeffizienten vorkommen. Sind dann die q Linearformen (15) mit $\iota = 0, \ldots, q-1$ bei variablem x voneinander linear unabhängig, so existieren unter den $t + k^2$ linearen Formen

$$\Phi_\iota(x_0, \mathfrak{u}) = P_{\iota 1}(x_0)\, u_1 + \cdots + P_{\iota k}(x_0)\, u_k \quad (\iota = 0, 1, \ldots, t + k^2 - 1)$$

der k Variablen $u_1, \ldots, u_k$ genau k voneinander linear unabhängige.

Beweis: Wir folgen dem SIEGELschen Originalbeweis. Zunächst wollen wir zeigen, daß $q = k$ ist. Die Determinante (14) des Formensystems (15) hat wegen Hilfssatz 21 in x höchstens den Grad $q(2t-1) + 1 + 2 + \cdots + q - 1 = q\left(2t - 1 + \dfrac{q-1}{2}\right)$. Werden die Unterdeterminanten der ϱ-ten Spalte in $D(x)$ mit $\Omega_{\varrho\iota}(x)$ bezeichnet, so folgt wegen (15)

$$D(x) \cdot u_{\varkappa_\varrho} = \sum_{\iota=0}^{q-1} \Omega_{\varrho\iota}(x)\, \Phi_\iota(x, \mathfrak{u})\,. \quad (16)$$

Nach Voraussetzung ist $D(x) \not\equiv 0$. $\Phi_\iota(x)$ verschwindet nach Hilfssatz 22 für jedes $\iota = 0, \ldots, q-1$ an der Stelle $x = 0$ mindestens von der Ordnung $(2k-1)t$; also verschwindet auch die rechte Seite von (16) für $u_\varkappa = E_\varkappa(x)$ mindestens von der gleichen Ordnung. Haben die Funktionen $E_\varkappa(x)$ die Bedeutung von Exponentialfunktionen $e^{\beta_\varkappa x}$, so ist $u_{\varkappa_\varrho} = E_{\varkappa_\varrho}(x)$ an der Stelle $x = 0$ von Null verschieden. Stehen hingegen die $E_\varkappa(x)$ für die Potenzprodukte $J_0^\lambda(x)\, J_0'^{\mu-\lambda}(x)$ mit $\lambda = 0, \ldots, \mu$; $\mu = 0, \ldots, l$, so kann $u_{\varkappa_\varrho} = E_{\varkappa_\varrho}(x)$ für $x = 0$ höchstens von der Ordnung l verschwinden. In beiden Fällen muß wegen (16) dann $D(x)$ mindestens durch $x^{(2k-1)t-l}$ teilbar sein, wobei $l = 0$ für den ersten Fall zu setzen ist. Aus der Gradbetrachtung von $D(x)$ folgt

$$q\left(2t - 1 + \frac{q-1}{2}\right) - (2k-1)t + l = d \geq 0\,. \quad (17)$$

Aus (17) ergibt sich

$$q \geq k - \frac{1}{2} + \frac{k - \frac{1}{2} - \frac{1}{2}q(q-1) - l}{2t - 1}$$

und daraus wegen $q \le k$, $2l < \frac{1}{2}(l+1)(l+2) = k$ und der Voraussetzung $2t \ge k^2$

$$q \ge k - \frac{1}{2} - \frac{k^2 - 3k + 1 + 2l}{2(2t-1)} > k - \frac{1}{2} - \frac{k-1}{(2k+1)} > k - 1\,.$$

Es muß folglich $q = k$ sein.

Die Gleichung (16) gilt wegen (15) identisch in $u_1, \ldots, u_k$. Tragen wir für $u_1, \ldots, u_k$ darin differenzierbare Funktionen von x ein und differenzieren (16) nach x, so muß die entstehende Gleichung nicht nur identisch in $u_1, \ldots, u_k$, sondern auch identisch in $u_1', \ldots, u_k'$ gelten. Eliminieren wir daher die Größen $u_1', \ldots, u_k'$ mittels des Systems von Differentialgleichungen (1) für diejenigen Funktionen $E_\varkappa(x)$, aus denen $\Phi(x)$ nach (3) gebildet ist, wobei $E_\varkappa(x)$ durch $u_\varkappa$ zu ersetzen ist, so geht wegen $\Phi_\iota(x, \mathfrak{u}) = x^\iota \Phi^{(\iota)}(x, \mathfrak{u})$ jeder auf der rechten Seite von (16) bei der Differentiation auftretende Ausdruck $\dfrac{d\Phi_\iota(x, \mathfrak{u})}{dx} = \dfrac{\iota}{x} \cdot \Phi_\iota(x, \mathfrak{u}) + \dfrac{1}{x} \Phi_{\iota+1}(x, \mathfrak{u})$ in eine homogene Linearform in $u_1, \ldots, u_k$ über. Wir erhalten demnach auf der rechten Seite eine Linearform in den $\Phi_\iota(x, \mathfrak{u})$ mit $\iota = 0, 1, \ldots, k$, und die so entstehende Beziehung gilt wieder identisch in $u_1, \ldots, u_k$. Für $x = x_0 \neq 0$ verschwinde $D(x)$ von der Ordnung j. Dann ist $j \le d$, dem Grad von $D(x)$, und $D(x_0) = 0$, $\ldots, D^{(j-1)}(x_0) = 0$, $D^{(j)}(x_0) \neq 0$. Differenzieren wir (16) j-mal und multiplizieren mit x^j, so ergibt sich durch sukzessive Anwendung dieses Verfahrens eine Gleichung, deren rechte Seite eine homogene lineare Form in $\Phi_0(x, \mathfrak{u}), \ldots, \Phi_{k-1+j}(x, \mathfrak{u})$ darstellt mit Polynomen in x als Koeffizienten. Die linke Seite geht für $x = x_0$, da $D(x)$ bei $x = x_0$ eine Nullstelle der Ordnung j besitzt, dann in $x_0^j D^{(j)}(x_0)\, u_{\varkappa_\varrho}$ über, und die so entstandene Relation gilt für $x = x_0$ wieder identisch in $u_1, \ldots, u_k$. Eine derartige Beziehung existiert für jeden Wert $1, \ldots, k$ von $\varkappa_\varrho$. Da sich jedes $u_\varkappa$ für $\varkappa = 1, \ldots, k$ mithin wegen $x_0^j D^{(j)}(x_0) \neq 0$ linear durch $\Phi_0(x_0, \mathfrak{u}), \ldots, \Phi_{k-1+j}(x_0, \mathfrak{u})$ ausdrücken läßt, gibt es unter den $k + j$ Linearformen $\Phi_0(x_0, \mathfrak{u}), \ldots, \Phi_{k-1+j}(x_0, \mathfrak{u})$ genau k linear unabhängige. Wegen $j \le d$, $q = k$, $l < k$ und (17) ist dabei

$$k + j \le k + d = t + \frac{k^2 - k}{2} + l < t + \frac{k^2 + k}{2} \le t + k^2,$$

womit die Aussage des Hilfssatzes vollständig bewiesen ist.

§ 2. Der Lindemannsche Satz

Wir wenden nun die Siegelsche Methode auf die Untersuchung der algebraischen Unabhängigkeit von Werten der Exponentialfunktion an und beweisen den

Satz 28 (Lindemannscher Satz): *Es seien m eine natürliche Zahl und $\alpha_1, \ldots, \alpha_m$ algebraische, über dem Körper der rationalen Zahlen*

linear unabhängige Zahlen. Dann besteht zwischen den Potenzen $e^{\alpha_1}, \ldots, e^{\alpha_m}$ keine algebraische Beziehung mit algebraischen, nicht sämtlich verschwindenden Zahlenkoeffizienten.

Beweis: Es ist klar, daß es ohne Einschränkung der Allgemeinheit genügt, zu zeigen, daß keine solche nichttriviale algebraische Beziehung zwischen $e^{\alpha_1}, \ldots, e^{\alpha_m}$ mit ganzen rationalen Zahlenkoeffizienten besteht.

1. Die Funktionen $E_1(x), \ldots, E_k(x)$. Um sogleich den Anschluß an die Untersuchungen des vorangehenden Paragraphen herzustellen, fragen wir zuerst nach der Bedeutung der E-Funktionen $E_1(x), \ldots, E_k(x)$ im vorliegenden Spezialfalle. Eine algebraische Beziehung zwischen $e^{\alpha_1}, \ldots, e^{\alpha_m}$ ist eine lineare Beziehung zwischen Potenzprodukten dieser Größen $e^{\alpha_1}, \ldots, e^{\alpha_m}$ mit nichtnegativen ganzzahligen Exponenten. Es bezeichne l^* eine natürliche Zahl und wir stellen alle Potenzprodukte in $e^{\alpha_1}, \ldots, e^{\alpha_m}$ auf, deren Dimension höchstens gleich l^* ist, also sämtliche Ausdrücke der Form $e^{\lambda_1\alpha_1} \ldots e^{\lambda_m\alpha_m} = e^{\lambda_1\alpha_1 + \cdots + \lambda_m\alpha_m}$ mit $\sum\limits_{\mu=1}^{m} \lambda_\mu \leqq l^*$.
Schreiben wir $\lambda_1\alpha_1 + \cdots + \lambda_m\alpha_m = \beta_\varkappa^*$ mit einer Indizierung $\varkappa = 1, \ldots, k$, wobei $\lambda_1, \ldots, \lambda_m$ unabhängig voneinander die Zahlen $0, 1, \ldots, l^*$ mit $\sum\limits_{\mu=1}^{m} \lambda_\mu \leqq l^*$ durchlaufen, so erhalten wir für k den Wert $k = \binom{l^* + m}{m}$.
Ferner folgt aus der vorausgesetzten linearen Unabhängigkeit der $\alpha_1, \ldots, \alpha_m$ über dem Körper der rationalen Zahlen, daß die Zahlen $\beta_\varkappa^*$ zu verschiedenen Indizes voneinander verschieden sind. Schließlich sind die $\beta_1^*, \ldots, \beta_k^*$ wegen der Algebraizität von $\alpha_1, \ldots, \alpha_m$ sämtlich algebraische Zahlen und zwar in dem Körper $\Re$ gelegen, der durch $\alpha_1, \ldots, \alpha_m$ erzeugt wird. Hat die natürliche Zahl c die Eigenschaft, daß die Produkte $c\alpha_1, \ldots, c\alpha_m$ ganze Zahlen sind, so müssen auch die Zahlen $c\,\beta_\varkappa^* = \beta_\varkappa$ für $\varkappa = 1, \ldots, k$ ganz sein. Mit diesen ganzen algebraischen und voneinander verschiedenen Zahlen $\beta_1, \ldots, \beta_k$ bilden wir dann die E-Funktionen $E_1(x) = e^{\beta_1 x}, \ldots, E_k(x) = e^{\beta_k x}$. Diese E-Funktionen besitzen gerade die Eigenschaften, die wir in den Hilfssätzen 20 und 21 diesbezüglich vorausgesetzt haben.

2. Das nichtidentische Verschwinden der Determinante (14). Eine der Voraussetzungen zu Hilfssatz 22 besagt, daß die q Linearformen (15) mit $\iota = 0, \ldots, q-1$ bei variablem x voneinander linear unabhängig sind, d. h. daß die Determinante (14) nicht identisch verschwindet. Dabei bedeuten $\varkappa_1, \ldots, \varkappa_q$ solche Indizes, für die $E_\varkappa(x)$ im Formensystem (10) mit $\iota = 0, \ldots, q-1$ nicht sämtlich identisch verschwindende Koeffizienten hat. Im vorliegenden Spezialfall $E_\varkappa(x) = e^{\beta_\varkappa x}$ sind dies wegen (11) genau diejenigen $\varkappa$, für die $P_{0\varkappa}(x)$ nicht identisch verschwindet, und für die höchsten Koeffizienten $\tilde{p}_{\iota\varkappa}$ von $P_{\iota\varkappa}(x)$ folgt wegen (11) $\tilde{p}_{\iota\varkappa} = \beta_\varkappa^\iota \tilde{p}_{0\varkappa}$. Daher erhalten wir für den höchsten Koeffizienten $\tilde{d}$ der Determinante $D(x)$

$$\tilde{d} = \begin{vmatrix} \tilde{p}_{0\varkappa_1} \cdots & & \tilde{p}_{0\varkappa_q} \\ \beta_{\varkappa_1}\tilde{p}_{0\varkappa_1} \cdots \beta_{\varkappa_q} & & \tilde{p}_{0\varkappa_q} \\ \vdots & & \vdots \\ \beta_{\varkappa_1}^{q-1}\tilde{p}_{0\varkappa_1} \cdots & \beta_{\varkappa_q}^{q-1} & \tilde{p}_{0\varkappa_q} \end{vmatrix} = \tilde{p}_{0\varkappa_1} \cdots \tilde{p}_{0\varkappa_q} \begin{vmatrix} 1 & \cdots & 1 \\ \beta_{\varkappa_1} & \cdots & \beta_{\varkappa_q} \\ \vdots & & \vdots \\ \beta_{\varkappa_1}^{q-1} & \cdots & \beta_{\varkappa_q}^{q-1} \end{vmatrix}.$$

Da die Determinante $\mathrm{Det}_{\varrho,\sigma=1,\ldots,q} (\beta_{\varkappa_\sigma}^{\varrho-1})$ als VANDERMONDEsche Determinante, bei der alle $\beta_\varkappa$ voneinander verschieden sind, nicht Null ist, verschwindet der höchste Koeffizient $\tilde{d}$ von $D(x)$ nicht. Damit ist $D(x) \not\equiv 0$ bewiesen.

3. Ein für eine Abschätzung geeignetes System von Linearformen. Nachdem wir soeben den in § 1 als dritten Schritt der SIEGELschen Methode bezeichneten Schluß über das Nichtverschwinden von $D(x)$ als Polynom im Falle $E_\varkappa(x) = e^{\beta_\varkappa x}$ nachgeholt haben, ist noch die Ausführung des fünften Schrittes vorzunehmen. Es soll zu diesem Zweck ein geeignetes System von Linearformen aufgestellt werden, mit deren Hilfe wir in **4** eine Abschätzung gewinnen wollen, aus der Satz 28 folgt.

Es sei $P(x_1, \ldots, x_m)$ ein Polynom in den m Größen $x_1, \ldots, x_m$ von der Dimension n und mit ganzen rationalen Koeffizienten, die nicht sämtlich verschwinden. H bezeichne das Maximum der Beträge der ganzrationalen Zahlenkoeffizienten von $P(x_1, \ldots, x_m)$. Wir wählen $l^* \geqq n$ und bilden mit $r = l^* - n$ die $\binom{r+m}{m} = v$ Polynome $x_1^{v_1} \ldots x_m^{v_m} P(x_1, \ldots, x_m)$ mit $\sum_{\mu=1}^{m} v_\mu \leqq r$, deren Dimensionen höchstens gleich $n + r = l^*$ sind. Diese Polynome, in die $x_1 = e^{\alpha_1}, \ldots, x_m = e^{\alpha_m}$ eingesetzt und die mit $\Psi_1, \ldots, \Psi_v$ bezeichnet werden, sind homogen linear in den Potenzprodukten $e^{\lambda_1 \alpha_1} \cdots e^{\lambda_m \alpha_m}$ mit $\sum_{\mu=1}^{m} \lambda_\mu \leqq l^*$, also in den $e^{\beta_1^*}, \ldots, e^{\beta_k^*}$. Wegen $E_\varkappa(x) = e^{\beta_\varkappa x}$, $\beta_\varkappa = c\,\beta_\varkappa^*$ und damit $e^{\beta_\varkappa} = E_\varkappa(c^{-1})$ für alle $\varkappa = 1, \ldots, k$ erhalten wir so v neue Linearformen in $E_1(c^{-1}), \ldots, E_k(c^{-1})$ mit ganzrationalen Koeffizienten, deren Beträge H nicht übersteigt. Die lineare Unabhängigkeit der Formen $\Psi_1, \ldots, \Psi_v$ folgt aus derjenigen der Polynome $x_1^{v_1} \ldots x_m^{v_m} P(x_1, \ldots, x_m)$ in den Potenzprodukten $x_1^{\lambda_1} \ldots x_m^{\lambda_m}$. Nach Hilfssatz 22 gibt es unter den $t + k^2$ Formen $\Phi_0(x_0, \mathfrak{u}), \ldots, \Phi_{t+k^2-1}(x_0, \mathfrak{u})$ genau k linear unabhängige. Wir wählen nun $x_0 = c^{-1}$ und ergänzen die v linear unabhängigen Formen $\Psi_1, \ldots, \Psi_v$, deren Variablen in $u_1 = E_1(c^{-1}) = e^{\beta_1^*}, \ldots, u_k = E_k(c^{-1}) = e^{\beta_k^*}$ fixiert sind, durch $w = k - v$ geeignete Formen aus dem System

$\Phi_0(c^{-1}, \mathfrak{u}), \ldots, \Phi_{t+k^2-1}(c^{-1}, \mathfrak{u})$, die nach Einsetzen von $u_1 = E_1(c^{-1}) \ldots$, $u_k = E_k(c^{-1})$ mit $\Phi_1, \ldots, \Phi_w$ bezeichnet und so ausgewählt seien, daß die k Formen

$$\Psi_1, \ldots, \Psi_v, \Phi_1, \ldots \Phi_w \qquad (18)$$

ein linear unabhängiges System bilden. Die Indizierung der $\beta_\varkappa^* = \lambda_1 \alpha_1 + \cdots + \lambda_m \alpha_m$ sei so vorgenommen, daß dem Index 1 das m-Tupel $(\lambda_1, \ldots, \lambda_m)$ entspricht, für das alle $\lambda_1, \ldots, \lambda_m$ verschwinden, also $e^{\beta_1^*} = 1$ ist. Die Koeffizientendeterminante der Formen (18) möge mit Δ und die Unterdeterminanten der ersten Spalte von Δ mögen mit $\Gamma_1, \ldots, \Gamma_v, B_1, \ldots, B_w$ bezeichnet sein. Dann gilt also nach der CRAMERschen Regel für die Elimination von $e^{\beta_1^*} = 1$

$$\Delta \cdot 1 = \Gamma_1 \Psi_1 + \cdots + \Gamma_v \Psi_v + B_1 \Phi_1 + \cdots + B_w \Phi_w \neq 0 . \qquad (19)$$

4. Abschätzung der beiden Seiten von (19). Es soll die linke Seite von (19), absolut genommen, nach unten und der Absolutbetrag der rechten Seite nach oben abgeschätzt werden.

Hilfssatz 22 macht die notwendigen Aussagen über die Formen $\Phi_1, \ldots, \Phi_w$, während wir in **3** die erforderlichen Feststellungen über $\Psi_1, \ldots, \Psi_v$ entwickelt haben. Danach sind die $\Phi_1, \ldots, \Phi_w$ Linearformen in den $e^{\beta_\varkappa^*}$, und deren Koeffizienten sind Polynome in c^{-1} vom Höchstgrade $2t - 1 + t + k^2 - 1 = 3t + k^2 - 2$ mit ganzalgebraischen Zahlkoeffizienten aus dem Körper $\Re = \Re(\alpha_1, \ldots, \alpha_m)$ vom Grade s, die absolut genommen samt den Beträgen ihrer Konjugierten die Größenordnung $O(t^{(3+\varepsilon)t})$ haben. Die $\Psi_1, \ldots, \Psi_v$ sind Linearformen in den $e^{\beta_\varkappa^*}$ mit ganzrationalen Zahlkoeffizienten, die absolut genommen die Zahl H nicht übersteigen. Mithin ist die Determinante Δ ein Polynom in c^{-1} vom Grade $w(3t + k^2 - 2)$. Die Koeffizienten dieses Polynoms sind ganze algebraische Zahlen aus $\Re$ und samt ihren Konjugierten in t und H von der Größenordnung $O(t^{(3w+\varepsilon)t} H^v)$. Folglich ist Δ eine algebraische Zahl aus $\Re$ und $c^{w(3t+k^2-2)}\Delta$ eine ganzalgebraische. Für letztere gilt dann, da $c^{w(3t+k^2-2)} = O(t^{\varepsilon t})$ ist, die Abschätzung $\overline{|c^{w(3t+k^2-2)}\Delta|} = O(t^{(3w+\varepsilon)t} H^v)$, und daraus folgt wegen $\Delta \neq 0$ mit geeignetem, beliebig klein wählbarem $\varepsilon > 0$

$$|\Delta| \geqq (O(t^{(3(s-1)w+\varepsilon)t} H^{(s-1)v}))^{-1} . \qquad (20)$$

Bezüglich der Unterdeterminanten $\Gamma_1, \ldots, \Gamma_v$ erkennen wir durch analoge Betrachtungen, daß diese die Größenordnung $O(t^{(3w+\varepsilon)t} H^{v-1})$ haben und schließlich erweisen sich die Unterdeterminanten $B_1, \ldots, B_w$ von der Größenordnung $O(t^{(3(w-1)+\varepsilon)t} H^v)$. Für $\Phi_1, \ldots, \Phi_w$ liefert Aussage 2 von Hilfssatz 21 eine Majorantenabschätzung, aus der mit $x = c^{-1}$ in bezug auf t die Größenordnungsabschätzung

$$\mathrm{Max}(|\Phi_1|, \ldots, |\Phi_w|) = O(t^{3+\varepsilon-(2k-1)t})$$

folgt. Wir erhalten dann aus der Abschätzung der rechten Seite von (19) die Ungleichung

$$|\Delta| = O\left(t^{(3w+\varepsilon)t}\, H^v\left(\frac{|P(e^{\alpha_1}, \ldots, e^{\alpha_m})|}{H} + t^{(1-2k)t}\right)\right). \tag{21}$$

Durch Kombination der beiden Abschätzungen (20) und (21) ergibt sich mit einer von t und H unabhängigen Größe $\gamma \geqq 1$

$$1 < \gamma\, t^{(3sw+\varepsilon)t}\, H^{sv}\left(\frac{|P(e^{\alpha_1}, \ldots, e^{\alpha_m})|}{H} + t^{(1-2k)t}\right). \tag{22}$$

Aus (22) folgt nun im Falle des Verschwindens von $P(e^{\alpha_1}, \ldots, e^{\alpha_m})$ leicht ein Widerspruch und aus diesem der Satz 28. Es muß nämlich für $P(e^{\alpha_1}, \ldots, e^{\alpha_m}) = 0$ nach (22)

$$1 < \gamma\, t^{(3sw+\varepsilon+1-2k)t}\, H^{sv}$$

sein, und da t und H voneinander unabhängig sind, folgt daraus bei festem H und genügend großem t

$$1 = O(t^{3sw+\varepsilon+1-2k}). \tag{23}$$

Es ist dabei $w = k - v$, $k = \binom{l^* + m}{m}$, $v = \binom{r + m}{m}$ mit $r = l^* - n$, also $v = \binom{l^* - n + m}{m}$, mithin

$$w = \binom{l^* + m}{m} - \binom{l^* + m - n}{m} = \sum_{\nu=1}^{n}\binom{l^* + m - (\nu-1)}{m} - \binom{l^* + m - \nu}{m} \leqq$$

$$\leqq n\left(\binom{l^* + m}{m} - \binom{l^* + m - 1}{m}\right) = n\binom{l^* + m - 1}{m - 1}.$$

Damit erhalten wir mit $\varepsilon = 1$

$$3sw + \varepsilon + 1 - 2k \leqq 3sn\binom{l^* + m - 1}{m - 1} + \varepsilon + 1 - 2\frac{l^* + m}{m}\binom{l^* + m - 1}{m - 1} \leqq$$

$$\leqq \left(3sn - \frac{2l^*}{m}\right)\binom{l^* + m - 1}{m - 1}, \tag{24}$$

und die rechte Seite ist sicher negativ für $l^* > \frac{3}{2}smn$. Es sind s, m, n mit $\alpha_1, \ldots, \alpha_m$ und $P(x_1, \ldots, x_m)$ gegebene feste Größen. Also haben wir nur $l^* > \frac{3}{2}smn$ zu fixieren und dann t genügend groß zu wählen, um einen Widerspruch zu (23) zu erhalten.

Dieser Beweis ist zwar erheblich komplizierter als andere Beweise des LINDEMANNschen Satzes. (Zur Literatur: siehe unter den Angaben in Kap. II, § 2). Jedoch kam es uns einerseits darauf an, die SIEGELsche Methode zunächst an einem Beispiel zu demonstrieren, das keine analytischen Schwierigkeiten bereitet im Gegensatz zu dem noch zu zeigenden Satze über die Werte der BESSEL-Funktionen; andererseits liefert diese Methode aber auch leicht eine Verschärfung des LINDEMANN-schen Satzes, denn es folgt aus (22) durch geeignete Festsetzung der wählbaren Parameter ein Maß für die algebraische Unabhängigkeit von $e^{\alpha_1}, \ldots, e^{\alpha_m}$ in Form einer positiven unteren Schranke für $|P(e^{\alpha_1}, \ldots, e^{\alpha_m})|$. Letzteres soll nun durchgeführt werden.

Setzen wir $r = 2\,smn$ und $l^* = r + n = (2\,sm+1)n$, so wird mit der Abkürzung

$$M = n\binom{l^* + m - 1}{m - 1} = n\binom{2\,smn + m + n - 1}{m - 1}$$

$$v = \binom{r + m}{m} = \frac{l^* + 1 - n}{m}\binom{l^* + m - n}{m - 1} \leq \left(2\,s + \frac{1}{mn}\right)M\ .$$

Aus (24) folgt

$$3\,sw + \varepsilon + 1 - 2\,k \leq \left(-\,s - \frac{2}{m}\right)M\ .$$

Wählen wir dann für t die kleinste natürliche Zahl, die der Bedingung $2\,t \geq k^2$ und der Ungleichung

$$t^t > (2\,\gamma\,H^s)^2 \tag{25}$$

genügt, wobei γ die in (22) auftretende Konstante bedeutet, so erhalten wir

$$2\,\gamma\,t^{(3\,s\,w+\varepsilon+1-2\,k)t}\,H^{sv} < (2\,\gamma H^s)^v\,t^{(3\,s\,w+\varepsilon+1-2\,k)t} <$$

$$< t^{\left(sM + \frac{M}{2mn} - sM - \frac{2M}{m}\right)t} < 1\ .$$

Daher folgt aus (22)

$$|P(e^{\alpha_1}, \ldots, e^{\alpha_m})| > H\,t^{(1-2\,k)t}\ . \tag{26}$$

Da nach (25) $t^t = O(H^{2s}\log H)$ und

$$2\,k - 1 = 2\binom{l^* + m}{m} - 1 = 2\binom{2\,smn + m + n}{m} - 1$$

ist, erhalten wir aus (26) die gewünschte Abschätzung für das Maß der algebraischen Unabhängigkeit der transzendenten Zahlen $e^{\alpha_1}, \ldots, e^{\alpha_m}$ in

Satz 29: *Es seien $\alpha_1, \ldots, \alpha_m$ algebraische Zahlen, die einen Zahlkörper $\Re$ vom Grade s erzeugen und zwischen denen keine lineare Abhängigkeit mit rationalen Koeffizienten besteht. Es sei $P(x_1, \ldots, x_m)$ ein Polynom von der höchsten Dimension n in $x_1, \ldots, x_m$, dessen Koeffizienten ganzrational, nicht sämtlich Null und absolut genommen nicht größer als H sind. Dann gilt für eine nur von $\alpha_1, \ldots, \alpha_m$ und n abhängige positive Zahl c die Ungleichung*

$$|P(e^{\alpha_1}, \ldots, e^{\alpha_m})| > cH^{-2\,s\left(2\binom{2\,smn + m + n}{m} - 1\right)}\ . \tag{27}$$

Insbesondere erhalten wir im Falle $m = 1$ aus (27) ein *Transzendenzmaß für e^α bei algebraischem α vom Grade s*, nämlich

$$|P(e^\alpha)| > cH^{-2\,s(4\,sn + 2n + 1)} \geq cH^{-(8\,s^2 + 6\,s)n}\ ,$$

und daraus folgt, daß *e^α eine S-Zahl von einem Typus $\vartheta \leq 8\,s^2 + 6\,s$ ist.*

Eine ähnliche Abschätzung hat Mahler angegeben (Mahler [2]). Er ändert in seiner Untersuchung den Siegelschen Weg insofern ab, als er die Funktion $\Phi(x)$ (Hilfssatz 20) so ansetzt, daß die Koeffizienten derselben bis auf einen gemeinsamen Faktor eindeutig bestimmt sind, er also den Schubfachschluß (Hilfssatz 31) vermeiden kann. Wir wollten hier diesen Weg nicht beschreiten, da sich dabei im Falle der Besselschen Funktionen Schwierigkeiten einstellen, und es uns auf die Darstellung der umfassenderen Methode ankommt.

§ 3. Algebraische Beziehungen zwischen Besselschen Funktionen und ihren ersten Ableitungen

Es soll in diesem Paragraphen unsere Aufgabe sein, den dritten Schritt der Siegelschen Methode im Falle der Besselschen Funktionen auszuführen. Die Funktionen $E_1(x), \ldots, E_k(x)$ sind in diesem Falle, wie schon in Hilfssatz 21 mitgeteilt ist, die Potenzprodukte $J_0^\lambda(x)\, J_0'^{\mu-\lambda}(x)$ mit $\lambda = 0, \ldots, \mu;\ \mu = 0, \ldots, l$ und $k = \binom{l+2}{2}$. Zu beweisen ist dann, daß die Determinante $D(x)$ in (14) nicht identisch in x verschwindet, oder mit anderen Worten, daß die q Linearformen $\Phi_\iota(x, \mathfrak{u})$ in (15), wobei die $u_\varkappa$ mit den Indizes $\varkappa = \varkappa_1, \ldots, \varkappa_q$ aus der Folge $1, \ldots, k$ zu jedem festen $\varkappa$ und $\iota = 0, \ldots, q-1$ nicht sämtlich identisch verschwindende Koeffizienten besitzen, nicht identisch in x voneinander linear abhängig sind. Zum Beweis dieser Aussage ist es von Bedeutung, Untersuchungen über algebraische Abhängigkeiten von Bessel-Funktionen und ihren ersten Ableitungen anzustellen. Wenden wir uns daher zunächst dieser Frage zu. Wir lehnen uns in der Ausführung dieses Paragraphen besonders eng an die Siegelsche Originalabhandlung (Siegel [3]) an, von der wir den Text des diesbezüglichen Abschnitts (Erster Teil, § 1) großenteils wörtlich übernehmen.

Hilfssatz 23: *Genügt eine algebraische Funktion $y = y(x)$ der Besselschen Differentialgleichung*

$$y'' + \frac{1}{x}\, y' + \left(1 - \frac{v^2}{x^2}\right) y = 0\,, \tag{28}$$

so verschwindet $y(x)$ identisch.

Beweis: y hat in der Umgebung von $x = \infty$ eine Potenzreihenentwicklung von y nach fallenden Potenzen von x von der Form $y = b_0\, x^{\varrho_0} + b_1\, x^{\varrho_1} + \cdots$ mit ganzen oder gebrochenen Exponenten und mit $b_0 \neq 0$. Eintragen dieser Potenzreihe für y in (28) und Koeffizientenvergleich bezüglich x^{ϱ_0} liefert $b_0 = 0$.

Hilfssatz 24: *y sei Lösung von (28). Dann ist eine notwendige Bedingung für das Bestehen einer algebraischen Gleichung zwischen den Funktionen y', y, x mit konstanten Koeffizienten, daß v die Hälfte einer ungeraden Zahl ist.*

Beweis: Angenommen, es bestehe eine Beziehung

$$F(y', y, x) = 0\,, \tag{29}$$

wobei F ein irreduzibles Polynom in y', y, x bedeute. Differentiation von (29) nach x und Elimination von y'' mittels (28) liefert dann

$$\frac{\partial F}{\partial y'}\left(-\frac{1}{x}\,y' - \left(1 - \frac{v^2}{x^2}\right)y\right) + \frac{\partial F}{\partial y}\,y' + \frac{\partial F}{\partial x} = 0\,, \tag{30}$$

und dies ist wieder eine algebraische Gleichung in y', y, x. Es ist nach Hilfssatz 23 unmöglich, y' aus den Gleichungen (29) und (30) zu eliminieren. Multiplizieren wir die linke Seite von (30) mit x^2, so muß das so entstehende Polynom in y', y, x daher das irreduzible Polynom $F(y', y, x)$ als Teiler enthalten. Der Quotient erweist sich mittels Gradbetrachtung als ein quadratisches Polynom $\alpha x^2 + \beta x + \gamma$ in x allein. Die linke Seite von (30) ist gleich $\dfrac{dF}{dx}$, falls (28) erfüllt ist. Es ist also ür jede Lösung der BESSELschen Differentialgleichung

$$\frac{dF}{dx} = \left(\alpha + \frac{\beta}{x} + \frac{\gamma}{x^2}\right)F\,. \tag{31}$$

Da die BESSELsche Differentialgleichung homogen ist in y, y', y'', bleibt (31) für jede Lösung von (28) gültig, wenn darin das Polynom F durch das Aggregat G der Glieder höchster Dimension in y, y' von F ersetzt wird. Integration ergibt dann

$$G(y', y, x) = C\,x^{\beta}\,e^{\alpha x - \frac{\gamma}{x}} \tag{32}$$

mit einer Konstanten C. Bezeichnen wir mit y_1 und y_2 zwei linear unabhängige Lösungen von (28), so genügt die allgemeine Lösung $y = \varkappa_1 y_1 + \varkappa_2 y_2$ für beliebige konstante Werte $\varkappa_1$ und $\varkappa_2$ der Gleichung (32). Es ist G ein homogenes, nicht konstantes Polynom in y', y, also muß die Integrationskonstante C in (32) ein homogenes Polynom in $\varkappa_1$ und $\varkappa_2$ sein. Folglich können wir das Verhältnis $\dfrac{\varkappa_1}{\varkappa_2}$ derart wählen, daß C verschwindet, und die zugehörige Funktion y erfüllt dann die Differentialgleichung

$$G(y', y, x) = 0\,,$$

woraus folgt, daß der Quotient $\dfrac{y'}{y}$ eine algebraische Funktion von x ist.

Genügt y der BESSELschen Differentialgleichung, so genügt die logarithmische Ableitung $\dfrac{y'}{y} = z$ der RICCATIschen Gleichung

$$\frac{dz}{dx} + z^2 + \frac{1}{x}\,z + 1 - \frac{v^2}{x^2} = 0\,. \tag{33}$$

Für eine algebraische Funktion $z = z(x)$ gilt bei $x = \infty$ eine Potenzreihenentwicklung

$$z = a_0 x^{r_0} + a_1 x^{r_1} + \cdots \quad \text{mit } r_0 > r_1 > \cdots \,; \; a_0 \neq 0, a_1 \neq 0, \ldots$$

und ganzen oder gebrochenen Exponenten. Mithin ist

$$\sum_{k=0}^{\infty} a_k (r_k + 1) x^{r_k - 1} + \sum_{k,l=0}^{\infty} a_k a_l \, x^{r_k + r_l} + 1 - \frac{\nu^2}{x^2} = 0 \,.$$

Durch Koeffizientenvergleich ergibt sich $r_0 = 0$, $a_0^2 + 1 = 0$, $a_0 = \pm i$, und ferner erkennen wir, daß für $n = 1, 2, \ldots$ der Exponent r_n von $a_0 a_n x^{r_0 + r_n}$ gleich einem der Exponenten $-2, r_k - 1, r_k + r_l$ mit $k, l = 0, \ldots, n - 1$ sein muß. Daraus folgt die Ganzheit aller $r_0, r_1, \ldots$. Ferner ist speziell $r_1 = -1$, $2 a_0 a_1 + a_0 = 0$, $a_1 = -\frac{1}{2}$.

Da die Besselsche Differentialgleichung nur die singulären Stellen 0 und ∞ besitzt, kann auch die algebraische Funktion z nur in 0 und ∞ verzweigt sein. Wie wir soeben gezeigt haben, ist z aber bei ∞ unverzweigt, also ist $z = z(x)$ eine rationale Funktion. Bei $x = 0$ habe z die Entwicklung $z = c x^\sigma + \cdots$. Dann folgt aus (33)

$$c(\sigma + 1) x^{\sigma - 1} + c^2 x^{2\sigma} - \frac{\nu^2}{x^2} + \cdots = 0 \,,$$

also $\sigma = -1$ und $c = \pm \nu$. Seien $x_1, \ldots, x_h$ die, wie gezeigt, von 0 und ∞ verschiedenen Nullstellen von y. Dieselben sind nach (28) sämtlich von erster Ordnung. Also hat z dort Pole erster Ordnung mit dem Residuum 1, und es ist daher unter Berücksichtigung des Verhaltens von z bei 0 und ∞

$$z = \pm i \pm \frac{\nu}{x} + \frac{1}{x - x_1} + \cdots + \frac{1}{x - x_h} \,.$$

Folglich erhalten wir für die Entwicklung bei $x = \infty$ nun $a_1 = \pm \nu + h$, also wegen $a_1 = -\frac{1}{2}$

$$\nu = \pm \left(h + \tfrac{1}{2} \right) \,.$$

Es muß also ν die Hälfte einer ungeraden Zahl sein, damit eine algebraische Beziehung zwischen y', y, x bestehen kann.

Siegel zeigt in seiner Abhandlung auch die für das Folgende unwesentliche Eigenschaft, daß diese Bedingung bezüglich des Bestehens einer algebraischen Abhängigkeit zwischen y', y, x auch hinreichend ist.

Hilfssatz 25: *Es sei ν nicht die Hälfte einer ungeraden Zahl und es seien y_1, y_2 zwei linear unabhängige Lösungen der Besselschen Differentialgleichung (28). Dann besteht zwischen den Funktionen $y_1, \dfrac{dy_1}{dx}, y_2, x$ keine algebraische Gleichung mit konstanten Koeffizienten.*

Beweis: Es bestehe die Beziehung

$$F(y_1', y_1, y_2, x) = 0 \,, \tag{34}$$

wobei F ein irreduzibles Polynom der vier Argumente y_1', y_1, y_2, x bedeute. Wegen Hilfssatz 25 muß das Argument y_2 in F vorkommen. In y_2 habe F den Grad $m \geqq 1$, und der Koeffizient von y_2^m sei $f(y_1', y_1, x)$ genannt.

Differentiation nach x führt (34) in

$$\frac{dF}{dx} = \frac{df}{dx}\, y_2^m + m f y_2^{m-1}\, y_2' + \cdots = 0$$

über, woraus wegen der mit konstantem $a \neq 0$ zwischen y_1 und y_2 stets gültigen Relation

$$y_1 y_2' - y_2 y_1' = \frac{a}{x} \tag{35}$$

folgt

$$\frac{dF}{dx} = \left(\frac{df}{dx} + m f \frac{y_1'}{y_1} \right) y_2^m + \cdots = 0 \,. \tag{36}$$

Durch Elimination von y_1'' hieraus mittels (28) ergibt sich eine algebraische Gleichung zwischen y_1', y_1, y_2, x, die in y_2 wieder vom Grade m ist. Wegen Hilfssatz 24 kann sich das irreduzible Polynom F von $\frac{dF}{dx}$, aus dem y_2' und y_1'' mit Hilfe von (28) und (35) eliminiert sind, nur um einen von y_2 freien Faktor unterscheiden, und zwar wegen (36) notwendigerweise um den Faktor $f : \left(\frac{df}{dx} + m f \frac{y_1'}{y_1} \right)$. Es gilt also

$$\frac{F'}{F} = \frac{f'}{f} + m \frac{y_1'}{y_1}$$

identisch in y_1', y_1, y_2, x, falls nur (28) und (35) erfüllt sind. Diese Gleichung behält ihre Gültigkeit, wenn y_2 durch $y_2 + \varkappa y_1$ bei konstantem $\varkappa$ ersetzt wird. Integration derselben liefert identisch in $\varkappa$

$$F(y_1', y_1, y_2 + \varkappa y_1, x) = c(\varkappa)\, f(y_1', y_1, x)\, y_1^m \,, \tag{37}$$

wobei $c(\varkappa)$ ein Polynom in $\varkappa$ mit konstanten Koeffizienten bedeutet. Subtrahieren wir (37) mit $\varkappa = \varkappa_1$ und $\varkappa = \varkappa_2$ voneinander, so ergibt sich

$$F(y_1', y_1, y_2 + \varkappa_1 y_1, x) - F(y_1', y_1, y_2 + \varkappa_2 y_1, x)$$
$$= G(y_1', y_1, y_2, x) = (c(\varkappa_1) - c(\varkappa_2))\, f(y_1', y_1, x)\, y_1^m \,,$$

und $G(y_1', y_1, y_2, x)$ ist in y_2 bei $\varkappa_1 \neq \varkappa_2$ vom genauen Grade $m - 1$. Aus der Irreduzibilität von F, das in y_2 vom Grade m ist, folgt, daß y_2 in G nicht vorkommen kann. Also ist $m = 1$ und damit $c(\varkappa) = \varkappa + c_0$. Es ist also $F(y_1', y_1, y_2, x) = f(y_1', y_1, x) \cdot y_2 - g(y_1', y_1, x) = 0$ oder

$$y_2 = \frac{g(y_1', y_1, x)}{f(y_1', y_1, x)} \,, \tag{38}$$

wo g und f Polynome in y_1', y_1, x sind. Tragen wir dies in (35) ein und ersetzen y_1'' mittels (28) durch y_1' und y_1, so entsteht wegen Hilfssatz 24 eine Identität in y_1', y_1, x, und insbesondere müssen sich die Glieder höchster Dimension in y_1' und y_1 bei (35) aufheben. Die Dimension der rationalen Funktion $\frac{g}{f}$ in y_1', y_1 sei d. Da (28) in y, y', y'' homogen ist, hat auch die Ableitung von $\frac{g}{f}$ dieselbe Dimension. y_2 geht, wenn g und f in (38) durch die Glieder höchster Dimension dieser Polynome ersetzt werden, über in eine homogene rationale Funktion z von y_1', y_1, deren Dimension gleich d ist, und es ist die Dimension von $y_2 - z$ dann kleiner als d. Da die Dimension der rechten Seite von (35) verschwindet, muß $d + 1 \geqq 0$ sein. Aus (35) folgt für $d + 1 > 0$

$$y_1 z' - y_1' z = 0$$

und für $d + 1 = 0$

$$y_1 z' - y_1' z = \frac{a}{x} .$$

Im ersten Fall liefert Integration $z = b y_1$ mit konstantem b, also $d = 1$. Ersetzen wir dann in (38) y_2 durch $y_2 - b y_1$, so werden wir auf den zweiten Fall geführt. Darin ist z eine von y_1 linear unabhängige Lösung von (28). Es existiert also eine rationale Funktion von y_1', y_1, x, die homogen in y_1', y_1 von der Dimension -1 ist und (28) löst. Wir bezeichnen dieselbe mit $R(y_1', y_1, x)$. Nach Hilfssatz 24 wird (28) dann auch durch $R(\varkappa_1 y_1' + \varkappa_2 y_2', \varkappa_1 y_1 + \varkappa_2 y_2, x)$ erfüllt; folglich gilt

$$R(\varkappa_1 y_1' + \varkappa_2 y_2', \varkappa_1 y_1 + \varkappa_2 y_2, x) = K_1 y_1 + K_2 y_2 , \tag{39}$$

wobei K_1 und K_2 nur von $\varkappa_1$ und $\varkappa_2$ abhängen. Dann folgt

$$R y_2' - \frac{dR}{dx} y_2 = \frac{a}{x} K_1 \quad \text{und} \quad R y_1' - \frac{dR}{dx} y_1 = - \frac{a}{x} K_2 .$$

Daher sind K_1 und K_2 homogene rationale Funktionen von $\varkappa_1$ und $\varkappa_2$ mit der Dimension -1. Wir können demnach das Verhältnis $\frac{\varkappa_1}{\varkappa_2}$ so wählen, daß mindestens eine der Funktionen K_1, K_2 unendlich wird, und da y_1 und y_2 nicht proportional sind, muß dann auch die rechte Seite von (39) unendlich werden. Mit diesen Werten von $\varkappa_1$, $\varkappa_2$ gilt dann für $y = \varkappa_1 y_1 + \varkappa_2 y_2$

$$\frac{1}{R(y', y, x)} = 0$$

im Widerspruch zu Hilfssatz 24, womit Hilfssatz 25 bewiesen ist.

Hilfssatz 26: *Es sei v nicht die Hälfte einer ungeraden Zahl und y eine Lösung der Besselschen Differentialgleichung (28). Man bilde mit* *voneinander verschiedenen ganzen nichtnegativen Zahlen* $\mu_1, \ldots, \mu_\varrho$ *den Ausdruck*

$$\Phi = \sum_{\mu = \mu_1, \ldots, \mu_\varrho} \sum_{\lambda = 0}^{\mu} f_{\lambda\mu}(x)\, y^\lambda\, y'^{\mu-\lambda}, \tag{40}$$

dessen Koeffizienten $f_{\lambda\mu}$ *Polynome in* x *seien und in dem nur die Dimensionen* $\mu = \mu_1, \ldots, \mu_\varrho$ *in* y, y' *wirklich auftreten mögen, so daß* Φ *eine homogene lineare Form der* $(\mu_1 + 1) + \cdots + (\mu_\varrho + 1) = q$ *Potenzprodukte* $y^\lambda y'^{\mu-\lambda}$ $(\lambda = 0, \ldots, \mu; \mu = \mu_1, \ldots, \mu_\varrho)$ *ist. Dann ist auch jede Ableitung von* Φ *eine solche homogene lineare Form, und die Determinante der* q *Formen* $\Phi, \Phi', \ldots, \Phi^{(q-1)}$ *verschwindet nicht identisch.*

Beweis: Die q Funktionen $u_{\lambda\mu} = y^\lambda y'^{\mu-\lambda}$ mit $\lambda = 0, \ldots, \mu$; $\mu = \mu_1, \ldots, \mu_\varrho$ genügen dem System von homogenen linearen Differentialgleichungen erster Ordnung

$$\frac{du_{\lambda\mu}}{dx} = \lambda u_{\lambda-1,\mu} - \frac{\mu-\lambda}{x} u_{\lambda\mu} - (\mu - \lambda)\left(1 - \frac{v^2}{x^2}\right) u_{\lambda+1,\mu}, \tag{41}$$

das für $v = 0$ in (12) übergeht. Da in jeder Differentialgleichung von (41) nur Funktionen mit dem gleichen zweiten Index μ, der die Dimension der Potenzprodukte $u_{\lambda\mu}$ in y, y' bezeichnet, auftreten, zerfällt das System in ϱ einzelne voneinander ganz unabhängige Systeme, und in einem derartigen Teilsystem kommen nur die Funktionen $u_{0\mu}, \ldots, u_{\mu\mu}$ vor. Die Gleichungen (41) sind erfüllt, wenn in $u_{\lambda\mu} = y^\lambda y'^{\mu-\lambda}$ für y irgendeine Lösung der BESSELschen Differentialgleichung (28) eingetragen wird, also für $y = \varkappa_1 y_1 + \varkappa_2 y_2$ mit zwei linear unabhängigen Lösungen y_1 und y_2 und beliebigen Konstanten $\varkappa_1, \varkappa_2$. Setzen wir zur Abkürzung

$$\sum_{\iota=0}^{\mu} \binom{\lambda}{\iota}\binom{\mu-\lambda}{\omega-\iota} y_1^\iota\, y_2^{\lambda-\iota}\, y_1'^{\omega-\iota}\, y_2'^{\mu-\lambda-\omega+\iota} = v_{\lambda\omega\mu} \quad (\omega = 0, \ldots, \mu), \tag{42}$$

so ist

$$u_{\lambda\mu} = (\varkappa_1 y_1 + \varkappa_2 y_2)^\lambda\, (\varkappa_1 y_1' + \varkappa_2 y_2')^{\mu-\lambda} = \sum_{\omega=0}^{\mu} \varkappa_1^\omega \varkappa_2^{\mu-\omega} v_{\lambda\omega\mu} \quad (\lambda = 0, \ldots, \mu),$$

und da diese $u_{\lambda\mu}$ identisch in $\varkappa_1, \varkappa_2$ die Gleichungen (41) erfüllen, so ist auch für jedes feste μ mit beliebigen Konstanten $c_{0\mu}, \ldots, c_{\mu\mu}$

$$u_{\lambda\mu} = \sum_{\omega=0}^{\mu} c_{\omega\mu} v_{\lambda\omega\mu} \tag{43}$$

eine Lösung von (41). Dies ist zugleich die allgemeine Lösung, denn aus $\sum_{\omega=0}^{\mu} C_\omega v_{\lambda\omega\mu} = 0$ folgt speziell für $\lambda = \mu$ die Gleichung $\sum_{\omega=0}^{\mu} C_\omega \binom{\mu}{\omega} y_1^\omega y_2^{\mu-\omega} = 0$, und daraus wegen der linearen Unabhängigkeit von y_1, y_2 notwendigerweise $C_0 = 0, \ldots, C_\mu = 0$.

Nach (40) und (41) sind die Funktionen $\dfrac{d^\iota \Phi}{d x^\iota} = \Phi^{(\iota)}$ für $\iota = 0, 1, \ldots$ wieder Polynome in y, y', die nur Glieder der Dimensionen $\mu_1, \ldots, \mu_\varrho$ wirklich enthalten, also homogene lineare Formen der $u_{\lambda\mu}$. Nehmen wir nun an, die Koeffizientendeterminante dieser q Linearformen $\Phi^{(\iota)}$ mit $\iota = 0, \ldots, q-1$ in den $u_{\lambda\mu}$ ($\lambda = 0, \ldots, \mu; \mu = \mu_1, \ldots, \mu_\varrho$) verschwinde identisch in x, so existiert mit $p \leqq q$ eine lineare Beziehung der Gestalt

$$\Lambda_0 \Phi^{(p-1)} + \Lambda_1 \Phi^{(p-2)} + \cdots + \Lambda_{p-1} \Phi = 0 , \tag{44}$$

und die $\Lambda_0, \ldots, \Lambda_{p-1}$ sind dabei gewisse Unterdeterminanten der Koeffizientendeterminante der Formen $\Phi^{(\iota)}$ ($\iota = 0, \ldots, q-1$), von denen Λ_0 nicht identisch verschwindet. Der linearen Differentialgleichung (44) $(p-1)$-ter Ordnung genügt die Funktion Φ, die sich nach (40) und (43) in der Form

$$\Phi = \sum_{\mu = \mu_1, \ldots, \mu_\varrho} \sum_{\lambda = 0}^{\mu} f_{\lambda\mu} u_{\lambda\mu} = \sum_{\mu = \mu_1, \ldots, \mu_\varrho} \sum_{\lambda = 0}^{\mu} f_{\lambda\mu} \sum_{\omega = 0}^{\mu} c_{\omega\mu} v_{\lambda\omega\mu}$$

$$= \sum_{\mu = \mu_1, \ldots, \mu_\varrho} \sum_{\omega = 0}^{\mu} c_{\omega\mu} \sum_{\lambda = 0}^{\mu} f_{\lambda\mu} v_{\lambda\omega\mu}$$

schreiben läßt. Also ist mit der Abkürzung

$$g_{\omega\mu} = \sum_{\lambda = 0}^{\mu} f_{\lambda\mu} v_{\lambda\omega\mu}$$

wegen der willkürlichen Wahl der Konstanten $c_{\omega\mu}$ jede der q Funktionen $g_{\omega\mu}$ ($\omega = 0, \ldots, \mu; \mu = \mu_1, \ldots, \mu_\varrho$) Lösung von (44). Da die Anzahl q der $g_{\omega\mu}$ größer als die Ordnung $p-1$ der Differentialgleichung (44) ist, muß zwischen den $g_{\omega\mu}$ eine homogene lineare Beziehung mit nicht sämtlich verschwindenden konstanten Koeffizienten $\gamma_{\omega\mu}$ bestehen, die also von der Gestalt

$$\sum_{\mu = \mu_1, \ldots, \mu_\varrho} \sum_{\omega = 0}^{\mu} \sum_{\lambda = 0}^{\mu} \gamma_{\omega\mu} f_{\lambda\mu} v_{\lambda\omega\mu} = 0 \tag{45}$$

ist. Daraus folgt eine algebraische Relation zwischen y_1, y_1', y_2, x durch Elimination von y_2' mittels (35). Wegen Hilfssatz 25 muß diese Relation in den vier Variabeln y_1, y_1', y_2, x identisch gelten. Wir erhalten darin die Glieder höchster Dimension in y_1, y_1', y_2, indem wir in (45) nur das größte $\mu = \mu^*$ beibehalten, für das die Konstanten $\gamma_{0\mu^*}, \ldots, \gamma_{\mu^*\mu^*}$ nicht sämtlich verschwinden, und in dem durch (42) gegebenen Ausdruck von $v_{\lambda\omega\mu}$ die Funktion y_2' durch $\dfrac{y_2}{y_1} y_1'$ ersetzen. Es ergibt sich dann

$$\sum_{\omega = 0}^{\mu^*} \sum_{\lambda = 0}^{\mu^*} \gamma_{\omega\mu^*} f_{\lambda\mu^*} \binom{\mu^*}{\omega} y_1^{\omega} y_2^{\mu^* - \omega} \left(\frac{y_1'}{y_1} \right)^{\mu^* - \lambda} = 0$$

identisch in $y_1, y_2, \dfrac{y_1'}{y_1}$. Daher ist

$$\gamma_{\omega\mu^*} f_{\lambda\mu^*} = 0 \qquad (\omega, \lambda = 0, \ldots, \mu^*).$$

Dies ist ein Widerspruch, da weder die Konstanten $\gamma_{0\mu^*}, \ldots, \gamma_{\mu^*\mu^*}$, noch die Polynome $f_{0\mu^*}, \ldots, f_{\mu^*\mu^*}$ sämtlich identisch Null sind, und aus diesem Widerspruch folgt der behauptete Hilfssatz.

SIEGEL weist darauf hin, daß sich dieser Hilfssatz auch auf die Lösungen anderer homogener linearer Differentialgleichungen zweiter Ordnung übertragen läßt.

Aus Hilfssatz 26 folgt nun unmittelbar, daß die q homogenen linearen Formen $\Phi_\iota(x) = x^\iota \Phi^{(\iota)}(x)$ mit $\iota = 0, \ldots, q-1$, bei denen die E-Funktionen in der Definition (3) von $\Phi(x)$ die Bedeutung der Potenzprodukte $J_0^\lambda J_0'^{\mu-\lambda}$ $(\lambda = 0, \ldots, \mu;\ \mu = \mu_1, \ldots, \mu_\varrho)$ aus der BESSEL-Funktion $J_0(x)$ und deren erster Ableitung haben, d. h. die Formen des Systems (15), auch im Falle der BESSEL-Funktionen nicht identisch in x voneinander linear abhängen. Damit ist auch in diesem Falle das Erfülltsein aller Voraussetzungen des Hilfssatzes 22 gesichert.

§ 4. Der SIEGELsche Satz über die Werte von BESSELschen Funktionen und weitere Resultate

Wir wollen nun noch den fünften Schritt der SIEGELschen Methode am Beispiel der BESSEL-Funktion $J_0(x)$ durchführen. Dabei wird sich eine weitgehende Analogie zu den Beweisen der Sätze 28 und 29 einstellen, so daß wir uns hier kürzer fassen können.

Es sei $F(x_1, x_2)$ ein Polynom in x_1, x_2 von der Dimension n mit nicht sämtlich verschwindenden ganzrationalen Koeffizienten, deren Betragsmaximum mit H bezeichnet werde. Die Größe m des LINDEMANN-schen Satzes hat hier den speziellen Wert 2 und an Stelle von l^* werde jetzt l geschrieben. Wir verfahren analog zu **3** des Beweises von Satz 28 und bilden mit $r = l - n$ die $v = \binom{r+2}{2}$ Polynome $x_1^{\nu_1} x_2^{\nu_2} F(x_1, x_2)$ mit $\sum\limits_{\mu=1}^{2} \nu_\mu \leqq r$, deren Dimensionen höchstens gleich l sind. Für x_1 und x_2 tragen wir die E-Funktionen $J_0(x)$ und $J_0'(x)$ ein und wählen für x eine von Null verschiedene algebraische Zahl, x_0 genannt. Wir erhalten so die v Formen $\Psi_1, \ldots, \Psi_v$, die in den Potenzprodukten $J_0^{\lambda_1}(x_0) J_0'^{\lambda_2}(x_0)$ mit $\sum\limits_{\mu=1}^{2} \lambda_\mu \leqq l$ linear und homogen sind und die ganzrationale Koeffizienten besitzen mit Beträgen, die H nicht übersteigen. Aus der Bildung der v Linearformen $\Psi_1, \ldots, \Psi_v$ folgt deren lineare Unabhängigkeit, und wieder wollen wir aus den $t + k^2$ Formen $\Phi_0(x_0, \mathfrak{u}), \ldots, \Phi_{t+k^2-1}(x_0, \mathfrak{u})$

des Hilfssatzes 22, wobei für die $u_1, \ldots, u_k$ die Potenzprodukte $J_0^{\lambda_1}(x_0)\, J_0'^{\lambda_2}(x_0)$ mit $\sum\limits_{\mu=1}^{2} \lambda_\mu \leq l$ und $\binom{l+2}{2} = k$ eingetragen seien, $w = k - v$ Formen $\Phi_1, \ldots, \Phi_w$ derart auswählen, daß die Formen (18) ein linear unabhängiges Linearformensystem bilden. Nach Hilfssatz 22, der wegen Hilfssatz 26 angewandt werden darf, ist dies möglich. Lösen wir dieses Formensystem (18) nach $J_0^0(x_0)\, J_0'^0(x_0) = 1$ auf und bezeichnen die bei der Auflösung auftretenden Determinanten mit den gleichen Zeichen wie bei der analogen Betrachtung in **3** des Beweises von Satz 28, so gilt auch hier (19).

Zur Abschätzung der beiden Seiten von (19) ziehen wir wieder Hilfssatz 21 heran. Die Determinante Δ ist ein Polynom in x_0 vom Grade $w(3t + k^2 - 2)$ und mit ganzrationalen Koeffizienten, für deren Beträge wir unter Beachtung von Hilfssatz 21 die Abschätzung $O(t^{(3w+\varepsilon)t}H^v)$ erhalten. Die algebraische Zahl x_0 habe den Grad s und werde durch Multiplikation mit einer natürlichen Zahl c ganzalgebraisch. Es ist dann die Zahl $c^{w(3t+k^2-2)}\Delta$ ganzalgebraisch und die Beträge derselben und ihrer Konjugierten sind ebenfalls von der Größenordnung $O(t^{(3w+\varepsilon)t}H^v)$, woraus auch in diesem Falle die Gültigkeit von (20) folgt. Völlig analog hierzu lassen sich die Abschätzungen der Unterdeterminanten $\Gamma_1, \ldots, \Gamma_v,\ B_1, \ldots, B_w$ durchführen und dieselben liefern die gleichen Größenordnungen wie im Falle der Exponentialfunktionen. Daher behält auch (21) seine Gültigkeit und damit bleibt auch im Falle der Bessel-Funktion die Abschätzung (22) bestehen.

Die auf Abschätzung (22) in **4** des Beweises von Satz 28 folgenden Betrachtungen und die Beweisführung von Satz 29 basieren ausschließlich auf der Ungleichung (22). Da diese Ungleichung auch im Falle $F(x_1, x_2) = F(J_0(x_0), J_0'(x_0))$ richtig ist, müssen folglich auch die Folgerungen aus (22) ihre Gültigkeit behalten. Wir haben dabei nur $m = 2$ einzutragen und können aus (24) dann für $l > 3\,sn$ das Nichtverschwinden von $F(J_0(x_0), J_0'(x_0))$ schließen, während die rechte Seite von (27) für $m = 2$ das von Siegel angegebene Resultat über das Maß für die algebraische Unabhängigkeit von $J_0(x_0)$ und $J_0'(x_0)$ wiedergibt. Da für den Exponenten von H in (27) die Abschätzung

$$- 2\,s \left(2 \binom{4\,sn + 2 + n}{2} - 1 \right) \geq -82\,s^3 n^2$$

gilt, können wir das Siegelsche Ergebnis zusammenfassend formulieren in

Satz 30: *Es sei x_0 eine von Null verschiedene algebraische Zahl s-ten Grades. Es sei $F(J_0(x_0), J_0'(x_0))$ ein Polynom von der Dimension n in $J_0(x_0)$ und $J_0'(x_0)$, dessen Koeffizienten ganzrational, nicht sämtlich 0 und absolut genommen nicht größer als H sind. Dann gilt für eine gewisse,* *nur von x_0 und n abhängige positive Zahl c die Ungleichung*

$$|F(J_0(x_0), J_0'(x_0))| > cH^{-82 s^3 n^2} . \tag{46}$$

Insbesondere sind $J_0(x_0)$ und $J_0'(x_0)$ beide transzendent, aber keine U-Zahlen, und es besteht zwischen diesen Zahlen keine algebraische Gleichung mit rationalen Koeffizienten.

Der Exponent von H in (46) kann dabei ohne Schwierigkeit bezüglich des Zahlkoeffizienten verbessert werden, jedoch dürfte eine solche Verbesserung ohne größeres Interesse sein. Der Genauigkeit halber sei mitgeteilt, daß im SIEGELschen Originalresultat an Stelle von 82 die Zahl 123 steht und SIEGEL auch auf die Möglichkeit der Verbesserung des Exponenten aufmerksam gemacht hat.

SIEGEL gibt weitere Anwendungen seiner Methode an. So läßt sich die E-Funktion

$$K_\nu(x) = \Gamma(\nu + 1) \left(\frac{x}{2}\right)^\nu J_\nu(x) = \sum_{n=0}^{\infty} \frac{(-1)^n}{n!(\nu + 1) \ldots (\nu + n)} \left(\frac{x}{2}\right)^{2n}$$

mit rationalem $\nu \neq -1, -2, \ldots$ genauso wie $J_0(x) = K_0(x)$ untersuchen, und wir erhalten auch hier das Resultat, daß *für kein algebraisches $x_0 \neq 0$ zwischen den Zahlen $K_\nu(x_0)$ und $K_\nu'(x_0)$ eine algebraische Gleichung mit rationalen Koeffizienten* besteht, *falls ν nicht die Hälfte einer ungeraden Zahl ist.* Insbesondere sind *die von Null verschiedenen Nullstellen der* BESSELschen *Funktion $J_\nu(x_0)$ für rationales ν, das nicht die Hälfte einer ungeraden Zahl ist*, stets *transzendent* und für ungerades 2ν gilt gleiches auf Grund des LINDEMANNschen Satzes.

Aus den Relationen

$$J_\nu' = \frac{\nu}{x} J_\nu - J_{\nu+1} \quad \text{und} \quad \frac{J_{\nu-1}}{J_\nu} = \frac{2\nu}{x} - \cfrac{1}{\cfrac{2\nu + 2}{x} - \ldots -}$$

$$= \left[\frac{2\nu}{x}, -\frac{2\nu + 2}{x}, \frac{2\nu + 4}{x}, -\frac{2\nu + 6}{x}, \ldots\right]$$

folgt, daß *der Kettenbruch*

$$i \frac{J_{\nu-1}(2ix)}{J_\nu(2ix)} = \left[\frac{\nu}{x}, \frac{\nu + 1}{x}, \frac{\nu + 2}{x}, \ldots\right]$$

für rationales ν, das nicht die Hälfte einer ungeraden Zahl ist, und algebraisches $x \neq 0$ transzendent ist. Für ungerades 2ν ergibt sich dies aus dem Satz von LINDEMANN. Daraus folgt insbesondere die *Transzendenz des Kettenbruchs $[r_1, r_2, r_3, \ldots]$, falls die $r_1, r_2, r_3, \ldots$ rational sind und eine arithmetische Folge erster Ordnung bilden,* und darin ist wiederum speziell die in Kap. I, § 6 angekündigte *Transzendenz des Kettenbruchs*

$$1 + \cfrac{1}{2 + \cfrac{1}{3 + \cdots}} \quad \text{enthalten.}$$

Eine weitere Differentialgleichung, die SIEGEL untersucht hat, lautet $y' + \left(\dfrac{v}{x} - 1\right) y = \dfrac{v}{x}$ mit $v \neq -1, -2, \ldots$, und es ergibt sich dabei u. a. die *Transzendenz von* $\int\limits_0^1 t^{v-1} e^{-tx} dt$. Darin ist für $v = 1$ die Transzendenz von π und für $x = 1$ die *Irrationalität der Nullstellen der „unvollständigen" Gammafunktion* $\int\limits_0^1 t^{x-1} e^{-t} dt$ enthalten.

Ferner teilt er mit, daß für rationale Zahlen $\varkappa$ und λ die Lösung

$$y = 1 + \frac{\varkappa}{\lambda} \cdot \frac{x}{1!} + \frac{\varkappa(\varkappa + 1)}{\lambda(\lambda + 1)} \cdot \frac{x^2}{2!} + \cdots$$

$$= \int\limits_0^1 t^{\varkappa - 1} (1 - t)^{\lambda - \varkappa - 1} e^{tx} dt : \int\limits_0^1 t^{\varkappa - 1} (1 - t)^{\lambda - \varkappa - 1} dt$$

von $xy'' + (\lambda - x) y' - \varkappa y = 0$ sich in derselben Weise wie $J_0(x)$ untersuchen läßt.

Die beiden Sätze 29 und 30 folgen auch als Spezialfälle aus einem allgemeineren Satze, der speziell enthält, daß die Zahl

$$F\left(J_0(x_0), J_0'(x_0), e^{\beta_1}, \ldots, e^{\beta_k}\right) \neq 0$$

ist, wenn $x_0, \beta_1, \ldots, \beta_k$ algebraische Zahlen, und zwar $\beta_1, \ldots, \beta_k$ voneinander und x_0 von 0 verschieden und $F(J_0(x_0), J_0'(x_0), e^{\beta_1}, \ldots, e^{\beta_k})$ ein Polynom in $J_0(x_0)$ und $J_0'(x_0)$ und eine Linearform in $e^{\beta_1}, \ldots, e^{\beta_k}$ mit rationalen, nicht sämtlich verschwindenden Koeffizienten ist. Zum Beweise ist vor allem eine Verallgemeinerung von Hilfssatz 24 zu zeigen, daß nämlich $F(J_0(x_0 x), J_0'(x_0 x), e^{\beta_1 x}, \ldots, e^{\beta_k x})$ nicht identisch in x verschwindet, was nach der Methode des Beweises von Hilfssatz 24 gelingt.

Ein anderer allgemeiner Satz, man könnte ihn den LINDEMANNschen Satz für die BESSEL-Funktion $J_0(x)$ nennen, ist der folgende:

Seien $\xi_1^2, \ldots, \xi_m^2$ voneinander und von Null verschiedene algebraische Zahlen, dann sind die $2m$ Zahlen $J_0(\xi_1), J_0'(\xi_1), \ldots, J_0(\xi_m), J_0'(\xi_m)$ voneinander algebraisch unabhängig über dem Körper der rationalen Zahlen.

Noch allgemeiner ist der nächstfolgende Satz:

Seien $v_1, \ldots, v_l$ rationale Zahlen; keine der Zahlen $2v_1, \ldots, 2v_l$ sei ungerade, keine der Summen $v_\varkappa + v_\lambda$ und der Differenzen $v_\varkappa - v_\lambda$ $(\varkappa, \lambda = 1, \ldots, l; \varkappa \neq \lambda)$ sei ganz. Es seien $\xi_1^2, \ldots, \xi_m^2$ voneinander und von Null verschiedene algebraische Zahlen. Dann besteht zwischen den $2lm$ Größen $K_v(\xi), K_v'(\xi)$ mit $v = v_1, \ldots, v_l; \xi = \xi_1, \ldots, \xi_m$ keine algebraische Gleichung mit rationalen Koeffizienten.

Der einzige Teil des Beweises hierfür, der zusätzliche Schwierigkeiten machen könnte, ist in der SIEGELschen Arbeit ausgeführt. Diese Auswahl der SIEGELschen Resultate möge genügen.

Es sei noch auf die Möglichkeit einer andersartigen Verallgemeinerung des Satzes 30 beispielsweise hingewiesen. Wir ersetzen die algebraische Zahl x_0 durch eine transzendente Zahl ξ. Läßt sich ξ genügend gut durch algebraische Zahlen beschränkten Grades und hinreichend großer Höhe approximieren, so läßt sich auch dann die algebraische Unabhängigkeit von $J_0(\xi)$ und $J_0'(\xi)$ mit rationalen Koeffizienten, ja sogar ein Maß für diese algebraische Unabhängigkeit gewinnen. Die Abschätzung von Δ ist dabei in ähnlicher Weise wie in Kap. IV, §§ 2 und 3 durchzuführen.

Die schon von SIEGEL angeregte Übertragung seiner Methode auf Funktionen, die einer linearen Differentialgleichung höherer als zweiter Ordnung oder auch einer inhomogenen linearen Differentialgleichung zweiter Ordnung mit rationalen Funktionen als Koeffizienten genügen, ist von SHIDLOVSKI in Angriff genommen worden. SHIDLOVSKI untersucht Lösungen linearer Differentialgleichungen bis zur vierten Ordnung und erhält zahlreiche interessante Ergebnisse. Er bemerkt, daß die SIEGELsche Methode auch unter allgemeineren Voraussetzungen anwendbar ist. Aus der Fülle der Resultate, die sämtlich ohne Beweise mitgeteilt sind, sei als Beispiel nur das folgende wiedergegeben:

Für $\alpha \neq 0$ *sind* e^α *und* $\displaystyle\sum_{n=1}^{\infty} \frac{\alpha^n}{n!\,n}$ *beide transzendent und voneinander algebraisch unabhängig* (SHIDLOVSKI [1]).

Eine von der SIEGELschen abweichende Methode ist von GELFOND entwickelt worden. Er hat damit vornehmlich die Transzendenz iterierter Potenzen sowie die algebraische Unabhängigkeit von Potenzen der Gestalt $\alpha^{\beta_\varkappa}$ mit algebraischen Zahlen $\alpha, \beta_1, \ldots, \beta_k$ untersucht. Die Ergebnisse entsprechen allerdings noch nicht dem, was in dieser Hinsicht zu hoffen sein möchte. Die Methode von GELFOND ist wohl am ausführlichsten in einer umfangreichen, bereits mehrmals zitierten Arbeit dargestellt (GELFOND [11]). Es werden dort aus drei Hauptsätzen Folgerungen auf Transzendenzaussagen über spezielle Potenzen gezogen, von denen die wichtigsten wie folgt lauten:

Unter $\alpha \neq 0, 1$ *werde eine algebraische und unter* $r \neq 0$ *eine rationale Zahl verstanden. Dann gilt:*

1. *Ist* β *algebraisch und nicht niederen als dritten Grades, so sind* $\alpha^{\beta^r}, \alpha^{\beta^2 r}, \alpha^{\beta^3 r}, \alpha^{\beta^4 r}$ *nicht sämtlich durch eine dieser Zahlen mit rationalen Koeffizienten algebraisch ausdrückbar.*

2. $e^{e^r}, e^{e^2 r}, e^{e^3 r}$ *können mit rationalen Koeffizienten nicht sämtlich durch* e *algebraisch dargestellt werden, und es ist mindestens eine der genannten drei Zahlen transzendent.*

3. $\alpha^{\log^r \alpha}, \alpha^{\log^2 r \alpha}, \alpha^{\log^3 r \alpha}$ *sind nicht sämtlich durch* $\log \alpha$ *mit rationalen Koeffizienten algebraisch darstellbar, und mindestens eine dieser Zahlen*

ist transzendent. Hieraus folgt die Transzendenz mindestens einer der Zahlen $e^{\pi^{r+1}}$, $e^{\pi^{2r+1}}$, $e^{\pi^{3r+1}}$.

Natürlich sind diese Aussagen noch weit entfernt von Resultaten über algebraische Unabhängigkeit, und die zugehörigen Beweise erfordern einen nicht unerheblichen Aufwand, weswegen sie hier nicht durchgeführt werden sollen. Jedoch erscheint diese Methode durchaus weiter ausbaufähig und insofern von besonderem Interesse. Ein schönes Resultat über algebraische Unabhängigkeit von Potenzen, das von Gelfond vorangekündigt war (Gelfond [10]), haben Gelfond und Feldman mit der gleichen Methode erzielen können (Gelfond, Feldman [1]). Dasselbe besagt: *Sei β eine algebraische Zahl dritten Grades und $\alpha \neq 0, 1$ algebraisch. Dann sind α^β und α^{β^2} voneinander algebraisch unabhängig, und wenn $F(x_1, x_2)$ ein Polynom in x_1 vom Grade n_1 und in x_2 vom Grade n_2 und ganzrationalen Koeffizienten bezeichnet, die eine Zahl H nicht übersteigen, so gilt*

$$|F(\alpha^\beta, \alpha^{\beta^2})| > e^{-e^{t^{4+\varepsilon}}}$$

mit $\varepsilon > 0$ und für $t = \mathrm{Max}\,(n_1 + n_2, \log H) > t_0(\varepsilon)$.

In der Ankündigung wird mitgeteilt, daß die Methode ohne wesentliche Änderung auch angewendet werden kann, um zu zeigen, daß $F(\alpha^{\beta_i}, \alpha^{\beta_j}) = 0$ unmöglich ist, falls $\beta_1, \ldots, \beta_n$ mit rationalem β_1 eine Ganzheitsbasis eines algebraischen Zahlkörpers n-ten Grades bilden und $i \neq j \neq 1$ ist.

Daß unsere Kenntnisse über algebraische Unabhängigkeit transzendenter Zahlen noch erheblich bescheidener als unsere Transzendenzkenntnisse sind, liegt selbstverständlich deran, daß die Durchführbarkeit der Methoden zur Feststellung der algebraischen Unabhängigkeit von Zahlen von viel engeren Voraussetzungen bezüglich dieser Zahlen abhängt als die Möglichkeit der Durchführung eines Transzendenzbeweises.

Dennoch sollte der Frage der algebraischen Unabhängigkeit mindestens die gleiche Aufmerksamkeit wie der Frage nach der Transzendenz geschenkt werden und vielleicht ist gerade auf einen weiteren Ausbau der Methode von Gelfond hier noch eine Hoffnung zu setzen, während es den Anschein hat, als sei die Siegelsche Methode schon weitgehend ausgeschöpft.

Einige offene Fragestellungen

Es macht keine Schwierigkeit, ungelöste Fragen aus dem Gebiet der transzendenten Zahlen aufzuwerfen. Machen wir uns z. B. das Prinzip zu eigen, daß jede Zahl, die sich als Funktionswert einer transzendenten Funktion darstellt und deren Algebraizität uns nicht trivialerweise bekannt ist, transzendent sein dürfte, so ergibt sich schon hieraus eine Fülle von Aufgaben. Es ist unmöglich, bei einem noch nicht gelösten

Problem vorherzusagen, ob seiner Lösung große Schwierigkeiten entgegenstehen werden oder nicht. Wenn hier im folgenden eine kleine Auswahl von offenen Fragen formuliert wird, deren Lösungen für die Theorie der transzendenten Zahlen fruchtbar sein dürften, und wenn es der Verfasser trotz der vorgenannten Unmöglichkeit wagt, diese Probleme für nicht so ganz ausweglos wie manche andere aus dem Gebiet der transzendenten Zahlen zu halten, so sei diese subjektive Meinung des Verfassers nur mit allen Vorbehalten wiedergegeben. Die bisher bekannten Untersuchungsmethoden scheinen einigermaßen ausgeschöpft zu sein, und ein an einem einzigen Problem zu entwickelnder neuer Gedanke könnte völlig neue Aspekte für die Weiterentwicklung der Theorie eröffnen.

Wir nennen die folgenden Probleme:

1. Es seien α, β, γ algebraische Zahlen und $\alpha \neq 0, 1$ sowie $\dfrac{\log \beta}{\log \alpha}$ und $\dfrac{\log \gamma}{\log \alpha}$ irrational. Es ist $\delta = \exp\left(-\dfrac{\log \beta \, \log \gamma}{\log \alpha}\right)$ auf Transzendenz zu untersuchen.

2. Der Satz über die Transzendenz der Werte der Modulfunktion $J(\tau)$ soll durch direkte Untersuchung der transzendenten Modulfunktion und nicht durch Untersuchung von $\wp$-Funktionen gezeigt werden.

3. Es ist zu versuchen, Transzendenzresultate über elliptische Integrale dritter Gattung zu beweisen.

4. Die Transzendenzsätze über elliptische Integrale erster und zweiter Gattung sind in weitestmöglichem Umfang auf analoge Sätze über ABELsche Integrale zu verallgemeinern.

5. Es ist die Approximation bekannter transzendenter Zahlen durch solche rationale oder auch algebraische Zahlen zu untersuchen, die arithmetischen Bedingungen genügen.

6. Die Aussagen über das Maß der S-Zahlen (Satz 24) sind in Richtung auf die MAHLERsche Vermutung, wonach die Menge der S-Zahlen vom Typus $\vartheta > 1$ ein LEBESGUEsches Maß Null hat, zu verbessern.

7. Es seien α und $\beta_1, \ldots, \beta_n$ algebraische Zahlen sowie $\alpha \neq 0, 1$ und $\beta_1, \ldots, \beta_n$ irrational und mit rationalen Koeffizienten linear unabhängig voneinander. Dann untersuche die transzendenten Zahlen $\alpha^{\beta_1}, \ldots, \alpha^{\beta_n}$ auf algebraische Unabhängigkeit bei algebraischen Koeffizienten.

8. Zeige, daß mindestens eine der Zahlen e^e und e^{e^2} transzendent sein muß.

Mit dieser kleinen Auswahl wollen wir uns bescheiden. Wir haben nicht gefragt nach der Irrationalität der EULERschen Konstanten, nach der Transzendenz von Werten der RIEMANNschen ζ-Funktion, von weiteren Werten der Γ-Funktion, nach der algebraischen Unabhängigkeit von e und π, um nur einige von solchen häufig aufgeworfenen Problemen zu nennen, deren Lösung beim derzeitigen Stande der Theorie völlig aussichtslos erscheint, aber natürlich kann der nächste methodische Fortschritt auch hier ein völlig neues Bild erwirken.

Anhang
Diophantische Lösungen
linearer Ungleichungs- und Gleichungssysteme

Es seien noch fünf Hilfssätze über die nichttriviale Lösung linearer homogener diophantischer Ungleichungs- und Gleichungssysteme angefügt, die bereits in den vorausgegangenen fünf Kapiteln angewendet worden sind.

Hilfssatz 27: *Es seien M und N natürliche Zahlen mit $N > M$ und*

$$y_\mu = \sum_{\nu=1}^{N} a_{\mu\nu}\, x_\nu \qquad (\mu = 1, \ldots, M) \qquad (1)$$

lineare homogene Formen in $x_1, \ldots, x_N$ mit reellen Zahlenkoeffizienten $a_{\mu\nu}$, deren Absolutbeträge sämtlich nicht größer als eine Zahl A seien. Dann gibt es ein System nicht sämtlich verschwindender ganzer rationaler Zahlen $x_1, \ldots, x_N$, die absolut genommen kleiner als eine vorgegebene gerade natürliche Zahl X sind derart, daß das Ungleichungssystem

$$|y_\mu| < NAX^{1-\frac{N}{M}} \qquad (\mu = 1, \ldots, M) \qquad (2)$$

durch diese $x_1, \ldots, x_N$ gelöst wird.

Beweis: Es mögen die Unbestimmten $x_1, \ldots, x_N$ unabhängig voneinander alle ganzen rationalen Zahlen mit $-\dfrac{X}{2} \leq x_\nu \leq \dfrac{X}{2}$ $(\nu = 1, \ldots, N)$ durchlaufen. Dabei nehmen wegen (1) und $|a_{\mu\nu}| \leq A$ die Linearformen y_μ reelle Werte an, für die $|y_\mu| \leq \frac{1}{2}NAX$ gilt. Die Anzahl der verschiedenen solchen Systeme $(x_1, \ldots, x_N)$ ist $(X+1)^N$, und jedem N-Tupel $(x_1, \ldots, x_N)$ entspricht ein M-Tupel $(y_1, \ldots, y_M)$. Wir erhalten also $(X+1)^N$ Systeme $(y_1, \ldots, y_M)$, die wir als Punkte in einem M-dimensionalen euklidischen Raum deuten wollen. Unterteilen wir jede der Kanten des durch $|y_\mu| \leq \frac{1}{2}NAX$ $(\mu = 1, \ldots, M)$ bestimmten Würfels in $l = \left[X^{\frac{N}{M}}\right] + 1$ gleiche Teile, so zerfällt der Gesamtwürfel in l^M Teilwürfel, welche die Kantenlängen $\dfrac{NAX}{l}$ haben. Wegen $N > M$ ist die Zahl $(X+1)^N$ größer als $\left(\left[X^{\frac{N}{M}}\right]+1\right)^M = l^M$.

Folglich existiert nach dem Schubfachschluß mindestens ein Teilwürfel, in dem mindestens zwei Punkte $(y_1^*, \ldots, y_M^*)$ und $(y_1^{**}, \ldots, y_M^{**})$ liegen, die zu verschiedenen Systemen $(x_1^*, \ldots, x_N^*)$ und $(x_1^{**}, \ldots, x_N^{**})$ gehören. Für dieselben gilt demnach

$$|y_\mu^* - y_\mu^{**}| \leqq \frac{NAX}{\left[X^{\frac{N}{M}}\right] + 1} \qquad (\mu = 1, \ldots, M) \,.$$

Schreiben wir für $y_\mu^* - y_\mu^{**} = y_\mu$ $(\mu = 1, \ldots, M)$, so folgen daraus wegen $\left[X^{\frac{N}{M}}\right] + 1 > X^{\frac{N}{M}}$ die Ungleichungen (2), während sich aus der Linearität von (1) ergibt, daß diese Ungleichungen (2) gerade für das System $(x_1^* - x_1^{**}, \ldots, x_N^* - x_N^{**})$ erfüllt sind, wobei nicht alle $x_\nu^* - x_\nu^{**}$ $(\nu = 1, \ldots, N)$ verschwinden. Für die Differenzen $x_\nu^* - x_\nu^{**}$, für die wir wieder x_ν schreiben wollen, sind dann wegen $|x_\nu^*| \leqq \dfrac{X}{2}$, $|x_\nu^{**}| \leqq \dfrac{X}{2}$ die Voraussetzungen $|x_\nu| \leqq X$ auch erfüllt und der Hilfssatz damit bewiesen.

Hilfssatz 28: *Mit den Bezeichnungen von Hilfssatz 27 ergibt sich für komplexe Koeffizienten* $a_{\mu\nu}$ *in* (1) *und* $N > 2M$, *an Stelle von* (2)

$$|y_\mu| < \sqrt{2}\, NAX^{1 - \frac{N}{2M}} \qquad (\mu = 1, \ldots, M) \qquad (3)$$

bei sonst gleicher Aussage wie in Hilfssatz 27.

Beweis: Das Linearformensystem (1) zerfällt in $2M$ Linearformen mit reellen Koeffizienten, deren Absolutbeträge die gleiche Schranke A besitzen. Dieses System ist nach Hilfssatz 27 in ganzen x_ν nichttrivial derart lösbar, daß in den Ungleichungen $2M$ an die Stelle von M tritt. Das sind dann die Schranken für die Beträge von Real- und Imaginärteil der y_μ des ursprünglich gegebenen Systems. Also gilt für die Beträge dieser y_μ selbst (3).

Hilfssatz 29: *Ein lineares homogenes Gleichungssystem der Form*

$$\sum_{\nu = 1}^{N} a_{\mu\nu}\, x_\nu = 0 \qquad (\mu = 1, \ldots, M) \qquad (4)$$

mit $N > M$ *und mit ganzen rationalen Koeffizienten* $a_{\mu\nu}$ *ist lösbar in ganzen Zahlen* $x_1, \ldots, x_N$, *die nicht sämtlich verschwinden und für deren Beträge*

$$|x_\nu| \leqq \left[(NA)^{\frac{M}{N-M}}\right] + 2 \qquad (\nu = 1, \ldots, N) \qquad (5)$$

gilt.

Beweis: Wir wenden Hilfssatz 27 an. Da die Koeffizienten $a_{\mu\nu}$ ganzrational sind, müssen für ganze rationale $x_1, \ldots, x_N$ auch die Größen $y_1, \ldots, y_M$ ganzrationale Zahlen sein. Das Gleichungssystem (4) ist also nach Hilfssatz 27 in ganzen x_ν dann nichttrivial lösbar, wenn $|y_\mu| < 1$ für alle $\mu = 1, \ldots, M$ eintritt. Daraus folgt für X

$$X > (NA)^{\frac{M}{N-M}},$$

und wählen wir für X die kleinstmögliche gerade ganzrationale Zahl, die diese Ungleichung erfüllt, so erhalten wir (5).

Hilfssatz 30: *Die Koeffizienten des Gleichungssystems* (4) *seien ganze algebraische Zahlen eines festen Zahlkörpers $\Re$ vom Grade s, und es sei $N > s \cdot M$. Es werde eine obere Schranke von $\overline{|a_{\mu\nu}|}$ für alle $\mu = 1, \ldots, M$; $\nu = 1, \ldots, N$ mit B bezeichnet. Dann ist mit einer nicht von den $a_{\mu\nu}$ abhängigen Konstanten γ das Gleichungssystem in nicht sämtlich verschwindenden ganzen rationalen Zahlen x_ν lösbar, für die*

$$|x_\nu| \leqq (\gamma N B)^{\frac{sM}{N-sM}} \qquad (\nu = 1, \ldots, N) \tag{6}$$

erfüllt ist.

Beweis: Die ganzen algebraischen Zahlen $a_{\mu\nu}$ gestatten eine Basisdarstellung der Gestalt

$$a_{\mu\nu} = \sum_{\sigma=1}^{s} b_{\mu\nu\sigma}\, \vartheta_\sigma \tag{7}$$

mit ganzrationalen $b_{\mu\nu\sigma}$, wo $(\vartheta_1, \ldots, \vartheta_s)$ eine fest gewählte Ganzheitsbasis von $\Re$ bezeichne. Jede Gleichung $\sum\limits_{\nu=1}^{N} a_{\mu\nu} x_\nu = 0$ für festes μ in ganzen rationalen Unbestimmten x_ν zerfällt dann in s Gleichungen

$$\sum_{\nu=1}^{N} b_{\mu\nu\sigma}\, x_\nu = 0 \qquad (\sigma = 1, \ldots, s)$$

mit ganzen rationalen Koeffizienten. Um auf das System von Gleichungen, das wir so insgesamt erhalten, Hilfssatz 29 anwenden zu können, benötigen wir eine obere Schranke für die $|b_{\mu\nu\sigma}|$.

Aus (7) erhalten wir für die Konjugierten $a_{\mu\nu}^{\{\sigma\}}$ von $a_{\mu\nu}$, wenn wir mit $\vartheta_\tau^{\{\sigma\}}$ die Konjugierten von ϑ_τ bezeichnen,

$$a_{\mu\nu}^{\{\sigma\}} = \sum_{\tau=1}^{s} b_{\mu\nu\tau}\, \vartheta_\tau^{\{\sigma\}} \qquad (\sigma = 2, \ldots, s).$$

Diese Gleichungen, mit (7) zusammengefaßt, können wir als Gleichungssystem für die $b_{\mu\nu\tau}$ mit $\tau = 1, \ldots, s$; μ, ν fest, auffassen, und da die Determinante desselben wegen der Basiseigenschaft der ϑ_τ von Null verschieden ist, läßt sich dasselbe mittels der CRAMERschen Regel nach den $b_{\mu\nu\tau}$ ($\tau = 1, \ldots, s$) auflösen. Jedes $b_{\mu\nu\tau}$ ist ein linearer Ausdruck in den $a_{\mu\nu}^{\{\sigma\}}$ bei festem μ, ν mit Koeffizienten, die nur von den Basiselementen $\vartheta_1, \ldots, \vartheta_s$ und deren Konjugierten abhängen. Gehen wir in diesen Beziehungen zu den absoluten Beträgen über und ersetzen jeweils $a_{\mu\nu}^{\{\sigma\}}$ für $\sigma = 1, \ldots, s$ durch $\overline{|a_{\mu\nu}|}$, so folgt

$$|b_{\mu\nu\tau}| \leq \gamma_1 \overline{|a_{\mu\nu}|} \qquad (\tau = 1, \ldots, s),$$

wobei γ_1 nur von der Basis von $\Re$ abhängt. Wegen $\overline{|a_{\mu\nu}|} \leq B$ erhalten wir $|b_{\mu\nu\tau}| \leq \gamma_1 B$ für alle μ, ν, τ und durch Anwendung von Hilfssatz 29 aus (5) die Behauptung (6).

Hilfssatz 31: *Das Gleichungssystem $\sum\limits_{\nu=1}^{N} a_{\mu\nu} x_\nu = 0$ mit $\mu = 1 \ldots, M$; $N > M$ und ganzen algebraischen Koeffizienten $a_{\mu\nu}$ aus einem festen Zahlkörper $\Re$ vom Grade s besitzt eine nichttriviale Lösung in ganzen algebraischen Zahlen $x_1, \ldots, x_n$ aus $\Re$ mit der Eigenschaft*

$$\overline{|x_\nu|} \leq (\gamma^* N B)^{\frac{M}{N-M}} \qquad (\nu = 1, \ldots, N).$$

Dabei ist $B \geq \underset{(\mu,\nu)}{\operatorname{Max}} (\overline{|a_{\mu\nu}|})$ und γ^* eine nur von einer in $\Re$ fest gewählten Basis, nicht von den $a_{\mu\nu}$ abhängige positive Größe.

Beweis: Die Unbekannten $x_1, \ldots, x_n$ mögen mit ganzen rationalen Koeffizienten $y_{\nu\sigma}$ bezüglich der festen Ganzheitsbasis $(\vartheta_1, \ldots, \vartheta_s)$ die Darstellung

$$x_\nu = \sum_{\sigma=1}^{s} y_{\nu\sigma} \vartheta_\sigma \qquad (\nu = 1, \ldots, N)$$

besitzen, während für die $a_{\mu\nu}$ die Basisdarstellung (7) herangezogen werde. Es ist dann

$$\sum_{\nu=1}^{N} a_{\mu\nu} x_\nu = \sum_{\nu=1}^{N} \sum_{\sigma,\varkappa=1}^{s} b_{\mu\nu\sigma} y_{\nu\varkappa} \vartheta_\sigma \vartheta_\varkappa \qquad (\mu = 1, \ldots, M).$$

Bezeichnen wir noch

$$\vartheta_\sigma \vartheta_\varkappa = \sum_{\lambda=1}^{s} c_{\sigma\varkappa\lambda} \vartheta_\lambda,$$

so folgt

$$\sum_{\nu=1}^{N} a_{\mu\nu} x_\nu = \sum_{\nu=1}^{N} \sum_{\sigma,\varkappa,\lambda=1}^{s} b_{\mu\nu\sigma} c_{\sigma\varkappa\lambda} y_{\nu\varkappa} \vartheta_\lambda \qquad (\mu = 1, \ldots, M).$$

Da die $\vartheta_1, \ldots, \vartheta_s$ eine Ganzheitsbasis bilden, müssen die Zahlen $c_{\sigma\varkappa\lambda}$ ganzrational sein. Aus dem letzten Gleichungssystem folgt dann das Bestehen der folgenden Ms Gleichungen mit ganzen rationalen Koeffizienten in den Ns ganzzahligen Unbekannten $y_{\nu\varkappa}$

$$\sum_{\nu=1}^{N} \sum_{\sigma,\varkappa=1}^{s} b_{\mu\nu\sigma} c_{\sigma\varkappa\lambda} y_{\nu\varkappa} = 0 \qquad \left(\begin{matrix} \mu = 1, \ldots, M \\ \lambda = 1, \ldots, s \end{matrix}\right).$$

Für das Maximum der Absolutbeträge der Koeffizienten gilt jetzt

$$\mathop{\mathrm{Max}}_{(\mu,\nu,\varkappa,\lambda)} \left(\sum_{\sigma=1}^{s} |b_{\mu\nu\sigma} c_{\sigma\varkappa\lambda}| \right) < \gamma^{**} \overline{|a_{\mu\nu}|} \leqq \gamma^{**}B \, ,$$

wobei γ^{**} nur von s und der festen Basis $\vartheta_1, \ldots, \vartheta_s$ abhängt. Durch Anwendung von Hilfssatz 29 folgt dann

$$|y_{\nu\varkappa}| < \left[(N s \, \gamma^{**}B)^{\frac{M}{N-M}} \right] + 2$$

und daraus schließlich die Behauptung.

Die Hilfssätze 27 bis 31 lassen sich verschärfen, jedoch ist dies für unsere Zwecke nicht von Interesse.

Literaturverzeichnis

BLUMBERG, H.: [1] On a theorem of KEMPNER concerning transcendental numbers. Bull. Amer. Math. Soc. 22, 438—439 (1916).
— [2] Note on a theorem of KEMPNER concerning transcendental numbers. Bull. Amer. Math. Soc. 32, 351—356 (1926).
BOREL, É.: [1] Sur la nature arithmétique du nombre e. C. r. Acad. Sci. (Paris) 128, 596—599 (1899).
— [2] Méthodes et problèmes de la théorie des fonctions. 148 S. Paris 1922.
BRAUER, A.: [1] Über diophantische Gleichungen mit endlich vielen Lösungen. J. reine angew. Math. 160, 70—99 (1929).
— [2] Über die Approximation algebraischer Zahlen durch algebraische Zahlen. Jber. dtsch. Math.-Ver. 38, 47 (1929).
CAILLER, C.: [1] Sur la transcendance de „e". Assoc. Franc. 2°II Congrès de Marseille 1891, 83—90 (1892).
COHN, H.: [1] Note on almost-algebraic numbers. Bull. Amer. Math. Soc. 52, 1042—1045 (1946).
DÖRGE, K.: [1] Entscheidung des algebraischen Charakters von Potenzreihen mit algebraischen Koeffizienten auf Grund ihres Wertevorrats. Math. Ann. 122, 259—275 (1950).
DYSON, F. J.: [1] The approximation to algebraic numbers by rationals. Acta math. 79, 225—240 (1947).
FELDMAN, N. I.: [1] Approximation einiger transzendenter Zahlen. Doklady Akad. Nauk SSSR (N. S.) 66, 565—567 (1949) (russ.).
— [2] Approximation einiger transzendenter Zahlen. I. Approximation von Logarithmen algebraischer Zahlen. Izvestija Akad. Nauk SSSR, Ser. mat. 15, 53—74 (1951) (russ.).
— [3] Approximation einiger transzendenter Zahlen. II. Approximation einiger Zahlen, die mit der WEIERSTRASSschen $\wp$-Funktion zusammenhängen. Izvestija Akad. Nauk SSSR, Ser. mat. 15, 153—176 (1951) (russ.).
— u. A. GELFOND: siehe A. GELFOND u. N. I. FELDMAN [1].
FRANKLIN, P.: [1] A new class of transcendental numbers. Trans. Amer. Math. Soc. 42, 155—182 (1937).
FUKASAWA, S.: [1] Über ganzwertige ganze Funktionen. Tôhoku Math. J. 27, 41—52 (1926).
GELFOND, A.: [1] Sur les propriétés arithmétiques des fonctions entières. Tôhoku Math. J. 30, 280—285 (1929).
— [2] Sur les nombres transcendants. C. r. Acad. Sci. (Paris) 189, 1224—1226 (1929).

GELFOND, A.: [3] Sur le développement des fonctions entières d'ordre fini en série d'interpolation de NEWTON. Atti Accad. naz. Lincei, Rend. (6) 11, 377—381 (1930).
— [4] Sur les fonctions entières, qui prennent des valeurs entières dans les points β^n, β est un nombre entier positif et $n = 1, 2, 3, \ldots$. Mat. Sbornik (Rec. math. Soc. Math. Moscou) 40, 42—47 (1933) (russ. mit französ. Auszug).
— [5] Sur le septième problème de D. HILBERT. Doklady Akad. Nauk SSSR (N.S.) (C. r. Acad. Sci. URSS) 1934 II, 1—3 (russ.); 4—6 (franz.).
— [6] Sur le septième problème de HILBERT. Bull. Leningrad (7), 623—634 (1934).
— [7] Sur les approximations des nombres transcendants par des nombres algébriques. Doklady Akad. Nauk SSSR (N. S.) (C. r. Acad. Sci. URSS) 1935 II, 177—179 (russ.); 180—182 (franz.).
— [8] Sur l'approximation du rapport des logarithmes de deux nombres algébriques au moyen de nombres algébriques. Izvestija Akad. Nauk SSSR, Ser. mat. (Bull. Acad. Sci. URSS, Sér. Math.) 1939, 509—518 (russ., franz. Zusammenfassung).
— [9] Sur la divisibilité de la différence des puissances de deux nombres entiers par une puissance d'un ideal premier. Mat. Sbornik 7 (49), 7—25 (1940).
— [10] Über die algebraische Unabhängigkeit algebraischer Potenzen von algebraischen Zahlen. Doklady Akad. Nauk SSSR (N. S.) 64, 277—280 (1949) (russ.).
— [11] Über die algebraische Unabhängigkeit transzendenter Zahlen gewisser Klassen. Uspechi mat. Nauk 4, Nr. 5, (23), 14—48 (1949) (russ.).
— [12] Transzendente und algebraische Zahlen. 224 S. Moskau 1952 (russ.).
— u. N. I. FELDMAN: [1] Über das Maß der relativen Transzendenz gewisser Zahlen. Izvestija Akad. Nauk SSSR, Ser. mat. 14, 493—500 (1950) (russ.).
GIGLI, D.: [1] Dei numeri trascendenti. 68 S. Pavia 1923.
GORDAN, P.: [1] Sur la transcendance du nombre e. C. r. Acad. Sci. (Paris) 116, 1040—1041 (1893).
— [2] Transzendenz von e und π. Math. Ann. 43, 222—224 (1893).
HERMITE, CH.: [1] Sur la fonction exponentielle. C. r. Acad. Sci. (Paris) 77, 18—24, 74—79, 226—233, 285—293 (1873); Oeuvres III, 150—181.
HESSENBERG, G.: [1] Transzendenz von e und π. 106 S. Leipzig 1912.
HILBERT, D.: [1] Über die Transzendenz der Zahlen e und π. Nachr. Ges. Wiss. Göttingen 1893, 113—116; Math. Ann. 43, 216—219 (1893).
— [2] Mathematische Probleme. Arch. f. Math. u. Phys. 3. Reihe 1, 44—63, 213—237 (1901); Ges. Werke III, 290—329.
HURWITZ, A.: [1] Beweis der Transzendenz der Zahl e. Nachr. Ges. Wiss. Göttingen 1893, 153—155; Math. Ann. 43, 220—221 (1893).
ITIHARA, T., and K. ÔISHI: [1] On transcendental numbers. Tôhoku Math. J. 37, 209—221 (1933).
IZUMI, S.: [1] On transcendental numbers. Proc. Akad. Tokyo 3, 167 (1927).
— [2] On transcendental numbers. Tôhoku Math. J. 29, 250—253 (1928).
JAMET, V.: [1] Sur le nombre e. Nouv. Ann. Math. (3) 10, 215—218 (1891).
— [2] Sur un théorème de M. LINDEMANN. Ann. Fac. Sci. Univ. Marseille 11, 93—102 (1900).
— [3] Sur la transcendance des nombres e et π. Enseignement math. 2, 355—362 (1900).
JORDAN, C.: [1] Cours d'analyse de l'Ecole Polytechnique I. Calcul différentiel. Paris 1882.
KASCH, F.: [1] Zur Annäherung algebraischer Zahlen durch arithmetisch charakterisierte rationale Zahlen. Math. Nachr. 10, 85—98 (1953).
KEMPNER, A. J.: [1] On transcendental numbers. Bull. Amer. Math. Soc. 22, 284—285 (1916).

KEMPNER, A. J. [2] Generalization of a theorem on transcendental numbers. Bull. Amer. Math. Soc. **23**, 64—65 (1916).
— [3] On transcendental numbers. Trans. Amer. Math. Soc. **17**, 476—482 (1916).
KHINTCHINE, A.: [1] Zwei Bemerkungen zu einer Arbeit des Herrn PERRON. Math. Z. **22**, 274—284 (1925).
KOKSMA, J. F.: [1] Diophantische Approximationen. Erg. d. Math. **4**, H. 4, 157 S. (1936).
— [2] Über die MAHLERsche Klasseneinteilung der transzendenten Zahlen und die Approximation komplexer Zahlen durch algebraische Zahlen. Mh. Math. Physik **48**, 176—189 (1939).
— [3] On NIVEN's proof that π is irrational. Nieuw Arch. Wisk. (II. S.) **23**, 39 (1949).
— u. J. POPKEN: siehe J. POPKEN u. J. F. KOKSMA [1].
KUBILYUS, J.: [1] Über die Anwendung einer VINOGRADOWschen Methode auf die Lösung eines Problems aus der metrischen Zahlentheorie. Doklady Akad. Nauk SSSR (N. S.) **67**, 783—786 (1949) (russ.).
KUŽMIN, R. O.: [1] Sur une nouvelle classe de nombres transcendants. Izvestija Akad. Nauk SSSR, Ser. mat. (Bull. Acad. Sci. URSS, Sér. Math.) (7) **3**, 585—597 (1930).
LAMBERT, J. H.: [1] Mémoire sur quelques propriétés remarquables des quantités transcendants circulaires et logarithmiques. Histoire de l'Acad. de Berlin (1761), (publ. 1768), S. 265—322; Opera Math. II, 112—159.
LEVEQUE, W. J.: [1] Note on S-numbers. Proc. Amer. Math. Soc. **4**, 189—190 (1953).
LINDEMANN, F.: [1] Über die Zahl π. Math. Ann. **20**, 213—225 (1882).
— [2] Über die LUDOLPHsche Zahl. Sitzgsber. preuß. Akad. Wiss. **1882**, 679—682.
— [3] Sur le rapport de la circonférence au diamètre et sur les logarithmes népériens des nombres commensurables ou des irrationelles algébriques. C. r. Acad. Sci. (Paris) **95**, 72—74 (1882).
LIOUVILLE, J.: [1] Sur les classes très étendus de quantités dont la valeur n'est ni algébriques, ni même réductible à des irrationelles algébriques. C. r. Acad. Sci. (Paris) **18**, 883—885, 910—911 (1844); J. Math. pures appl. (1) **16**, 133—142 (1851).
MAHLER, K.: [1] Über Beziehungen zwischen der Zahl e und den LIOUVILLEschen Zahlen. Math. Z. **31**, 729—732 (1930).
— [2] Zur Approximation der Exponentialfunktion und des Logarithmus. I. J. reine angew. Math. **166**, 118—136 (1932).
— [3] Zur Approximation der Exponentialfunktion und des Logarithmus. II. J. reine angew. Math. **166**, 137—150 (1932).
— [4] Über das Maß der Menge aller S-Zahlen. Math. Ann. **106**, 131—139 (1932).
— [5] Ein Analogon zu einem SCHNEIDERschen Satz. Proc. Akad. Wetensch. Amsterdam **39**, 633—640, 729—737 (1936).
— [6] Arithmetische Eigenschaften einer Klasse von Dezimalbrüchen. Proc. Akad. Wetensch. Amsterdam **40**, 421—428 (1937).
— [7] Über die Dezimalbruchentwicklung gewisser Irrationalzahlen. Mathematica B, Zutphen **6**, 22—36 (1937).
— [8] On DYSON's improvement of the THUE-SIEGEL theorem. Proc. Akad. Wetensch. Amsterdam **52**, 1175—1184 (1949).
— [9] On the approximation of logarithms of algebraic numbers. Philos. Trans. Roy. Soc. London, Ser. A **245**, 371—398 (1953).
— [10] On the approximation of π. Proc. Akad. Wetensch. Ser. A **56**, 30—42 (1953).

MAILLET, E.: [1] Sur les nombres quasi-rationnels et les fonctions arithmétiques ordinaires ou continues quasi-périodiques. C. r. Acad. Sci. (Paris) **138**, 410—411 (1904).
— [2] Introduction à la théorie des nombres transcendants et des propriétés arithmétiques des fonctions. **274** S. Paris 1906.
— [3] Sur la classification des irrationelles. C. r. Acad. Sci. (Paris) **143**, 26—28 (1906).
— [4] Sur les fractions continues arithmétiques et les nombres transcendants. J. Math. pures appl. (6) **3**, 299—336 (1907).
— [5] Sur les équations indéterminées en nombres transcendants de LIOUVILLE. Mém. Acad. Sci. (Toulouse) (1) **7**, 1—3 (1907).
— [6] Sur les fractions continues arithmétiques et les nombres transcendants. C. r. Acad. Sci. (Paris) **144**, 1020—1022 (1907).
MARKOFF, A. A.: [1] Beweis der Transzendenz der Zahlen e und π. St. Petersburg 1883 (russ.).
MERTENS, F.: [1] Über die Transzendenz der Zahlen e und π. Sitzgsber. Akad. Wiss. Wien **105**, 839—855 (1896).
MORDOUCHAI-BOLTOVSKOJ, D.: [1] Sur le logarithme d'un nombre algébrique. C. r. Acad. Sci. (Paris) **176**, 724—727 (1923).
— [2] Sur les nombres transcendants dont les approximations successives sont définies par des équations algébriques. Rec. math. Soc. math. Moscou **41**, 221—232 (1934) (russ. mit franz. Auszug).
[3] Über einige Eigenschaften der transzendenten Zahlen. Tôhoku Math. J. **40**, 99—127 (1935).
MORITZ, R. E.: [1] Extension of HURWITZ's proof for the transcendence of e to the transcendence of π. Ann. of Math. (2) **2**, 57—59 (1901).
NIVEN, J.: [1] A simple proof that π is irrational. Bull. Amer. Math. Soc. **53**, 509 (1947).
ÔISHI, K., u. T. ITIHARA: siehe T. ITIHARA u. K. ÔISHI [1].
PERNA, A.: [1] Intorno ai numeri trascendenti di LIOUVILLE. Ann. Ist. techn. Napoli **30**, 11 (1913).
— [2] Sui numeri trascendenti in generale e sulla loro costruzione in base al criterio di LIOUVILLE. Giorn. Mat. Battaglini **52**, 305—365 (1914).
PERRON, O.: [1] Die Lehre von den Kettenbrüchen. 3. Aufl., Bd. I, 194 S. Stuttgart: C. G. Teubner 1954.
PÓLYA, G.: [1] Über ganzwertige ganze Funktionen. Palermo Rend. **40**, 1—16 (1915).
— [2] Über ganzwertige ganze Funktionen. Nachr. Akad. Wiss. Göttingen **1920**, 1—10.
POPKEN, J.: [1] Sur la nature arithmétique du nombre e. C. r. Acad. Sci. (Paris) **186**, 1505—1507 (1928).
— [2] Zur Transzendenz von e. Math. Z. **29**, 525—541 (1929).
— [3] Zur Transzendenz von π. Math. Z. **29**, 542—548 (1929).
— u. J. F. KOKSMA: [1] Zur Transzendenz von e^{π}. J. reine angew. Math. **168**, 211—230 (1932).
RICCI, G.: [1] Sul settimo problema di HILBERT. Ann. Pisa (2) **4**, 341—372 (1935).
ROTH, K. F.: [1] Rational approximations to algebraic numbers. Mathematika **2**, 1—20 (1955); Corrigendum. 168 i. gleichen Bd.
ROUCHÉ, E.: [1] Note sur l'impossibilité de la quadrature du cercle. Nouv. Ann. Math. (3) **2**, 5—16 (1883).
SCHNEIDER, TH.: [1] Transzendenzuntersuchungen periodischer Funktionen. I. Transzendenz von Potenzen. J. reine angew. Math. **172**, 65—69 (1934).
— [2] Transzendenzuntersuchungen periodischer Funktionen. II. Transzendenzeigenschaften elliptischer Funktionen. J. reine angew. Math. **172**, 70—74 (1934).

SCHNEIDER, TH.: [3] Über die Approximation algebraischer Zahlen. J. reine angew. Math. 175, 182—192 (1936).
— [4] Arithmetische Untersuchungen elliptischer Integrale. Math. Ann. 113, 1—13 (1937).
— [5] Zur Theorie der ABELschen Funktionen und Integrale. J. reine angew. Math. 183, 110—128 (1941).
— [6] Über eine DYSONsche Verschärfung des SIEGEL-THUEschen Satzes. Arch. d. Math. 1, 288—295 (1948/49).
— [7] Ein Satz über ganzwertige Funktionen als Prinzip für Transzendenzbeweise. Math. Ann. 121, 131—140 (1949/50).
— [8] Zur Annäherung der algebraischen Zahlen durch rationale. J. reine angew. Math. 188, 115—128 (1950).
— [9] Zur Charakterisierung der algebraischen und der rationalen Funktionen durch ihre Funktionswerte. Acta math. 86, 57—70 (1951).
— [10] Zur Charakterisierung algebraischer Funktionen mit Hilfe des EISENSTEINschen Satzes. Math. Z. 60, 98—108 (1954).
— [11] Über die Irrationalität von π. Sitzgsber. bayer. Akad. Wiss. München 1954, 99—101.
SCHOTTKY, F.: [1] Zu den Beweisen des LINDEMANNschen Satzes. (Math. Abh. SCHWARZ, 50jähr. Doktorjubiläum) S. 384—389. Berlin 1914.
SHIDLOVSKY, A.: [1] Über die Transzendenz und algebraische Unabhängigkeit von Werten einiger Klassen ganzer Funktionen. Doklady Akad. Nauk SSSR (N. S.) 96, 697—700 (1954) (russ.).
SIEGEL, C. L.: [1] Approximation algebraischer Zahlen. Math. Z. 10, 173—213 (1921).
— [2] Über Näherungswerte algebraischer Zahlen. Math. Ann. 84, 80—99 (1921).
— [3] Über einige Anwendungen DIOPHANTischer Approximationen. Abh. Preuß. Akad. Wiss. 1929, Nr. 1, 70 S.
— [4] Über die Perioden elliptischer Funktionen. J. reine angew. Math. 167, 62—69 (1932).
— [5] Transcendental numbers. Annals of Math. Studies 16. 102 S. Princeton 1949.
SPAETH, H.: [1] Zur Transzendenz von e und π. Math. Ann. 98, 737—744 (1928).
STIELTJES, TH.: [1] Sur la fonction exponentielle. C. r. Acad. Sci. (Paris) 110, 267—270 (1890); Oeuvres II, 231—233.
THUE, A.: [1] Bemerkungen über gewisse Näherungsbrüche algebraischer Zahlen. Skrifter udgivne af Videnskabs-Selskabet i Christiania, 1908.
— [2] Über Annäherungswerte algebraischer Zahlen. J. reine angew. Math. 135, 284—305 (1909).
TSCHAKALOFF, L.: [1] Arithmetische Eigenschaften der unendlichen Reihe $\sum\limits_{\nu=0}^{\infty} x^{\nu} a^{-\frac{\nu(\nu-1)}{2}}$. Math. Ann. 80, 62—74 (1921).
— [2] Arithmetische Eigenschaften der unendlichen Reihe $\sum\limits_{\nu=0}^{\infty} x^{\nu} a^{-\frac{\nu(\nu-1)}{2}}$. II. Math. Ann. 84, 100—114 (1921).
VAHLEN, K. TH.: [1] Beweis des LINDEMANNschen Satzes über die Exponentialfunktion. Math. Ann. 53, 457—460 (1900).
— [2] Konstruktionen und Approximationen in systematischer Darstellung. Leipzig 1912.
VEBLEN, O.: [1] The transcendence of π and e. Amer. Math. Monthly 11, 219—223 (1904).
VENSKE, O.: [1] Über eine Abänderung des ersten HERMITEschen Beweises für die Transzendenz der Zahl e. Nachr. Ges. Wiss. Göttingen 1890, 335—338.
WEIERSTRASS, K.: [1] Zu LINDEMANNs Abhandlung „Über die LUDOLPHsche Zahl". Sitzgsber. preuß. Akad. Wiss. 1885, 1067—1085.

Namenverzeichnis